"十三五"国家重点出版物出版规划项目

———— 光电技术及其军事应用丛书 ————

光电制导技术

Opto-Electronic Guidance Technology

韩裕生 李从利 胡 博 李 俊 ◇ 编著

国防工业出版社

·北京·

内 容 简 介

光电制导因其精确性和高效性引人瞩目,本书重点介绍光电制导技术相关研究内容,全书分8章论述。第1章阐明光电制导技术的基本概念、分类、发展历程和重要作用,第2章综述分析几类制导规律;第3~7章分别讨论激光制导、红外制导、电视制导、偏振制导、多模复合寻的制导技术,第8章研究光电制导反干扰技术。

本书可供导弹工程及光电工程相关专业学生、研究人员和工程技术人员学习和参考。

图书在版编目(CIP)数据

光电制导技术/韩裕生等编著. —北京:国防工业出版社,2021.6

(光电技术及其军事应用丛书)

ISBN 978—7—118—12334—0

Ⅰ.①光… Ⅱ.①韩… Ⅲ.①光电制导 Ⅳ.①V448

中国版本图书馆 CIP 数据核字(2021)第 083918 号

※

国防工业出版社出版发行

(北京市海淀区紫竹院南路23号 邮政编码100048)
雅迪云印(天津)科技有限公司印刷
新华书店经售

开本 710×1000 1/16 印张 19¾ 字数 377 千字
2021年6月第1版第1次印刷 印数 1—2000 册 定价 128.00 元

(本书如有印装错误,我社负责调换)

国防书店:(010) 88540777　　　书店传真:(010) 88540776
发行业务:(010) 88540717　　　发行传真:(010) 88540762

光电技术及其军事应用丛书
编委会

主　任　薛模根
副主任　韩裕生　王　峰　罗晓琳　柴金华
委　员　（按姓氏笔画排序）
　　　　　　王　勇　王　峰　王　硕　朱　虹
　　　　　　李　俊　李　雷　李小明　李从利
　　　　　　杨　钒　吴云智　吴令夏　谷　康
　　　　　　张　良　罗晓琳　周浦城　郑云飞
　　　　　　胡　博　祖鸿宇　秦晓燕　袁广林
　　　　　　徐国明　黄勤超　葛传文　韩裕生
　　　　　　褚　凯　薛模根

序

新时代陆军正从区域防卫型向全域作战型转型发展，加速形成适应"机动作战、立体攻防"战略要求的作战能力，对体系对抗日益复杂下的部队防御能力建设提出了更高的要求。陆军炮兵防空兵学院长期从事目标防御的理论、技术与装备研究，取得了丰硕的成果。为进一步推动目标防御研究发展，现对前期研究成果进行归纳总结，形成了本套丛书。

丛书以目标防御研究为主线，以光电技术及应用为支点，由 7 分册构成，各分册的设置和内容如下：

《光电制导技术》介绍了精确制导原理和主要技术。精确制导武器作为目标防御的主要对象，了解其制导原理是实现有效干扰对抗的关键，也是防御技术研究与验证的必要条件。

《稀疏和低秩表示目标检测与跟踪及其军事应用》《光电图像处理技术及其应用》是防御系统目标侦察预警方面研究成果的总结。防御作战要具备全空域警戒能力，尽早发现和确定威胁目标可有效提高防御作战效能。

《偏振光成像探测技术及军事应用》针对不良天候、伪装隐身干扰等特殊环境下的目标探测难题，开展偏振光成像机理与探测技术研究，将偏振信息用于目标检测与跟踪，可有效提升复杂战场环境下防御系统侦察预警能力。

《光电防御系统与技术》系统介绍了目标防御的理论体系、技术体系和装备体系，是对目标防御技术的概括总结。

《末端综合光电防御技术与应用》《军用光电系统及其应用》研究了特定应用场景下的防御装备发展问题，给出了作战需求分析、方案论证、关键技术解决途径、系统研制及试验验证的装备研发流程。

丛书聚焦目标防御问题，立足光电技术领域，分别介绍了威胁对象分析、目标探测跟踪、防御理论、防御技术、防御装备等内容，各分册虽独立成书，但也有密切的关联。期望本套丛书能帮助读者加深对目标防御技术的了解，促进我国光电防御事业向更高的目标迈进。

2020 年 10 月

前　言

随着新军事变革的日益深化，精确制导的新理论、新体制、新技术不断涌现，正如恩格斯所说"一旦技术上的进步可以用于军事目的，并且已经用于军事目的，它们便立即几乎强制地，而且往往是违背指挥官的意志而引起作战方式的改变甚至变革。"精确制导技术就是这一名言的有力佐证。作为精确制导技术中的重要分支——光电制导技术日益受到人们的重视，世界各军事强国都明确地将光电制导技术作为精确制导武器发展的重点。

强大的国防需求和应用牵引进一步推动了光电制导技术的发展，形成了大量的研究成果，但将光电制导技术集中起来专门介绍的论著不多，因此作者在多年科研和教学成果的基础上，紧密结合现代制导技术的研究现状和发展趋势，将历年来积累的资料进行梳理总结，力图从技术的角度较系统地阐述光电制导技术的概念、内涵和内容体系，围绕4类经典光电制导技术及新兴的偏振制导技术展开，同时注重其技术细节的框架描述，结合制导与反干扰给出了光电制导反干扰技术的介绍，保证了对抗两方面描述的完整性。这也是本书的主要特色。

本书撰写围绕3个关键问题："光电制导技术及常用的制导规律有哪些？精确制导武器中采用的典型光电制导技术有哪些？实际使用中光电制导技术有哪些反干扰技术？"分3个层次展开。首先向读者介绍光电子技术的内涵概述以及相关的制导规律，给出光电制导技术的全貌知识视图，对应第1、2章，为第一层次；在此基础上第二层次较详细地介绍典型的光电制导技术，分为激光制导、红外制导、电视制导、偏振制导、复合制导技术5个方面，分别对应第3～7章，给出光电制导技术的细节知识视图；最后结合光电制导技术的反干扰问题进行了概述介绍，给出了光电制导技术与外部对抗的知识视图，对应第8章内容。其中韩裕生、胡博负责第1、2、4、5章的撰写工作，李从利、李俊负责第3、6、7、8章的撰写，全书由韩裕生、李从利统稿。参与相关章节资料收集整理还有罗晓琳、魏沛杰、王硕、黄勤超、袁广林、刘永峰、李兴山、杨钒、韦哲、李梦杰、粟琛钧等。

本书编著过程中，得到了军事科学院孙晓文研究员、陆军炮兵防空兵学院薛模根教授和柴金华教授的大力帮助和指导，姚翎、李小明、袁宏武等做了大量前期资料准备基础性工作，在此向他们表示由衷地感谢！本书得以如期出版，得到了《光电技术及其军事应用丛书》编委会、国防工业出版社领导和胡翠敏编辑的支持与悉心指导，作者深表感谢。

作者
2020年12月

目 录

第 1 章　绪论

1.1　精确制导武器　...001
    1.1.1　基本组成　...001
    1.1.2　基本特点　...004

1.2　精确制导技术　...005
    1.2.1　精确制导技术概念　...005
    1.2.2　精确制导技术分类　...005
    1.2.3　精确制导技术的发展历程　...010

1.3　光电制导技术　...013
    1.3.1　光电制导技术概念　...013
    1.3.2　光电制导技术与光电子技术　...013
    1.3.3　光电制导技术的应用与发展　...014

1.4　光电制导系统　...016

1.5　光电导引头　...018
    1.5.1　导引头组成和工作原理　...018
    1.5.2　导引头工作过程　...019
    1.5.3　导引头主要参数　...019
    1.5.4　导引头分类　...021

1.6　光电制导相关技术　...025
 1.6.1　光电探测技术　...025
 1.6.2　测量技术　...026
 1.6.3　信息处理技术　...027
 1.6.4　自动控制技术　...028
 1.6.5　光电制导涉及的其他技术问题　...029

参考文献　...030

第2章　制导规律

2.1　概述　...032
 2.1.1　制导规律的分类　...033
 2.1.2　制导规律选择的基本原则　...034
2.2　经典制导规律　...035
 2.2.1　三点制导规律　...035
 2.2.2　前置角制导规律　...036
 2.2.3　追踪制导规律　...037
 2.2.4　平行接近制导规律　...038
 2.2.5　比例制导规律　...039
2.3　现代制导规律　...042
 2.3.1　最优制导规律　...042
 2.3.2　滑模变结构制导规律　...044
 2.3.3　微分对策制导规律　...045
2.4　智能制导规律　...046
 2.4.1　基于自适应动态规划制导规律　...046
 2.4.2　基于神经网络末制导规律　...047
2.5　制导规律的发展　...048
 2.5.1　多种导引规律的复合　...048
 2.5.2　协同制导　...049
 2.5.3　制导控制一体化　...050

参考文献　...051

第3章 激光制导技术

- 3.1 激光制导技术基础 ...056
  - 3.1.1 激光技术概述 ...057
  - 3.1.2 激光器工作原理 ...059
  - 3.1.3 激光制导技术分类 ...061
- 3.2 激光半主动寻的制导技术 ...063
  - 3.2.1 激光半主动寻的制导原理 ...063
  - 3.2.2 激光半主动制导技术 ...065
  - 3.2.3 激光目标指示器 ...068
  - 3.2.4 激光半主动导引头 ...074
- 3.3 激光主动寻的制导技术 ...080
  - 3.3.1 激光主动寻的制导原理 ...080
  - 3.3.2 激光主动制导技术 ...088
  - 3.3.3 激光主动导引头 ...089
- 3.4 激光驾束制导技术 ...091
  - 3.4.1 激光驾束制导原理 ...091
  - 3.4.2 激光驾束制导系统 ...093
- 3.5 激光指令制导 ...098
  - 3.5.1 激光指令制导原理 ...098
  - 3.5.2 激光发射机 ...099
  - 3.5.3 激光接收机 ...100
- 3.6 激光制导技术发展趋势 ...100
  - 3.6.1 激光半主动制导技术应用与发展趋势 ...100
  - 3.6.2 激光主动制导技术发展概况及应用前景 ...103
  - 3.6.3 激光驾束制导技术应用与发展趋势 ...106
- 参考文献 ...109

第4章 红外制导技术

- 4.1 红外制导技术基础 ...115
  - 4.1.1 目标和背景红外辐射的特征 ...116

4.1.2　红外探测器　…121
　　4.1.3　红外制导系统工作原理与分类　…122
4.2　**红外点源寻的制导技术**　…124
　　4.2.1　红外点源导引头　…125
　　4.2.2　调制盘式点源制导　…127
　　4.2.3　非调制盘式点源制导　…128
4.3　**红外成像制导技术**　…133
　　4.3.1　红外成像导引头工作原理　…133
　　4.3.2　红外图像预处理　…137
　　4.3.3　红外成像目标检测　…140
　　4.3.4　红外成像目标识别　…143
　　4.3.5　红外成像目标跟踪　…144
4.4　**红外制导技术发展趋势**　…152
参考文献　…156

第5章　电视制导技术

5.1　电视制导技术的基础　…160
　　5.1.1　电视成像的基本原理　…161
　　5.1.2　电视制导的分类　…162
5.2　电视寻的制导　…163
　　5.2.1　电视寻的制导原理　…163
　　5.2.2　信号提取技术　…167
　　5.2.3　电视图像跟踪技术　…171
5.3　电视遥控制导　…179
　　5.3.1　电视指令遥控制导　…180
　　5.3.2　电视跟踪遥控制导　…181
　　5.3.3　电视测角仪　…182
5.4　电视制导技术发展趋势　…184
参考文献　…185

第6章 偏振制导技术

6.1 偏振成像的基础理论 ... 189
- 6.1.1 可见光与红外辐射的偏振特性 ... 189
- 6.1.2 偏振的斯托克斯矢量描述 ... 191
- 6.1.3 红外辐射的全方向偏振特性反演模型 ... 192

6.2 偏振制导的关键技术 ... 195
- 6.2.1 典型目标全偏振参量特性及检测技术 ... 195
- 6.2.2 弹载平台偏振光同时成像技术 ... 200
- 6.2.3 弹载偏振光图像信息解析技术 ... 202

6.3 偏振制导系统技术 ... 209
- 6.3.1 可见光/近红外波段弹载平台偏振光实时成像技术 ... 210
- 6.3.2 偏振光成像组件与末制导系统集成技术 ... 212

6.4 偏振制导技术发展趋势 ... 213
- 6.4.1 偏振光成像探测技术发展趋势 ... 213
- 6.4.2 偏振成像导引头发展趋势 ... 216

参考文献 ... 217

第7章 多模复合寻的制导技术

7.1 多模复合寻的制导技术基础 ... 221
- 7.1.1 单一模式导引头存在的不足 ... 221
- 7.1.2 多模复合寻的制导的关键技术 ... 222
- 7.1.3 多模复合寻的制导遵循的原则 ... 224

7.2 多模复合寻的转换逻辑 ... 226

7.3 多模复合导引头的信息融合技术 ... 229
- 7.3.1 信息融合技术的定义与分类 ... 229
- 7.3.2 信息融合技术的原理 ... 234

7.4 多模复合寻的导引头 ... 239
- 7.4.1 雷达/红外双模复合导引头 ... 239
- 7.4.2 可见光/红外双模寻的导引头 ... 248
- 7.4.3 激光/红外双模寻的导引头 ... 252

7.5 多模寻的制导技术的发展 ... 255
    7.5.1 多模寻的制导技术发展现状 ... 255
    7.5.2 复合制导技术的发展趋势 ... 257
参考文献 ... 258

第8章 光电制导抗干扰技术

8.1 光电干扰的分类及机理 ... 262
    8.1.1 光电干扰源的类型 ... 263
    8.1.2 干扰机理分析 ... 264
8.2 激光制导抗干扰技术 ... 265
    8.2.1 抗激光有源干扰 ... 265
    8.2.2 抗激光无源干扰 ... 270
8.3 红外制导抗干扰技术 ... 271
    8.3.1 红外诱饵特征信息提取 ... 273
    8.3.2 四元红外导引头抗干扰技术 ... 276
    8.3.3 红外成像导引头抗干扰技术 ... 282
    8.3.4 双色红外成像导引头抗干扰技术 ... 289
8.4 电视制导抗干扰技术 ... 292
    8.4.1 电视寻的制导抗干扰技术 ... 293
    8.4.2 电视测角仪抗干扰技术 ... 295
参考文献 ... 298

第1章 绪 论

1.1 精确制导武器

精确制导武器是指以高性能探测器为基础,命中精度很高的导弹、制导炮弹、制导炸弹、制导鱼雷等制导武器的总称[1]。"精确"的描述没有统一的概念,西方国家一般将其描述为一次发射命中概率超过50%,而在俄罗斯的相关资料中则指命中目标概率接近于100%。依据动力装置装配的不同,精确制导武器可分为导弹和制导弹药两大类。其最大区分是前者依靠自身动力装置推进并由制导系统导引控制,这一类最为常见,种类和数量也最多;而制导弹药自身无动力装置,需借助其他投掷平台发挥效用,但均具备制导系统,该类又可进一步分为末制导弹药和末敏弹药两类。

精确制导武器分类的界限随着制导技术的发展及功能复合需要而变得模糊,如炮射导弹和制导炮弹在一定意义上区别不大,对制导炮弹加装助推装置实际上变成了导弹。

1.1.1 基本组成

不失一般性,选择导弹(精确制导武器的典型代表)介绍基本组成,导弹主要由战斗部、制导与控制系统、推进系统、电气系统和弹体5个分系统组成。从系统工程的角度出发,考虑到导弹是一个复杂的系统,通常把上述5个分系统构成的导弹称为导弹系统[2]。图1-1给出了导弹的基本组成。

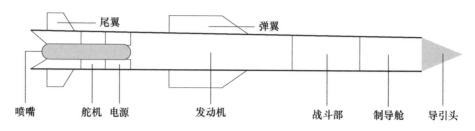

图 1-1 导弹的基本组成

1. 战斗部

战斗部是导弹的有效战斗载荷,是其核心部件,也是导弹和其他飞行器的主要区别之一,负责摧毁目标,完成战斗任务。根据填装弹药的类型不同,战斗部可分为核装药、常规装药和特种装药 3 类战斗部。

2. 制导与控制系统

制导与控制系统的任务是以特定基准(规律),采用某一手段和方法选择飞行路线,引导制导武器排除各种干扰,寻找并准确击中目标。制导与控制系统又称为寻的系统,包括制导系统和姿态控制系统两个部分[3],是导弹核心和关键分系统。

1) 制导系统

制导系统的核心功能是生成制导指令,由测量装置和制导计算机组成,用来测量导弹与目标的位置和运动信息,并按预定导引律形成指令。

"发射后不管"制导武器的制导系统所有设备均装于弹上;而发射后仍需要由地面或发射平台制导站发送指令进行控制的导弹,其制导设备只有一部分装于弹上,其余装在发射平台(地面、舰船、飞机等)的制导站上。

2) 姿态控制系统

姿态控制系统由敏感装置(陀螺仪、加速度计等惯性器件)、信息处理设备(计算机)和执行机构(舵机等)组成。当敏感元件、信息处理设备等组装在一起时,有时也称为自动驾驶仪。姿态控制系统均装载在制导武器上。

姿态控制系统通过装在弹上的惯性器件测量导弹的视加速度和角度来实现对导弹的控制。按照测量参照系的不同,惯性器件有两种安装和使用方式:一种是惯性器件装在稳定平台上,以惯性坐标系为测量参照系,称为平台式姿态控制系统,如三轴陀螺稳定平台,它给出测速定向基准和测角参考轴;另一种是惯性器件固连于弹体上,以弹体为测量参照系,称为捷联式姿态控制系统,其测量值需经计算机转换为惯性坐标系的参量,通常称为数学平台。

3. 推进系统

推进系统主要包括发动机、燃料储箱、推进剂及辅助设备，它是为导弹飞行提供动力的系统；依据喷气推进原理不同，导弹的发动机可分为空气喷气发动机、化学火箭发动机（固、液）和组合式发动机3类。

4. 电气系统

电气系统是导弹一切电能的源泉，它负责为弹上各分系统提供工作用电，包括原始能源（一次电源）、配电设备和变流装置。

5. 弹体

常见的导弹外形布局方式，如图1-2和图1-3所示。弹体将导引头、推进系统、战斗部各部分连成一个整体，弹体包括弹身、弹翼、尾翼及其控制面。由于其需承受各种载荷并连接弹体各部件，需要具备优异的刚度和强度，高速飞行也要求气动外形良好，因此通常采用合金等先进金属材料或复合材料制造。外形布局受限于导弹类型、设计飞行速度、作战高度、制导方式、战斗部和推进系统的位置等因素。

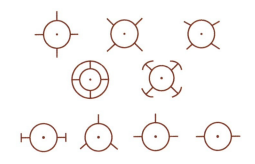

图1-2 翼面在弹身周围的布局图

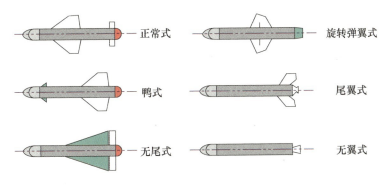

图1-3 翼面沿弹身纵向的布局图

精确制导武器的组成随着技术进步带来的小型化、功能耦合缩减硬件体积而变化，布局可以随需要调整和增减。

1.1.2　基本特点

与传统非制导类武器相比，精确制导武器具有命中精度高、可实施远程精确打击、作战效能高、技术潜力大等显著优势[4]。

1. 命中精度高

精确制导武器的命中概率随着军事科技和工业生产能力的发展不断提升，其中有代表性的先进精确制导武器命中概率已超 90%，命中圆概率误差（CEP）不断下降。例如，初期激光制导导弹的 CEP 在 15m 左右，"战斧"巡航导弹在改进后的 CEP 达到了 3m，第四代远程战术地空导弹的命中精度则达 1~3m。

2. 可实施远程精确打击

常规武器的打击精度会随着射程增加显著降低，而精确制导武器重新定义了"精度－射程"之间的关系，在保证精度的同时，极大地提高了武器的射程范围，兼顾了精度和射程的双重要求。

3. 作战效能高

这是精确制导武器受人关注的特点之一，具备很高的效费比，统计表明完成同一作战任务，精确制导武器的效费比可达常规武器的 25 倍以上。例如，一枚反坦克导弹（数万美元）可以击毁一辆装甲目标（几百万美元）；一枚防空导弹（数百万美元）可击落一架先进飞机（几千万美元）；更有甚者，一枚机载 20 万美元左右的"飞鱼"反舰导弹曾击沉价值 20 亿美元的"谢菲尔德号"驱逐舰。

4. 技术潜力大

未来多维条件制衡约束下的战场环境复杂多变，对精确制导武器的生存和打击能力提出了更高的要求，也意味着制导武器技术发展具有巨大的潜力和空间。可以肯定的是具有更高精度、高机动、超高声速、更高可靠性的制导技术将得以飞速发展，多模复合制导问题将突破关键技术瓶颈，机器学习、大数据和新一代通信技术也将促进其性能提升，智能化、小型化、通用化是主要进步方向。很长一段时期精确制导武器都将占据世界武器舞台的中央。

1.2 精确制导技术

1.2.1 精确制导技术概念

精确制导技术同样尚无统一的定义和标准。通常是指利用目标辐射或反射的特征信号,发现、识别与跟踪目标,控制和引导武器战斗部准确命中目标的技术(通常直接命中概率在50%以上),是以自动控制技术为基础,以光电子技术、微电子技术和计算机技术为核心发展起来的。

精确制导武器多采用复合制导方式以提高命中精度和射程,即在飞行初始段和中段使用成本低、精度不高的制导系统,在飞行末段采用高精度的寻的末制导系统,精确制导武器的高精度是末制导保证的[5]。

1.2.2 精确制导技术分类

按照不同的划分标准,制导技术有多种分类方法,但这些划分方法又互相包含、互相交叉[6]。

1. 按实施控制的飞行段划分

按照实施控制的飞行段不同,制导技术可分为初制导技术、中制导技术和末制导技术。

2. 按控制导引方式划分

按照控制导引方式的不同,制导技术可分为自主制导技术、寻的制导技术、遥控制导技术、复合制导技术四大类。

1)自主制导技术

在制导和控制过程中,依靠制导武器携带的测量装置实时测量本身的相对运动参数,并自行控制和引导制导武器飞向目标的制导技术。采用这种制导技术的制导控制设备全部装在导弹内部,导弹发射后不需外部控制和配合工作。

2)寻的制导技术

装在弹上的敏感器(导引头、寻的器)感受目标辐射或散射的能量,确定目标位置,并形成导引信息,自动控制导弹飞向目标的制导技术。

根据照（辐）射源位置（弹上、目标上、地面或发射平台）的不同，寻的制导分为主动、被动和半主动寻的3种制导方式。在寻的制导的过程中，导引头利用光、电、热和声等多种能量形式实施制导，按感受的能量和波长，可分为雷达寻的制导、微波寻的制导、红外寻的制导、毫米波寻的制导、电视寻的制导和激光寻的制导。

3）遥控制导技术

由设在弹外的制导站发出制导指令，控制制导武器飞向目标的制导技术。根据制导指令形成部位的不同，遥控制导又分为遥控指令制导和驾束（波束）制导。

遥控指令制导设备一般由装在制导站的跟踪测量装置、指令形成装置、指令发送装置和装在弹上的指令接收机与控制装置组成。此种制导武器弹上设备较简单。按制导中指令传输方式的不同又可分为无线指令制导、有线指令制导和光纤指令制导等。

在驾束制导系统中，地面或发射平台的指挥站发出电磁波束或激光波束，制导武器在波束内飞行，弹上的制导设备感受自身偏离波束中心的方向和距离，产生相应的制导指令，导引制导武器飞向目标。这种制导系统的弹上装有能自动测定导弹偏离波束旋转轴位置（角度）并形成指令的装置，或者瞄准跟踪目标的光学系统。

4）复合制导技术

复合制导技术是指在制导武器飞行的同一阶段或不同阶段采用两种及以上制导方式组合使用的制导技术。它克服了某单一制导技术的不足，互为补充，具有提高制导精度、增大制导距离和增强抗干扰能力等优点，是精确制导技术发展的重点方向。

3. 按导弹所利用辐射能量来源分类

按照导弹所利用辐射能量来源的不同，制导技术可分为主动寻的制导技术、半主动寻的制导技术、被动寻的制导技术[5]。

1）主动寻的制导技术

照射目标的能源位于制导武器上，由导引头接收来自目标的反射能量，完成对目标信息的测量和跟踪，并形成导引指令。按辐射源的物理特性，主动寻的导引头可分为无线电波主动导引头和光波（红外、激光、可见光）主动导引头两类。

主动寻的制导系统由发射设备、接收设备和伺服机构组成。当制导武器对目标实施攻击时,弹上发射设备发射能量照射目标,接收设备接收来自目标反射的能量,伺服机构和接收机闭合后实现对目标的跟踪,并检测出目标视线角或视线角速度等信息,形成导引指令,输送给自动驾驶仪并形成控制指令,使制导武器跟踪目标直至命中。主动寻的制导系统的工作原理如图 1-4 所示。

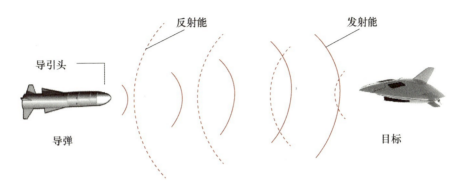

图 1-4　主动寻的制导系统的工作原理

主动寻的制导系统在锁定目标之后便自动地、相对独立地去攻击目标,因此以这种方式制导的导弹具有"发射后不管"的能力。

2) 半主动寻的制导技术

半主动寻的制导技术是由地面或其他平台上的制导站发射能量照射目标,弹上导引头接受反射能量,跟踪目标并自动形成制导指令,控制导弹飞向目标的制导技术。按寻的信号的性质不同,可分为微波半主动寻的制导、激光半主动寻的制导、雷达半主动寻的制导。半主动寻的制导主要用于地空导弹、舰空导弹、空空导弹、空地导弹、反坦克导弹和制导炮弹。

半主动寻的制导由半主动导的导引头和跟踪照射装置两部分来实现。照射目标的能源装置可设在导弹发射点或其他地点,包括地面、水面及空中等。发射后,地面或其他平台上的雷达或光学跟踪系统截获跟踪目标;照射雷达波束或光束对准目标,跟踪照射;导引头角度预定,多普勒频率预定;经过目标检测,截获目标,并跟踪目标,给出目标视线角或视线角速度或目标相对径向速度,形成寻的制导指令,送入自动驾驶仪,操纵导弹飞向目标。半主动寻的制导是连续波照射、倒置接收、动目标检测,这种制导体制具有良好的低空性能和较高的灵敏度。半主动寻的制导基本工作原理如图 1-5 所示。

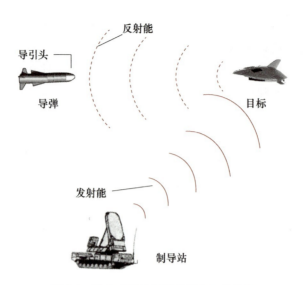

图 1-5 半主动寻的制导的基本工作原理

与主动寻的制导相比，半主动寻的照射装置不受弹上环境影响，照射功率及照射器口径可以很大，因此制导距离相对较远；其导引头设备少，技术状态相对简单，弹上不发射能量，隐蔽性好。在半主动寻的制导过程中，照射装置不断地照射目标，使导引头接收目标的反射信号，对目标进行跟踪，因此半主动寻的不具备独立截获目标的能力；另外，半主动寻的制导收、发分开，相关性差，可提取的信息相对较少，如没有距离信息等；依赖外界的照射源，照射源载体的活动受到限制，易遭敌方攻击。

3) 被动寻的制导技术

被动寻的制导技术是指导引头接收目标辐射或反射的能量导引制导武器飞向目标的制导技术。被动寻的制导技术作用的发挥主要依赖于目标的不同物理特性和强度，例如，通信卫星的电波、喷气发动机的尾烟、舰艇烟囱的热流等都可能成为这种制导武器的"向导"。被动寻的制导的基本工作原理如图1-6所示。

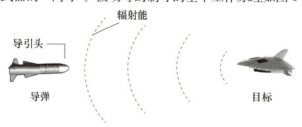

图 1-6 被动寻的制导的基本工作原理

按辐射能量类型不同,被动寻的制导又可分为红外被动寻的制导、雷达被动寻的制导和电视被动寻的制导。其导引头不主动向目标发射电磁波或光波进行照射,导引头上不需要装设发射机,工作隐蔽性好,结构较简单,制导精度一般较高。被动寻的制导主要应用于攻击产生红外辐射的目标,如空空导弹、空地导弹、舰空导弹、地空导弹和反坦克导弹等,还应用于产生电磁波辐射的反辐射导弹(又称为反雷达导弹)或制导弹药的末制导,均可"发射后不管"。

4. 按工作波段分类

按照工作波段的不同,制导技术可分为电视制导技术、红外制导技术、毫米波制导技术、微波制导技术、激光制导技术[2],以及将两种或两种以上不同类型的制导装置组合起来的多模制导技术等。

1) 电视制导技术

电视制导技术是指利用电视摄像头接收目标辐射或反射的能量,并转换为电信号形成制导指令,控制制导武器飞向目标的制导技术。按目标辐射或反射的波长,可分为可见光电视制导、红外电视制导和激光电视制导;按工作方式,可分为电视遥控制导和电视寻的制导。电视制导技术主要用于空地导弹、空舰导弹、反坦克导弹和地空导弹等武器的制导。

2) 红外制导技术

红外制导技术是指利用红外探测器、跟踪设备获取目标和制导武器自身运动参数,导引制导武器飞向目标的制导技术[7]。工作方式有红外点源跟踪制导和红外成像跟踪制导两种。它具有制导精度高、不易受电子干扰、能昼夜工作、攻击隐蔽性好等突出优点,是正在发展中的制导方式。但红外制导技术易受目标对红外光的散射和雨、雪、雾、云及战场烟尘等不良因素影响,加上红外制导系统作用距离有限,一般用作近程武器的制导系统或远程武器的末制导系统。

3) 毫米波制导技术

毫米波制导与微波寻的制导从制导体制到制导原理上都基本相同。利用波长为1~10mm的电磁波探测设备,捕获、定位和跟踪目标,控制制导武器飞向目标的制导技术。毫米波制导分为毫米波指令制导、毫米波波束制导和毫米波寻的制导3种。毫米波制导技术突出优点是全天候工作能力强,较微波制导抗干扰能力强、体积小、质量轻,但由于目标辐射能量很弱,因此它的探测距离较近。

4) 微波制导技术

微波制导技术受气象条件影响小、作用距离远,但对抗无线电干扰能力要求高。

5) 激光制导技术

激光制导技术是精确制导技术的重要制导方式,以激光束跟踪目标和传输信息,控制制导武器飞向目标的光学制导技术。它与红外制导、电视制导一样,都同属于武器系统的末制导,具有打击精度高、结构简单、不易受电磁干扰等优点,在精确制导中占有重要地位,但易受云、雾、雨雪和烟尘的影响。

6) 多模制导技术

多模制导技术是一种发展迅猛的制导技术,是由两种或两种以上不同类型的制导装置组合而成的制导技术。按照组合方式不同,多模制导可分为串联复合制导、并联复合制导和串并联复合制导 3 种。

本书按照工作波段对制导技术进行分类和阐述,且只讨论工作在可见光、红外波段的制导武器及制导技术,即光电制导技术。

1.2.3 精确制导技术的发展历程

导弹是精确制导武器的典型代表,因此可以说精确制导技术的发展历史实际上就是导弹的发展历史。导弹从第二次世界大战诞生至今,先后经历了 4 个发展阶段。

第一个发展阶段是从第二次世界大战后期到 20 世纪 50 年代初期,此时导弹刚刚诞生就被投入实战,其典型代表是德国的 V-1 飞航导弹和 V-2 弹道导弹,如图 1-7 所示。这一阶段导弹没有导引头,只能攻击地面固定目标,制导系统采用的是简单的惯性制导技术和程序制导技术,尽管如此,V-2 导弹的实战化标志着人类战争史进入了导弹时代。

(a) (b)

图 1-7 第一个发展阶段的导弹[8]

(a) V-1 飞航导弹;(b) V-2 弹道导弹。

第二个发展阶段是从 20 世纪 50 年代中期到 60 年代初期,这一时期世界各主要军事强国都开始研制和装备导弹。这一阶段以美国 AIM-7 "麻雀"空空导弹和苏联 "萨姆" -2 地空导弹为代表,如图 1-8 所示。这类导弹多采用被动红外制导技术、雷达指令制导技术或雷达半主动制导技术,具备一定的自主跟踪能力,但抗干扰能力差且命中精度较低。

图 1-8　第二个发展阶段的导弹[9]

(a) AIM-7 "麻雀"空空导弹;(b) "萨姆" -2 地空导弹。

第三个发展阶段是从 20 世纪 60 年代中期到 70 年代末期,随着探测器技术的发展,导弹制导系统从红外和雷达两种制导方式逐渐向多种方式发展。此阶段导弹的种类得到了极大的丰富,几乎涵盖了目前所有的导弹种类,并且精度和可靠性大大提高。这一阶段的典型代表是美国的 AGM-65A/B "幼畜"电视制导导弹和 AGM-114A "海尔法"激光半主动制导反坦克导弹,如图 1-9 所示。

图 1- 9　第三个发展阶段的导弹[10]

(a) AGM-65A/B "幼畜"电视制导导弹;(b) AGM-114A "海尔法"激光半主动制导反坦克导弹。

第四个发展阶段是从20世纪80年代至今,随着计算机技术和大规模集成电路技术的发展,导弹制导系统开始向着成像化、智能化、小型化、多任务化和低成本化发展。大量具备"发射后不管"能力的智能型导弹开始研制和装备,此外为了对抗日益复杂的战场环境,多模复合导引头也开始快速发展和实用化。

21世纪以来,信息化战场具有宽正面、大纵深、多梯队及全空域、全时域、全频域等整体作战特点,作为典型信息化武器代表的导弹,已成为现代战场的主战武器,并将成为未来信息化战争的重要支柱。未来导弹逐步向着高精度、高智能化和强抗干扰方向发展,导弹所采用的精确制导技术也正在向着多模复合制导技术、光纤制导技术和智能化自动寻的制导技术等方向发展[11]。

1)多模复合制导技术

如前所述,多模复合制导技术可充分利用多种频谱信息,取长补短,使得制导系统具有更强的适应和抗干扰能力,可以弥补单一探测制导方式的不足,使制导武器在目标识别能力、制导精度方面都得到了增强。目前主要发展的多模复合制导方式有紫外/红外、可见光/红外、激光/红外、微波/红外、毫米波/红外和毫米波/红外成像等,如图1-10和图1-11所示。

图1-10 AIM-120复合制导空空导弹[12]

图1-11 "西北风"复合制导地空导弹[9]

2)光纤制导技术

光纤制导是指制导武器飞至目标上空时,导引头成像装置将目标及其周围环境进行拍摄,并经光纤下传至制导站的监视器上,射手通过图像对目标进行搜索、识别和捕获,同时形成的控制指令经上行线传到导弹,控制导弹飞向目标。由于光纤具有信息传输容量大、抗干扰能力强、制导精度高、隐藏性好等一系列优点,因此非常适用于图像和指令传输。

3)智能化自动寻的制导技术

得益于人工智能、成像设备、大数据和芯片技术的发展和突破,导弹正朝着高度自动化和智能化的方向发展。未来的导弹将获得极大的数据和技术支持,无需人工参与即可实现对目标的自动分拣、威胁判断和识别跟踪,并可进行目标火力打击分配及毁伤效果评估。

总之,随着高新技术的不断涌现及其在导弹上的广泛应用,采用各种新型精确制导技术的导弹也不断出现,这使得未来高技术战争攻防双方的对抗将更加激烈复杂[13]。

1.3 光电制导技术

1.3.1 光电制导技术概念

如前所述,精确制导武器依靠探测器获取目标信息,经过相应的信号及信息处理产生控制信号,从而不断修正武器飞行路径,引导其命中目标。探测器获取的目标信息按其波段可分为可见光信息、激光反射信息、红外辐射信息、无线电波信息等[14],通常将工作在可见光、红外波段,依靠获取可见光、激光反射、红外辐射信息完成制导过程的精确制导武器称为光电精确制导武器,简称光电制导武器。因此,光电制导技术是指工作在可见光、红外波段,以光电探测、光电信息处理等光电子技术为基础,导引并控制光电制导武器准确命中目标的制导技术。光电制导技术是精确制导技术的子集。

1.3.2 光电制导技术与光电子技术

光电子技术主要研究从紫外波段到红外波段范围内光波的产生、传输、探测、处理,以及光与物质的相互作用及其应用。它是光子技术与电子技术相结合而形成的一个庞大的技术体系,包括光电子器件、光电子应用系统的信号调制技术、光电探测技术、光电信息处理技术、光电显示技术、通信技术、光存储技术等。1960年第一台激光器诞生,标志着光电子技术的产生,至今为止,人们都一直在不停探索其军事应用场合和价值,并投入巨大。目前,光电子技术的军事应用主要包括监视、预警、侦察、夜视、测距、定位、制导、火控、光电对抗、定向能武器等,应用范围从水下、水上、地面、空中到空间,已渗透到几乎所有的武器平台、各级指挥所乃至单兵,成为高技术武器装备必不可少的技术单元,地位无可替代。

光电制导技术的关键是如何准确地探测、识别、处理目标的光电信息,而光电探测、光电信息处理技术等正是光电子技术的重要组成部分,因此,光电制导技术与光电子技术有着密不可分的重要联系。光电子技术在军事上非常重要的一项应用就是制导技术,它的发展和应用也对制导技术的快速发展产生了极其重要的影响[15]。20世纪50年代末,美军将光电探测器用于代号为"响尾蛇"的空空导弹,取得了显著的作战效果;之后,美、英、法等国家相继开发了中波和长波红外多元探测器组件、红外焦平面阵列,广泛应用于制导武器;20世纪70年代初对越战场上的美军激光制导炸弹、1982年贝卡谷地之战中以色列使用的航空炸弹和空地导弹等更是体现了光电子技术的重要作用和光电制导武器极高的效费比。类似的例子不胜枚举,总之,光电子技术使制导武器的性能产生了质的飞跃,有效提高了新一代精确打击、夜战、情报获取的能力,给军事变革和制导技术的发展带来了划时代的影响[12]。

1.3.3 光电制导技术的应用与发展

早在20世纪50年代初期,光电制导技术便应用在光电制导武器上,随着光电技术、传感器技术、隐身技术等的发展,应用光电制导技术的光电制导武器也越来越显示出其优越的性能,光电制导武器装备始终与光电制导技术相辅相成地发展[17]。

光电制导技术在整个现代军事高技术的发展中占有十分重要的地位,且在现代的战争中得到广泛应用,其产生与发展直接导致大量精确制导武器的问世,并已对现代战争产生了重大的影响。光电制导技术的发展不仅直接关系到军事能力的提高,而且其技术研究成果的推广应用带动了国防科学技术领域各相关专业技术和民用技术的发展。

1. 光电制导技术极大地提高武器装备的作战效能

光电制导技术研究成果在武器装备中的推广应用，极大地提高了武器装备的作战效能，如采用凝视红外成像制导技术、毫米波宽带高分辨主动寻的技术及多模制导技术的地空导弹、空空导弹大幅提升了武器装备的综合防空和反导能力；末段采用光学或自寻的制导的战术弹道导弹、巡航导弹和防区外发射的空地导弹提高了武器装备的中远程精确打击能力；采用凝视红外成像制导技术的反舰导弹增强了武器装备海上封锁与反封锁能力[18]；采用红外成像、毫米波及红外成像与毫米波双模复合等精确制导技术的制导弹药有力地提高了武器装备的陆上作战能力，等等。这些都使得光电制导武器成为夺取战场主动权、打击纵深目标和常规威慑力量的重要手段。未来高技术条件下的局部战争，依然是敌对双方在以精确制导武器为核心的作战体系之间的激烈较量，光电制导武器对战争进程和战争结局起着决定性作用。

2. 光电制导技术改变了传统的作战概念与作战方式

光电制导技术在战争中发挥着"1+1>2"的作战奇效，已成为高技术战争的主宰兵器，精确打击已发展成为高技术战争的主要火力打击样式，它可使远程、超视距、非接触性精确打击作战成为现实。随着采用精确制导技术的各种武器装备的大量列装，形成了一种新的纵深精确打击的作战概念。这是精确制导技术、武器与作战平台和有关信息系统有机结合及系统运用的新概念。利用纵深精确打击作战概念，打破战场前方与后方的界限，以不接触的作战方式对战略基地、指挥中心、战略纵深建设形成严重威胁和挑战，在战略上摧毁或瘫痪敌方社会经济活动和组织军事行动的能力，因而具有威慑和实战的作用。同时，这种"外科手术"式的精确打击改变了大规模摧毁的概念，大大减少了战争中对武器装备数量的要求。

3. 光电制导技术能减少战争的伤亡和损失，减轻后勤和战略规划的负担

光电精确武器系统的打击精度高，使攻击目标的附带杀伤、破坏比率都大幅度下降，同时对于攻击方而言，很少需要对目标重复攻击，从而也大大减少了处于危险环境中的作战人员，伤亡率大为降低。此外，由于在作战中只需要很少的精确制导武器就能完成既定的作战任务，因此只需很少数量的空运就可以把精确制导武器送到危机地区，从而出现了传统后勤无法比拟的兵力投送水平。

4. 光电制导技术是国防科技领域的领头技术，能带动各项军事技术的发展

光电制导技术是系统（由关键技术、关键部件及支撑性技术组成，具有探测、控制、信号传输与处理功能）集成技术，是一门涉及光、机、电、声等多学科的综合性技术。光电制导技术以微电子、光电子、先进材料、计算机、仿真、目标特性等各项军事技术为基础，它的发展牵引着这类军事技术的发展，因而具有很强的带动性。在国防科技领域突出发展重点，以光电制导技术为"龙头"，将带动各项军事技术全面发展。

5. 光电制导技术对国民经济的发展有潜在的影响和促进作用

光电制导技术的发展遵循"武器装备体系牵引武器系统，武器系统牵引关键技术"的原则，无论是武器装备体系还是武器系统，都必须保证在相当长的一段时间内具有良好的作战效能和生存能力，这就要求采用先进的设计手段和方法、先进的材料、元部件和加工工艺、先进的测试试验设备，并不断开拓新频段、新体制、新方法。因此，对国民经济的发展具有潜在的影响和促进作用[19]。目前，美国、俄罗斯等发达国家都十分重视开拓发展军民两用技术，在加速科研成果在武器装备中应用的同时，推动研究成果向民用的转化。

1.4 光电制导系统

制导武器与普通武器的区别在于它具有制导系统，且其命中目标的概率主要取决于制导系统的工作，因此制导系统在整个制导武器中具有极其重要的地位[20]。制导系统的复杂程度、先进性将直接影响武器的作战效能、应用范围和成本。导弹是最具代表性的一类精确制导武器，下面以导弹为例介绍制导系统的组成和制导过程。

制导系统用来探测或测定制导武器相对于目标的飞行情况，计算其实际位置与预定位置的飞行偏差，形成导引指令，并操纵导弹改变飞行方向，使其沿预定弹道飞向目标。

制导系统由导引系统和控制系统两部分组成[2]，制导系统的组成及各部分之间的关系如图1-12所示。

导引系统用来测定或探测制导武器相对于目标或发射点的位置，按要求的弹道形成导引指令，并将导引指令送至控制系统。导引系统通常由目标、导弹敏感器及控制指令形成装置等组成。其中，探测装置对目标和导弹运动信息的测量，可以用不同类型的装置予以实现，既可以是制导站上的红外测角仪，也可以是装载在导弹上的导引头。

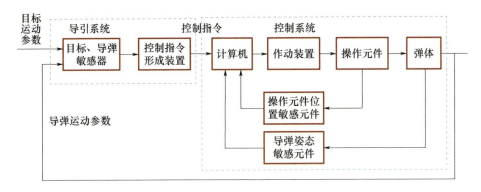

图 1-12　制导系统的组成及各部分之间的关系

控制系统响应导引系统传送的导引指令信号，产生作用力迫使导弹改变飞行轨迹，使得导弹沿着要求的弹道飞行；控制系统的另一项任务是稳定导弹的飞行。控制系统通常由导弹姿态敏感元件、操纵面位置敏感元件、计算机、作动装置和操纵元件等组成。

从制导系统的工作过程可以看出，测定或探测制导武器相对于目标或发射点的位置是形成制导指令的关键和基础[21]。在光电制导武器中，通常采用光学设备接收对方军事目标反射及辐射的光学信息，并完成光信号到电信号的转换。目标信息从目标到光电导引头构成光电制导信息链，如图 1-13 所示。

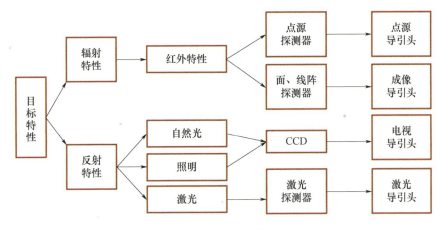

图 1-13　光电制导信息链

导弹发射后，目标、导弹敏感器不断测量导弹相对要求弹道的偏差，并将偏差值送给控制指令形成装置；控制指令形成装置将该偏差信号加以变换和计算，形成控制指令，该指令要求导弹改变飞行轨迹或速度；控制指令信号送往控制系统，经变换、放大，通过作动装置驱动操纵元件偏转，改变导弹的飞行方向，使导弹回到基准弹道上来。

当导弹受到干扰，姿态角发生变化时，导弹姿态敏感元件检测出姿态偏差，并形成电信号送入计算机，从而操纵导弹恢复到原来的姿态[22]，保证导弹稳定地沿要求的弹道飞行。操纵面位置，并以电信号形式送入计算机。与此同时，导弹的运动参数反馈到导引系统的输入端，实现导弹的纵轴与导引系统的瞄准轴相重合。

若目标的位置发生改变，则处于跟踪状态的探测器的瞄准轴跟着变化，经控制后导弹的纵轴也跟着发生变化，直到两轴又重合。如此循环往复不断修正，最终使导弹准确命中目标。制导系统获取目标特性后，通过光电转换将目标的光学信息转化为包含有目标特征的图像信息、目标位置信息和目标运动信息的电子信号，对该信号进行综合处理，并产生控制信号使武器对敌方军事目标实施有效攻击。

1.5 光电导引头

1.5.1 导引头组成和工作原理

末制导系统的核心装置是导引头，导引头的基本功能是检测、识别和跟踪目标，测量目标位置和运动参数，提供制导信息。导引头又称为制导头、寻的头，是制导武器上的目标跟踪装置。导引头安装在制导武器前端，其组成一般包括探测设备和计算变换设备，分别测量导弹或制导弹药与目标的相对位置和速度，计算出实际飞行弹道与理论弹道的偏差，给出消除偏差的指令，不断输出有关导弹和目标的相对运动信息，如视线（目标和导弹的连线）的旋转角速度、视线相对于弹体轴线的夹角等[23]，弹上计算装置改变导弹的飞行弹道，使导弹命中目标。

导引头是通过接收目标辐射或反射的能量，测得导弹飞向目标的导引信号并产生制导指令的装置，是制导武器用于跟踪目标并能产生姿态调整参数的核心装置。导引头利用目标与背景在辐射或反射电磁特性上的差异，在制导武器攻击过程中，锁定跟踪目标，当目标偏离导引头探测视场中心时，产生目标与制导武器飞行轨迹的相对误差量，传递给执行控制系统不断修正制导武器的飞行姿态，使制导武器最终完成攻击任务。

光电精确制导之所以能够实现，导引头起着决定性的作用。无论何种类型的导引头，它不仅要求完成对目标的探测、跟踪，还要求对目标运动的测量能符合按不同导引规律所形成制导指令的需求。由于导引头是装在导弹上的，因此还要求导引头具有对导弹角运动的解耦能力，以避免导弹运动过程中对导引头探测的一些测量量的扰动影响。所以，一个完备的导引头跟踪回路中，一般包括消除弹体角运动耦合效应的稳定回路，如风标、陀螺等，以确保导弹-目标相对运动参数的精确测量。

1.5.2 导引头工作过程

导引头先在较大空间角范围内搜索目标，一旦搜索到目标即进入锁定状态，表明导引头已捕获目标，并不断发出制导指令给自动驾驶仪，改变制导武器的姿态，以实现弹纵轴或速度矢量相对于目标瞄准线稳定。

当导引头接近目标时，信号能量越来越强，故测量比较精确，并且在相对运动基础上进行计算与形成制导信号也较方便和简单，制导精度较高，因而多用于制导武器的末段制导或中制导[20]。

1.5.3 导引头主要参数

导引头对目标的高精度观测和跟踪是提高制导武器命中精度的前提条件，因此，导引头的主要技术参数应满足战术和技术要求，即武器制导精度的要求[3]。

1. 捕获视场

捕获视场是指导引头能截获目标并能提供导引规律要求的误差信号的视场。当作用距离相同时，捕获视场大，发现目标的概率也大；装有搜索装置的导引头的捕获视场就等于搜索视场；无搜索装置的导引头的捕获视场等于瞬时视场。

2. 作用距离

作用距离是指导引头从背景及干扰信号中识别出目标并进行有效跟踪的距离。影响导引头作用距离的因素较多，与导引头获取目标辐射或反射能量的大小及信号处理能力有直接关系，通常是由实际飞行的试验数据加以校正。

3. 视场角

视场角是指导引头可观测目标的立体角。在光学导引头中，视场角的大小由光学系统的参数来决定；在雷达导引头中，视场角由其天线的特性（如扫描、多波束等）与工作波长来决定。如果要使导引头的分辨率高，那么视场角应尽量小；如果要使导引头能跟踪快速目标，那么要增大视场角。

4. 分辨率

分辨率是指导引头为测量目标参数而区分两相邻目标或性质相近目标的能力。雷达导引头常用角分辨率、距离分辨率和速度分辨率来描述其对相邻目标的分辨能力。其中：角分辨率由波束角度确定；距离分辨率由脉冲宽度确定；速度分辨率由速度波门确定。电视导引头常用空间分辨率来描述，即成像系统能分辨出相邻两个点目标的最小视线张角。红外导引头除空间分辨率之外，还常用温差分辨率来描述，即红外探测器能够分辨出相邻两个目标的最小温度差值。

5. 零位

零位是指视线角速度为零时导引头的输出值。导引头零位由系统误差和随机误差两部分构成，直接影响导弹的制导精度和可用过载。

6. 截获信噪比

截获信噪比是指当导引头对目标进行可靠跟踪时，接收机输出的可用信号与噪声之比。该项指标是在一定虚警概率和一定的目标截面概率分布的条件下确定的。

7. 灵敏阈值

灵敏阈值是指导引头在捕获、跟踪目标时所接收到的最小目标辐射强度。只有足够低的灵敏阈值，才能满足导引头作用距离要求，其值越小，导引头作用距离越远。但目标辐射强度对于不同类型、不同工作状态、不同导弹姿态和不同攻击角度的目标，其灵敏阈值差别较大。

8. 失控距离

失控距离是指导引头不能正常工作时导弹与目标之间的最小距离，又称为"死区"。当导弹进入导引头最小距离前，应当中断导引头自动跟踪回路的工作。

9. 框架转动范围

导引头一般安装在特定的框架上，其转动自由度受空间和机械结构的限制，框架转动范围一般在$-40°\sim40°$以内。

1.5.4 导引头分类

1. 按制导体制分类

导引头可分为自主式导引头、遥控式导引头、寻的式导引头、复合式导引头。

2. 按来自目标信息的辐射源分类

导引头分为主动式（辐射源在导弹上）导引头、半主动式（辐射源在制导站上）导引头、被动式（辐射源在目标上）导引头。

3. 按导引头测量坐标系相对于弹体坐标系是静止还是运动的关系分类

导引头可分为固定式导引头和活动式导引头。活动式导引头又可分为活动非跟踪式导引头和活动跟踪式导引头。

4. 按导引头上敏感装置的物理特性分类

导引头[5]可分为雷达导引头、红外导引头、电视导引头、激光导引头和多模导引头等。

1) 雷达导引头

按照射源位置和信息获得方式，可分为主动式雷达导引头、被动式雷达导引头、半主动式雷达导引头和经由导弹的制导（TVM）式雷达导引头[25]；按提取角信息的方式，可分为圆锥扫描雷达导引头、单脉冲雷达导引头和相控阵雷达导引头；按工作波形可分为连续波雷达导引头和脉冲多普勒雷达导引头；按导引头角鉴别器的安装方式，可分为万向支架式雷达导引头和捷联式雷达导引头。

装备雷达导引头的典型导弹及其导引头如图 1-14 和图 1-15 所示。

图 1-14 KH-31P 反辐射导弹及其导引头（俄）[8]

图 1-15　IRIS-T 近程空空导弹及其导引头（德）[10]

2）红外导引头

红外导引头是指探测目标红外辐射，自动搜索、捕获和跟踪目标，实时提供制导信息的导引头。按获取信息的方法，可分为非成像导引头和成像导引头；按工作方式，可分为主动红外导引头和被动红外导引头；按具有的功能，可分为仅有跟踪功能的导引头、兼具搜索和跟踪功能的导引头；按探测红外波段的范围，可分为近红外导引头、中红外导引头和远红外导引头；按使用波段数目和工作模式，可分为单色红外导引头、双色红外导引头和微波红外导引头[26]。

装配红外导引头的典型导弹及其导引头如图 1-16 所示。

图 1-16　"响尾蛇" AIM-9X 红外制导导弹及红外导引头[12]

3）电视导引头

利用电视摄像机摄取目标图像获得制导信息，控制制导武器飞行的导引头。按电磁波长，可分为可见光电视导引头、微光电视导引头和红外电视导引头；按工作方式，可分为自动搜索导引头、自动捕获导引头和自动跟踪导引头；按跟踪体制，可分为点源跟踪电视导引头、边缘跟踪电视导引头、形心跟踪电视导引头和相关跟踪电视导引头；按装载对象，可分为岸舰型、舰舰型、空地（舰）型、舰空型、潜舰型、空空型、反坦克型等电视导引头[27]。

装配电视导引头的导弹及其导引头如图 1-17 所示。

图 1-17 "牛虻"空地导弹及其电视导引头（俄）[15]

4）激光导引头

激光导引头是指接收目标反射的激光，自动跟踪目标，提供制导信息的导引头。依据激光照射器设置的位置不同,可分为激光主动寻的导引头、激光半主动寻的导引头;按光学系统或激光探测器与弹体耦合方式(结构型式),可分为捷联式、万向支架式、陀螺仪稳定式、陀螺仪光学耦合式、陀螺仪稳定探测器式等5种激光导引头[28]。

装备激光导引头的导弹及其导引头如图1-18所示。

图1-18 "前卫-3"便携式防空导弹及其激光导引头[8]

5)多模导引头

多模导引头的典型代表有红外/紫外双模导引头、红外/毫米波双模导引头、激光/红外双模导引头、雷达/电视双模导引头等[29]。采用不同方式的多模复合技术可有效提升导引头智能化水平,今后制导系统的硬件和传感器将更加智能化,能够自动探测、识别、跟踪和捕获目标,实现智能化与自动化的智能复合制导。雷达/CCD双模复合制导系统导引头如图1-19所示。

图1-19 雷达/CCD双模复合制导系统导引头[9]

1.6 光电制导相关技术

一个完整的光电系统涉及光源、大气、目标和背景的探测、测量、数据处理、传输和显示等，如图 1-20 所示。光电制导武器的制导系统正是一个典型的光电系统。

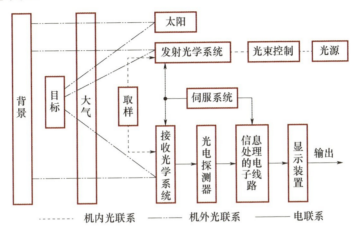

图 1-20 光电系统的组成示意图

光电制导武器完整的战斗任务包括目标侦察、攻击目标和毁伤目标[30]。目标侦察包括搜索、定位以及目标的探测、识别，是完成精确制导武器一系列战斗任务的前提和条件，以何种方式或技术获取目标信息，以及如何完成目标探测和识别是完成制导过程的首要问题。因此，解决目标信息获取、目标探测和识别的光电探测、成像及相应的信息处理技术成为光电制导技术的重要基础。

1.6.1 光电探测技术

未来战争的态势演变在一定程度上依赖于对环境目标特性的实时获取和处理。多维、高熵的目标信息的准确获取是光电制导武器具有精度高、目标识别能力和抗干扰能力强的先决条件。目标获取是指对目标所在位置的探测和识别，可归结为光电成像系统显示器上目标所在位置的获得，以及在位置确定后对它们的进一步辨别。

在光电制导系统中，发现和测量目标辐射的光信号、辐射特征的任务由光电探测器来完成。而完成调制光信号向电信号的转换，并将信息提取出来的技术就是光电探测技术[31]。光电探测器是一种将辐射能转换成电信号的器件,并为随后的应用提取必要信息,是光电成像系统的核心组成部分,也是光电制导系统的重要组成部分。光电探测器可分为单元器件和成像器件两大类。单元器件在光学系统的像面上只能把透射在它上面的平均能量转变为电信号。光电制导武器中采用的探测技术目前主要向着成像、凝视方向发展,要成像则必须扫描,而将成像器件放在光学系统像面上就能给出对应于物面上的光强分布的电信号。

光电成像技术就是利用光电变换和信号处理技术获取目标图像的技术,是光电探测技术的组成部分。激光和夜视红外热成像等光电成像系统成为当前信息获取和目标探测与识别的主要手段和途径,是光电成像技术应用的典型代表;另外,光电成像系统本身的信号处理,为后续的数据处理、信息传输、融合、决策等信息处理过程提供最原始的处理内容。

1.6.2 测量技术

制导中的光电设备大体上可分为搜索和跟踪两大类。有的设备仅完成搜索或跟踪,有的设备则既要完成搜索也要完成跟踪。搜索与跟踪的要求有较大的差别,当均有要求时,只能折中解决。例如,对搜索系统要有较大的视场,较高的灵敏度,能给出距离、角度、目标形象等数据;对跟踪系统则可以有较小的视场,但要有较高的精度,能给出目标的角度及角速度信息等。

利用光电成像技术,采用电视系统、红外成像系统是获得目标图像最直观的办法。要获得目标的距离,通常采用激光测距机,目标速度可以用激光多普勒雷达或其他手段来获取。

制导中最主要的是测角问题,发射和接收都是通过一套光学系统把目标与光源或目标与光电探测器结合起来实现测角[32]。以接收系统为例,最基本的测角形式有光点扫描式、光敏面式、调制盘(板)式3种,以及这些基本形式组合起来的复合形式,即光点扫描光敏面式、光点扫描调制板式、调制板光敏面式以及光点扫描调制板光敏面式。如果把光敏面换成激光器则成为激光投射系统,即可在激光雷达、驾束制导中获得应用。

光点扫描式以极小的视场在一定时间内扫描所要求的视场,其角度可以从扫描机构的传感器中获得。光敏面式由于它的各敏感单元分别对应空间一定的范围,只要该范围内有目标,相应的敏感元件上就会有信号输出,目标位置便可从元件所在位置经适当处理后获得。调制盘是在光学系统焦平面上设置一个分析器，使其后的光电探测器获得带有坐标信息的信号。

1. 基于频率原理的测角方法

在光学系统物镜焦平面上放置一个调制盘使它旋转或章动，实现对目标辐射能的调制、背景辐射的抑制和提供目标的位置信息。在一个透明基板上做两圈有黑白相间的条带，当它旋转时，像点在不同环带上被不同的频率所调制。为了获得线性信号可改变黑白条带的构成。

2. 基于相位原理的测角方法

调制盘有一半可调制，另一半为半透明，与同它相关的基准比较后便可用相位来表示被调制像点的位置。

3. 基于时间脉冲原理的测角方法

用 L 形探测器或章动的 L 形调制盘对像点进行调制，与基准比较后，脉冲间隔代表了它的位置。

4. 基于调频调相原理的测角方法

像点在车轮状调制盘上扫描，或者在车轮状调制盘的章动均可获得代表像点位置的调频调相信号。

5. 基于成像探测器的测角方法

点探测器扫描成像可以获得目标的图像，将目标图像信号与扫描机构的同步信号进行处理即可获得目标的角度坐标。线阵探测器扫描成像，如当前大多数热像仪，利用探测器线阵的元件信号与线阵扫描同步信号进行处理即可获得目标的角度坐标。面阵探测器，如电视摄像机、微光电视摄像机、硅 CCD 摄像机、IRCCD 摄像机等成像器件，由于每一单元都对应空间的一定位置，只要读取到目标的信号，就可通过数据处理从对应的探测器单元上得到目标的角度坐标。

1.6.3 信息处理技术

在制导武器硬件部分制造完成后，整体性能的发挥还需要相关信息处理技术的支撑。信息的准确测量依赖于多信息的探测技术，而信息的利用率却取决于信息处理技术，要使得制导武器在非常复杂的环境下可靠、准确地命中目标，信息的处理必须准确无误，为此，需要处理好以下几个问题[33]。

1. 光谱滤波

不同的目标或选用的主动光源有不同的波长，而在系统上只允许有用波段的辐射进入或射出，一般采用带通滤光片与探测器响应波长组合起来抑制无用波长的辐射进入系统。

滤光片有多种：吸收滤光片，由能够吸收光谱中心区以外的入射能量的材料制成，一般带宽较宽；散射滤光片，由悬浮于透明介质中的透明材料构成，在中心波长区，滤光片是光学均匀的，而在中心波长以外，则会将能量散射掉；偏振滤光片，用于入射载波是偏振光的情况，它由偏振片和双折射晶体构成，双折射晶体引起寻常光和异常光的位相差，使晶体长度对中心波长的位相差为 2π 的倍数，在其他波长上干涉相消；干涉滤光片，由多层介质膜构成，可以做到具有最窄的带宽，也可以做到具有较大的中心频率范围。

2. 空间滤波

不同波长的目标在一定背景下检测时，可借助光谱滤波加以区分；当波长一致或相近时，则可根据辐射体的大小、形状等特征，区分可选用空间滤波的方法。例如，将调制盘制作成等面积的棋盘格子就是为此目的：大背景的像覆盖的格子多，调制的结果信号幅度接近于零或很小，即调制度小；而目标的像点小而充不满一个格子，可获得很深的调制度，从而信号幅度就高。

3. 信号处理

探测器输出的信号是微弱的，在多元情况下各元的输出又不均匀，必须进行放大和补偿。而在探测器输出信号和放大过程中往往出现一些不期望的噪声和干扰。为了提取有用信号必须压低噪声、消除干扰，同时保持有用信号的放大和通过，故在信号处理电路中很重要的一个问题是确定电路的带宽。

数字电路的发展为信号处理带来了极大的便利条件，因此只要模拟电路将信号处理得当，随后的运算、控制、测量、显示就可以根据特定的用途选用不同规模的集成电路配以适当的软件来实现。

1.6.4 自动控制技术

高精度自动控制技术是光电制导武器实现高精度的命中目标的关键因素。制导武器的控制系统包括控制计算机和执行机构，利用控制装置对光电制导武器的飞行状态或运动俯仰参数进行修正和控制，使其自动按照预定的规律飞行。对自动控制系统的基本要求是实时、高精度控制，制导规律和自动控制方法会对光电制导武器的制导精度产生重要影响。因此，自动控制技术也是光电制导技术的重要基础[4]。

1.6.5 光电制导涉及的其他技术问题

1. 目标的电磁辐射、散射及传播特性[34]

除了有线制导,几乎所有精确制导武器的制导系统都是利用敏感器件接收目标辐射或散射的电磁能来测定目标的运动参数的。因此,学习并研究制导技术需要对目标的电磁辐射、散射及传播特性有一定的了解。

光源或辐射源有主动、被动之分。把向目标和背景投射光辐射的装置称为主动辐射源,例如反坦克导弹的红外信标、激光半主动制导的激光目标指示器。把目标、背景本身的辐射或对除上述主动光源以外的光源(如阳光的反射),称为被动光源(对光学设备而言是被动的)。

不同特性的目标对不同波长的光辐射有不同的反射率。不同温度的物体根据普朗克定律有不同的辐射波长和辐射强度,温度越高,峰值波长越短,强度越大。

2. 大气传输[35]

光电系统一般都与大气有密切关系,即与制导武器至目标间的能见度有关,不但与气体成分、气象条件有关,而且与战场上的烟尘、风沙有关。在不好的气象条件下,光在传播中被严重地吸收、散射和畸变,从而不能被接收系统所探测。

研究表明,低层大气中的水(H_2O)和二氧化碳(CO_2)分子,高空中的臭氧(O_3)分子,它们的选择性吸收作用在可见光和近红外区表现明显,如图 1-21 所示。

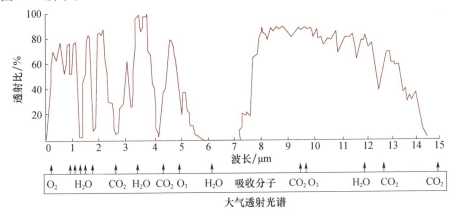

图 1-21 大气窗口

大气透射率按波长被分成 8 个透射率较高的区段，称为大气窗口。在这些窗口中，大气分子呈弱吸收，即在某些波长范围内，光辐射能较好地通过。几乎一切与大气有关的光学设备只能去适应这些窗口。

参考文献

[1] 胡生亮，等. 精确制导技术［M］. 北京：国防工业出版社，2015.

[2] 李洪儒，等. 导弹制导与控制原理［M］. 北京：科学出版社，2016.

[3] 卢晓东，等. 导弹制导系统原理［M］. 北京：国防工业出版社，2015.

[4] 付强，等. 精确制导武器技术应用向导［M］. 北京：国防工业出版社，2016.

[5] 周凤岐. 导弹制导系统原理［M］. 西安：西北工业大学出版社，2000.

[6] 毕开波，等. 导弹武器及其制导技术［M］. 北京：国防工业出版社，2013.

[7] 高晔，周军，郭建国，等. 红外成像制导导弹分布式协同制导律研究［J］. 红外与激光工程，2019，48（09）：68-76.

[8] 《兵典丛书》编写组. 导弹——千里之外的雷霆之击［M］. 哈尔滨：哈尔滨出版社，2017.

[9] 魏毅寅. 世界导弹大全［M］. 3 版. 北京：军事科学出版社，2011.

[10] 耶纳. 美国导弹大全［M］. 张琳，等译. 北京：中国市场出版社，2014.

[11] 刘隆和，刘旭东. 精确制导技术发展展望［J］. 海军航空工程学院学报，2001（2）：213.

[12] 刘代军，天光. 最新空空导弹彩色图片集［M］. 北京：国防工业出版社，2016.

[13] 高晓东，王枫，范晋祥. 精确制导系统面临的挑战与对策［J］. 战术导弹技术，2017（06）：62-69+75.

[14] 王伟. 远程弹箭中末段精确制导技术研究［D］. 北京：北京理工大学，2017.

[15] 军情视点. 全球导弹 100［M］. 北京：化学工业出版社，2017.

[16] 杨彦杰. 基于无人机的光电制导导弹模拟系统设计方法研究［J］. 指挥控制与仿真，2019，41（05）：99-102.

[17] 苏玉靖，安岩，张鹏飞，等. 光电制导探测器的应用及发展［J］. 现代制造技术与装备，2019（09）：188-189.

[18] 马贤杰，李国平，王洪静，等. 国外红外导引头及红外诱饵发展历程与展望［J］. 航天电子对抗，2020，36（03）：58-64.

[19] 刘松涛，高东华. 光电对抗技术及其发展［J］. 光电技术应用，2012，27（03）：1-9.

[20] 郭纲，戴艳丽，叶名兰. 光电成像制导技术发展及在导弹中的应用［J］. 红外与激

光工程，2007（S2）：31-34.
[21] 陈阳. 捷联制导体制下的制导控制方法研究［D］. 长春：中国科学院大学（中国科学院长春光学精密机械与物理研究所），2018.
[22] 王贺林，杨欣. 未来地空导弹红外探测器抗干扰技术研究［J］. 信息工程大学学报，2012，13（03）：342-344，351.
[23] 冯凯强. 制导弹药用 MEMS-INS/GNSS 组合导航系统关键技术研究［D］. 太原：中北大学，2019.
[24] 王广帅. 制导弹药精确导引技术研究［D］. 北京：北京理工大学，2016.
[25] 刘扬，刘伟平，庄春跃，等. 雷达导引头散热方法研究综述［J］. 制导与引信，2020，41（01）：12-15，60.
[26] 张原，乔彦峰. 导弹红外导引头试验评估设施综述［J］. 飞航导弹，2016（02）：84-88.
[27] 朱战飞，韩新文，杨树涛，等. 激光威胁下电视导引头优先跟踪方式研究［J］. 火力与指挥控制，2018，43（12）：150-153.
[28] 邱雄，刘志国，王仕成. 激光导引头角跟踪误差对激光精确制导的影响［J］. 西安交通大学学报，2020，54（05）：124-132.
[29] 刘箴，张宁，吴馨远. 多模复合导引头发展现状及趋势［J］. 飞航导弹，2019（10）：90-96.
[30] 姜百汇，马春勋. 光电制导武器的激光致盲防护技术［J］. 飞航导弹，2009（01）：21-25.
[31] 潘明波，李帝水. 现代海战光电协同探测关键技术研究［J］. 光学与光电技术，2020，18（02）：69-77.
[32] 王月新，田竹梅，任国凤，等. 基于人工智能技术的大视场光电测量系统畸变校正方法研究［J］. 激光杂志，2020，41（08）：59-62.
[33] 张贤达. 现代信号处理［M］. 北京：清华大学出版社，2002.
[34] EUGENE HECHT. 光学：第 5 版［M］秦克诚，译. 北京：电子工业出版社，2017.
[35] 赵凤美. 临边大气传输和背景辐射特性研究［D］. 合肥：中国科学技术大学，2020.

第 2 章 制导规律

光电制导技术与被攻击目标的物理特性紧密相关，特别是对动态目标优势显著，常作用于末制导阶段。依据获取的导弹与目标运动状态参数，在形成制导指令过程中，导弹所采取的攻击目标的运动规律，称为导引规律（或导引律、导引方法），也称为制导规律。很明显，制导规律是各类探测制导模式的关键环节和核心要素，其描述了空中制导体质心运动应遵循的准则，直接影响着精确制导武器的制导精度。导弹导引规律的研究从第二次世界大战以来都是各国政府和军队关注的重点，研究制导规律，开发各类先进制导系统，对精确制导武器的设计制造、作战空域指定等方面具有极其重要的价值。

2.1 概述

导弹的攻防能力在未来战争中起着决定性的作用，导弹的制导能力特别是末制导能力尤其重要[1]。制导理论应用于武器领域始于 1870 年，西门子提出了基于追踪法的制导鱼雷方案，1916 年制导鱼雷成为历史上首个可使用的制导武器。对制导规律的真正研究从 20 世纪 30 年代展开[2]，1932 年法国人卜格尔就开始研究纯追踪法，在约定条件下（目标做匀速运动）获得了解析解。20 世纪 40 年代后，美国开始导弹导引规律研究工作，1955 年 Locker 系统分析了前人成果，重点探究了空间平面上的弹目拦截问题[3]。1956 年 Adler 又提出了三维制导规律[4]。随着现代优化控制理论、智能控制理论的发展,越来越多的制导规律相继出现。

制导是一个将被控对象引导至给定固定点或移动点的动态过程。研究制导规律一般作如下假定[5]:①导弹和目标为几何质点;②导弹和目标的速度已知;③制导系统是理想的,即制导系统能保证导弹的运动在每一瞬间都符合"瞬时平衡"假设。

在导弹运动过程中,制导规律决定导弹与目标或导弹、目标与制导站之间的运动学关系。导弹的运动轨迹与以下两个方面相关[6]:

(1) 为确保击中目标,理论上讲导弹质心运动轨迹应与目标运动轨迹在某一时刻相交,因此导弹的质心运动特性与目标运动规律相关。

(2) 导弹在制导控制系统作用下运动,所以其质心运动轨迹又与制导控制系统的性能相关。

可见,研究制导规律不仅要建立导弹的运动学和动力学方程,还需要研究描述上述两个约束的数学模型,通常称为制导方程。通过求解制导方程,分析在一定技战术条件下,不同制导规律对应弹道特性,是导弹设计中的重要工作。

独立于导引头动力学和弹体动力学影响,导弹和目标的相对运动也是一个十分复杂的非线性模型,未来的导弹制导系统实际上已演变为时变、非线性和模型不确定性的系统,采用基于经典控制理论和现代控制理论的制导规律设计难以有效解决导弹的制导控制问题[3]。20 世纪 70 年代智能控制理论的诞生,给智能制导规律的构设提供了新的技术支撑。

2.1.1 制导规律的分类

制导规律的分类方法很多,按制导方式不同,可分为自主制导规律(又称方案制导规律)、遥控制导规律、自动寻的制导规律及复合制导规律等 4 种;按技术发展历程可分为经典制导规律、现代制导规律、智能制导规律[1]。一般情况下,人们讨论制导规律分类时经常采用后一种分法。

1. 经典制导规律

建立在早期概念上的制导规律通常称为经典制导规律,主要包括追踪法、平行接近法、比例导引法、三点法、前置角法、半前置角法等。它们以质点运动学研究为特征,不考虑导弹和目标的动力学特性,导引规律的选取随着目标飞行特性和制导系统的组成不同而不同[7]。

2. 现代制导规律

随着现代控制理论的发展，以及现代科学技术不断交叉、融合发展的特点，出现了以现代控制理论为基础的导弹先进制导理论，如最优制导规律、滑模变结构制导规律、微分对策制导规律等各种现代制导规律[8]。

现代制导规律虽然在弹道性能上比经典制导规律有了较大改进，但是由于需要获取的参数多，对导弹的控制系统要求高，在工程实现上还存在很多困难[9]。现代制导规律要求不断提高光电探测能力，以获取实现该制导规律需要的各种参数；同样，光电探测能力的提高，也不断促进现代制导规律在光电制导系统中的应用，两者相互促进，共同发展。

3. 智能制导规律

随着以模糊控制、神经网络控制理论为代表的智能控制理论的出现，极大地推动了现代控制理论的发展，同时带来了制导领域的技术进步，其基本出发点是利用模糊理论和人工智能的算法实现对时变、非线性和不确定系统的有效控制[1]。目前有模糊制导规律、神经网络制导规律等，这也是目前制导规律发展最有前景的方向。

2.1.2 制导规律选择的基本原则

导弹的弹道特性与选用的制导规律密切相关。如果制导规律选择合适，就能改善导弹的飞行特性，充分发挥导弹武器系统的作战性能。因此，选择合适的制导规律、改进完善现有制导规律或研究新的制导规律是导弹设计的重要课题之一。在选择制导规律时，需要从导弹的飞行性能、作战空域、技术实施、制导精度、制导设备、战术使用等方面的要求进行综合考虑[8,10]。

(1) 弹道需用法向过载要小，变化应均匀，尤其是接近命中目标时，弹道需用法向过载应趋于零。需用法向过载小，一方面可以提高制导精度、缩短导弹命中目标所需的航程和时间，进而扩大导弹作战空域；另一方面需用法向过载可以相应减小，这对于用空气动力进行控制的导弹来说，升力面面积可以缩小，相应地，导弹的结构重量也可以减轻，也可降低对导弹结构强度、控制系统的设计要求。

(2) 导弹作战空域尽可能大。空中活动目标的高度和速度可在相当大的范围内变化。在选择制导规律时，应考虑目标运动参数的可能变化范围，尽量使导弹能在较大的作战空域内攻击目标。对于空空导弹来说，所选择的制导规律应使导弹具有全向攻击的能力。对于防空导弹来说，不仅能尾追，而且还能迎击或侧击目标。

(3) 当目标机动时，对导弹弹道特别是末段弹道的影响要小，此时导弹需要付出相应的过载要少。例如，半前置量法的命中点法向过载就不受目标机动的影响，这有利于提高导弹导向目标的精度。

(4) 抗干扰能力强。目标为逃避攻击，通常施放干扰来破坏导弹对目标的跟踪。因此，制导规律应在目标施放干扰的情况下，仍然具有对目标进行攻击的可能。

(5) 在工程实施上应简单可行。制导规律所需要的参数应该能够比较容易测量到，且需要测量的参数数目应尽量少，以保证技术上容易实现，制导系统结构简单、可靠。从这个意义上说，比例制导规律比平行接近制导规律好。

2.2 经典制导规律

经典制导规律需要信息量少，结构简单，可靠性较高，易实现，因此大多数现役导弹仍然采用此类制导规律及其改进形式。经典制导规律又可进一步划分，按照位置导引，可分为三点制导规律和前置角制导规律；按照速度导引，又可分为追踪制导规律、平行接近制导规律和比例制导规律。所有的经典制导规律都是在特定条件下按照导弹快速接近目标的原则导出的[9]。下面分别进行简要介绍。

2.2.1 三点制导规律

三点制导规律是指在攻击目标过程中，导弹始终位于制导站与目标的连线上，即制导站、导弹、目标三点成一直线，故又称为"重合导引法"或"目标覆盖导引法"或"视线导引法"（图2-1）。采用三点制导规律时，导弹的弹道特性不仅取决于目标的运动规律，还取决于制导站的运动规律。在各种制导规律中，三点制导规律用得比较早。这种方法的优点是技术实施比较简单，特别是在采用有线指令制导的条件下，抗干扰性能强，适用于攻击瞄准线角坐标变化不大的低速目标，或者在缺少目标距离信息时导引地空导弹、反坦克导弹等；其缺点是飞行弹道曲率较大，目标机动带来的影响也比较严重。

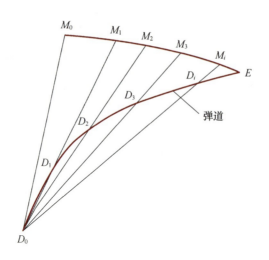

D_i（$i=0,1,2,\cdots$）—导弹在不同时刻的位置；
M_i（$i=0,1,2,\cdots$）—目标在不同时刻的位置；E—遭遇点。

图 2-1　三点制导规律原理图

当目标横向机动时或迎头攻击目标时，导弹越接近目标，需用法向过载越大，弹道越弯曲，因为此时目标的角速度逐渐增大。这对于采用空气动力控制的导弹攻击高空目标很不利，因为随着高度的升高，空气密度迅速减小，舵的效率降低，由空气动力提供的法向控制力也大大下降，导弹的可用过载可能小于需用过载而导致脱靶[9]。当目标做机动飞行时会产生较大的导引误差；末端弹道比较弯曲，末端制导所需法向过载越来越大，容易引起导弹法向过载过饱和从而导致脱靶；在攻击低空目标时，容易产生弹道"下沉"现象。有学者提出小高度三点制导规律以改善弹道下沉现象，也有学者应用"状态最优预报"对三点制导规律导引弹道进行了修正[11]。

2.2.2　前置角制导规律

由于采用三点制导规律导引导弹时，需要很大的法向过载系数，要求导弹具备很高的机动能力，因此人们引入前置角（量）来改进此方法，以减少导弹导引过程中的过载。

前置角制导规律，导弹和制导站连线超前目标和制导站连线一个角，这个角度称为位置前置角。随着导弹接近目标，前置角逐渐减小，命中目标时前置角为零，如图 2-2 所示。

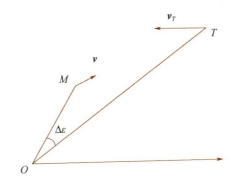

$\Delta\varepsilon$—弹道前置角;OM—站-弹连线;OT—站-目连线;
v—导弹速度矢量;v_T—目标速度矢量。

图 2-2 前置角制导规律原理图(以铅垂面为例)

前置角制导规律的优点是飞行弹道曲率较小,可以降低对导弹机动的要求;缺点是对目标测量增多,电子抗干扰能力较弱。有时由于测量装置视角范围或制导雷达天线波束宽度的限制,前置角过大可能导致导弹失控。这时可采用半前置角制导规律(又称为弹道半矫直制导规律),即适当选用两部雷达波束间的相对转动规律,使命中点的弹道需用法向过载不受目标机动飞行参数的影响,从而提高制导精度。前置角为常值的制导规律称为常值前置角制导规律,又称为广义追踪制导规律;还可采用部分前置角法,即把前置角乘上一个小于1的系数。如果这个系数等于0.5,即为半前置角法。

常值前置角制导规律的缺点是目标机动会引起导弹飞行弹道的变化,对导弹的法向过载要求很高。因此,较多应用于指令制导中,如"奈基"-Ⅱ、"SA"-2等地空导弹。有学者探讨了变系数的变前置角制导规律[12],也有学者研究了一种攻击大机动目标的比例导引加前置角的组合制导规律[13]。

2.2.3 追踪制导规律

追踪制导规律简称追踪法(图 2-3),是指在制导过程中,导弹的速度矢量始终指向目标的方法。此时,导弹的速度矢量与瞄准线之间的夹角(前置角)为零,故又称"零前置角制导规律"。在导弹尾追目标及弹-目速度比较大时,其实现简单而有效。但当导弹从侧面攻击目标或目标速度较大时,该制导规律要求导弹能急速转弯。追踪制导规律主要适用于主动寻的制导攻击固定目标,如果在制导过程中,导弹的纵轴指向目标,这种方法称为直接瞄准法。采用这种方法虽然设备简单,但制导精度较差。

采用追踪制导规律攻击活动目标，导弹的相对速度总是落后于目标瞄准线，弹道需要过载较大，特别是迎击时需要过载极大，所以只能尾追不能迎击。即使尾追，也必须限制导弹与目标的速度比：当速度比小于 1 时，追不上目标；当速度比大于 2 时，则在接近目标时法向过载趋于无穷大。因此，虽然制导系统简单，也很少使用。追踪制导规律所对应的运动学弹道称为"追踪曲线"。

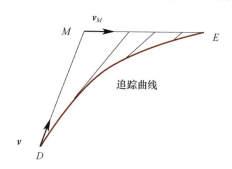

D—导弹；M—目标；E—遭遇点；v—导弹速度；v_M—目标速度。

图 2-3 追踪制导规律原理图

追踪制导规律具有技术实现简单、工程造价低等特点，主要应用于早期的制导炸弹中。有学者将模糊控制引入到追踪制导规律中以克服弹道弯曲的缺点[14]。

2.2.4 平行接近制导规律

平行接近制导规律是指在制导过程中，弹-目视线在空间始终保持平行移动，即视线角速度等于零。平行接近制导规律是一种理想的导引规律（图 2-4），其要求导弹速度矢量和目标速度矢量在目标视线垂直方向上的投影必须始终保持相等。无论目标是否机动，该制导规律都确保导弹的速度指向目标瞬时弹着点（相对速度指向目标），因此从理论上保证了两个质点最终能够相遇。

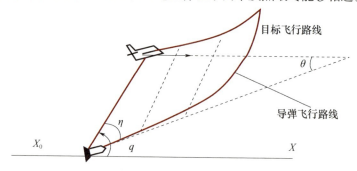

θ—导弹纵轴与水平面夹角；q—视线角；η—前置角。

图 2-4 平行接近制导规律原理图

理论上,可利用目标辐射或反射的能量(如电磁波、红外线、激光等),依靠弹上制导设备测量目标运动参数,按照平行导引规律直接形成制导指令,控制导弹飞向目标。与其他导引规律相比,此时导弹的飞行弹道比较平直:当目标保持等速直线运动、导弹速度保持常值时,导弹的飞行弹道为直线;当目标机动、导弹变速飞行时,导弹的飞行弹道曲率较其他方法小,且受目标机动的影响较小。其缺点是实现导引规律在技术上难以实现,制导系统十分复杂且实现困难。有学者提出了一种视线角速率为某一常值的准平行接近法[15],这种保证视线角速率为常值的方法同样难以在工程中实现,但是平行接近导引原理可以成为其他制导规律的辅助导引条件。

2.2.5 比例制导规律

比例制导规律是目前运用最广泛的制导规律[16-19],目前大量主战型号的反坦克导弹、地空导弹、空空导弹等,都采用了不同改进形式的比例制导规律。

比例制导规律是指在制导过程中,导弹速度矢量的转动角速度与目标线的转动角速度成比例。由于采用该制导规律实施制导时,导弹速度矢量的旋转角速度和目标视线的旋转角速度成正比,因此在一定条件下,当导弹接近目标时,导弹制导指令将使视线的转动速率归于零,即导弹的目标视线角 q 的导数为零,从而使得末端攻击弹道相对平直。需要指出的是比例制导规律不仅适用于自动寻的制导,还可用于遥控制导。

如图 2-5 所示,假设某一时刻,目标位于 T 点,导弹位于 M 点,连线 MT 称为目标瞄准线(简称弹目视线)。选取参考基准线 MX 作为角度参考零位,通常可以选取水平线、惯性基准线或发射坐标系的一个坐标轴等。图 2-5 中,r 为导弹与目标的相对距离,当导弹命中目标时 $r=0$;q 为弹目视线与参考基准线 MX 之间的夹角,称为目标方位角,从基准线逆时针转向弹目视线为正;σ、σ_T 分别为导弹速度矢量、目标速度矢量与基准线之间的夹角,称为导弹弹道角和目标航向角,从基准线逆时针转向速度矢量为正,当攻击平面为铅锤面时,σ 就是弹道倾角 θ;当攻击平面为水平面时,σ 就是弹道偏角 φ_v;η、η_T 分别为导弹速度矢量、目标速度矢量与弹目视线之间的夹角,称为导弹前置角和目标前置角,速度矢量逆时针转到弹目视线时前置角为正;v、v_T 分别为导弹、目标的速度。

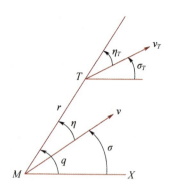

图 2-5 比例制导规律原理图

比例制导规律相对运动方程为

$$\begin{cases} \dfrac{\mathrm{d}r}{\mathrm{d}t}=v_T\cos\eta_T-v\cos\eta \\ r\dfrac{\mathrm{d}q}{\mathrm{d}t}=v\sin\eta-v_T\sin\eta_T \\ q=\sigma+\eta \\ q=\sigma_T+\eta_T \\ \dfrac{\mathrm{d}\sigma}{\mathrm{d}t}=K\dfrac{\mathrm{d}q}{\mathrm{d}t} \end{cases} \quad (2\text{-}1)$$

对式（2-1）中第 5 个公式进行积分可得

$$\sigma=k(q-q_0)+\sigma_0 \quad (2\text{-}2)$$

式中：σ_0 为 σ 的初始时刻值；q_0 为 q 初始时刻的值；k 为比例导引系数。对比追踪制导规律与平行接近制导规律可以得出：如果比例系数 $k=1$ 就是追踪（固定前置角）制导规律；如果 $k\to\infty$ 时，就是平行接近制导规律。

导弹的法向加速度可由下式得到：

$$a_M=v\dot{\sigma}=kv\dot{q} \quad (2\text{-}3)$$

将式（2-1）中的第 2 个公式代入（2-3）中，两边取微分得

$$\dot{r}a_M+r\dot{a}_M=ka_M[a_T\cos(\sigma_T-q)-a_M\cos(\sigma-q)]-$$
$$a_M[v_T\cos(\sigma_T-q)-v\cos(\sigma-q)] \quad (2\text{-}4)$$

将式（2-1）中的第 1 个公式代入式（2-4）中，可得：

$$\dot{a}_M=\dfrac{kva_T\cos(\sigma_T-q)}{r}-\dfrac{a_M}{r}[2\dot{r}+kV\cos(\sigma-q)] \quad (2\text{-}5)$$

只有在特殊的情况下，式（2-5）才能得到解析解。Guelman、Becker、Mahapatra 和 Shukla 等分别研究了式（2-5）在各种条件下取得解析解的可能

性及解析解的性质。其中，Guelman 得出了一个近似解的形式，即
$$u = a_M = -N r \dot{q} \tag{2-6}$$

现在这个解的形式被认为是比例制导规律解的一般形式。其中 N 为有效导航比，或者称为相对导引常数，其值为
$$N = \frac{kv\cos(\sigma-q)}{v\cos(\sigma-q) - v_T\cos(\sigma_T - q)} \tag{2-7}$$

一般来说，只有有效导航比大于 2 时，才能保证 a_M 在 $r \to 0$ 时不发散。选取的有效导航比 N 越大，对机动目标的跟踪能力也就越强，但是也会使系统的稳定性变差。根据经验，N 一般为 3~6。在实际应用中，N 也可以取为变值。

比例制导规律要求导弹速度矢量的旋转角速度和目标线的旋转角速度成正比，但比例系数变化的比例制导规律就是基于比例系数固定不能得到较为理想的结果。视线转动速率是变化的，并和弹目距离成反比。如果比例系数保持不变，在某一距离上可以保证系统的导引性能；随着相对距离的减小，视线转动速率越来越大，此时比例系数若能随距离的减小而减小，则在导弹飞向目标的整个过程中都能使导引性能得到保证。所以，通常在导弹发射时比例系数较大，而后逐渐减小。同时，比例系数的选择要合理。比例系数过小，导弹对误差信号过于敏感，导弹接近目标时要加速机动，一旦超过导弹机动能力就会造成加速度饱和及脱靶；若比例系数过大，则会增大视线转动速率噪声。

比例制导规律主要分为 3 类[7]：①以追踪速度矢量为参考基准，如纯比例导引及其各种变化形式；②以追踪与目标之间的视线为参考基准，如真比例制导规律、广义比例制导规律等；③以追踪器与目标之间的相对速度为参考基准，如理想比例制导规律等。

在理论上，广义比例制导规律和理想比例制导规律更有优势，特别是对于非机动目标和特殊型机动目标有精确闭合型解，而对于纯比例制导规律来说，却无法得到精确闭合型解；而从实现角度分析，纯比例制导规律工程实现最为简单，而广义比例制导规律和理想比例制导规律要求前向速度变化，因此工程实现起来复杂，特别是对于在大气层内以空气动力进行控制的追踪器是不可能实现的。广义比例制导规律与理想比例制导规律相比，前者在控制能量消耗上具有优势，后者在制导精度上有优势[7]。

比例制导规律多用于战术导弹的制导系统和自动导引体制的制导系统中。

它具有飞行路线比较平直和技术上容易实现等优点，而且对付机动目标非常有效，因而这种制导方式广泛地应用于寻的和遥控制导，并可允许导弹从目标的前面和后面分别进行攻击。

2.3 现代制导规律

一般而言，经典制导规律需要的信息量少，结构简单，易于实现，因此现役的战术导弹大多数使用经典制导规律或其改进形式[20]。但是对于高性能的大机动目标，尤其在目标采用各种干扰措施的情况下，经典制导规律就不太适用了。与经典制导规律相比，现代制导规律有许多优点，如脱靶量小、导弹命中目标时姿态角满足要求、对抗目标机动和干扰能力强、弹道平直、弹道需用法向过载分布合理、作战空域增大等[5]。但是，现代制导规律实现方式复杂，需要测量的参数较多，给制导规律的实现带来了不少困难。随着微处理器的不断发展，现代制导规律逐步得到实现。

2.3.1 最优制导规律

最优控制理论从20世纪50年代提出以后，很快在航空航天及其他很多领域获得广泛应用。20世纪70年代，Bryson和Ho利用最优控制理论表明比例导引（PN）是一种使终端脱靶量最小化的最优控制规律[21]。但他们在推导过程中，做了很多隐含于问题中和显含于推导中的假设。实际上，最优制导规律的形式和性能与控制约束、性能指标、终端约束、对目标加速度信息有效性的假设以及导弹的动力学系统等密切相关，虽然在一定的假设条件下能给出具体的解析表达式，但是非常复杂，通常涉及求解矩阵微分方程的两点边值问题。为了能使最优制导规律获得工程应用，其研究主要围绕两个方面：①简化制导规律的计算、性能指标的改进；②考虑导弹受到的各种外界干扰开展随机最优制导规律的研究。

最优制导规律就是根据战术技术指标要求，引入性能指标（通常表征导弹的脱靶量和控制能量），把导弹或导弹与目标的固有运动方程视为一组约束方程，加上边界约束条件后，应用极小值原理推出的制导规律[5]。最优制导规律的形式和性能取决于性能指标、控制量的限制以及终端限制的选择。在目标做机动时，最优制导规律的性能较之比例制导规律更好，即脱靶量小和导弹过载需求小。但是，当目标不机动时，最优制导规律的有些性能反而可能不及比例制导规律。

最优制导规律的优点是它可以考虑导弹-目标的起点或终点的约束条件或其他约束条件，根据给出的性能指标（泛函）寻求最优制导规律。根据具体要求性能指标可以有不同的形式，一般来说，导弹需要考虑的性能指标主要是终端脱靶量最小、最小控制能量、最短时间、导弹和目标交会角具有特定的要求等。但由于导弹的制导过程是一个变参数并受到随机干扰的非线性问题，其求解非常困难。因此，通常把攻击目标过程做线性化处理，这样可以获得系统的近似最优解，在工程上也容易实现，并且在性能上接近于最优制导规律[5]。

在最优制导规律设计时，常采用二次型性能指标。因为在线性系统情况下，数学处理上比较简单，其最优解可以写成统一的解析形式，这在最优控制的工程实施上具有重要意义。在此可设系统为

$$\begin{cases} \dot{\boldsymbol{X}}(t) = \boldsymbol{A}(t)\boldsymbol{X}(t) + \boldsymbol{B}(t)\boldsymbol{U}(t) \\ \boldsymbol{Y}(t) = \boldsymbol{C}(t)\boldsymbol{X}(t) \end{cases} \quad (2\text{-}8)$$

式中：$\boldsymbol{X}(t)$ 为 n 维状态矢量；$\boldsymbol{U}(t)$ 为 m 维控制矢量；$\boldsymbol{Y}(t)$ 为 l 维观测输出矢量；$\boldsymbol{A}(t)$、$\boldsymbol{B}(t)$、$\boldsymbol{C}(t)$ 分别为 $n \times n$、$n \times m$、$l \times n$ 维常量矩阵。假设系统输出的理想矢量为 $\boldsymbol{Y}^*(t)$，则

$$\boldsymbol{e} = \boldsymbol{Y}^*(t) - \boldsymbol{Y}(t) \quad (2\text{-}9)$$

为误差矢量，则通过定义如下形式的二次型性能指标：

$$J(u) = \frac{1}{2} \boldsymbol{e}^\mathrm{T}(t_f) \boldsymbol{F} \boldsymbol{e}(t_f) + \frac{1}{2} \int_{t_0}^{t_f} [\boldsymbol{e}^\mathrm{T}(t) \boldsymbol{Q}(t) \boldsymbol{e}(t) + \boldsymbol{U}^\mathrm{T}(t) \boldsymbol{R}(t) \boldsymbol{U}(t)] \mathrm{d}t$$

$$(2\text{-}10)$$

式中：$\boldsymbol{F}$ 为 $l \times l$ 维对称半正定常值矩阵；$\boldsymbol{Q}(t)$ 为 $l \times l$ 维对称半正定矩阵；$\boldsymbol{R}(t)$ 为 $m \times m$ 维对称正定矩阵；终端 t_f 是固定的。性能指标 $J(u)$ 由 3 项组成，第一项 $\frac{1}{2}\boldsymbol{e}^\mathrm{T}(t_f)\boldsymbol{F}\boldsymbol{e}(t_f)$ 表示末值（稳态）误差；第二项 $\frac{1}{2}\int_{t_0}^{t_f} \boldsymbol{e}^\mathrm{T}(t) \cdot \boldsymbol{Q}(t)\boldsymbol{e}(t) \mathrm{d}t$ 表示系统工作时（暂态）由误差引起的分量；第三项 $\frac{1}{2}\int_{t_0}^{t_f} \boldsymbol{U}^\mathrm{T}(t) \cdot \boldsymbol{R}(t)\boldsymbol{U}(t) \mathrm{d}t$ 表示由控制所产生的分量。因此，可以根据具体制导系统中各分量部分的权重来确定系数矩阵。

由最优控制理论，可得最优制导规律为

$$u = -R^{-1} \boldsymbol{B}^\mathrm{T} P x \quad (2\text{-}11)$$

其中：P 由黎卡提（Riccati）微分方程解得，
$$A^{\mathrm{T}}P+PA-PBR^{-1}B^{\mathrm{T}}P+\varphi=P$$

在二维状态矢量的情况下，考虑脱靶量和控制能量的情况下最优制导规律的解的形式：
$$u=-3v_C\dot{q} \tag{2-12}$$

式中：v_C 为导弹相对目标的接近速度。考虑到 $u=-a=-v\dot{\sigma}$，则可得
$$\dot{\sigma}=-\frac{3v_C}{v}\dot{q} \tag{2-13}$$

由式（2-13）可以看出，当不考虑弹体惯性时，最优制导规律就是比例制导规律，其系数是 $\frac{3v_C}{v}$。因此最优制导规律形式是一种考虑导弹与目标相对运动的比例制导规律形式。同时根据最优制导规律可以考虑目标的机动过载、机动加速度和机动角速度的变化。因此，最优制导规律是一种非常好的导引方式[22]。

2.3.2 滑模变结构制导规律

基于滑模变结构控制理论的导弹制导方法即称为滑模变结构制导规律。滑模变结构制导规律的研究主要围绕滑模面的选取和滑模控制量的设计两个方面展开[23-28]。关于滑模控制量的选取，早期的变结构制导规律都是以比例导引为基础设计滑模面。由于滑模变结构控制对参数摄动和外界干扰具有良好的自适应性和鲁棒性，使得它在导弹制导控制中已得到广泛的应用[7]。

最早将变结构控制理论应用于空空导弹制导问题中的是 Brierley 等[29]，设计了以比例导引为基础的滑模变结构导引规律，对滑动模态的存在性和趋近规律进行了分析，并与比例制导规律进行了仿真试验比较。有学者基于平面内弹目相对运动学模型[30]，提出了适用于拦截高速大机动目标的自适应滑模导引规律，并证明了其独立于目标机动等外界干扰和制导系统参数摄动，由于该制导规律中含有开关函数项，易引起视线角速率的随机抖动，因此，影响制导精度。这种抖动不利于弹上部件的正常工作，还容易诱发其高频未建模动力学特性，不利于弹体的控制。为有效消除制导系统的抖动，该作者进一步探讨了滑模变结构制导规律的智能化和模糊化实现方法[31]。学者 Babu 等将目标机动视为一类有界干扰，利用变结构控制理论导出对目标高速机动具有强鲁棒性的切换偏置比例制导规律[32]。Moon 等基于平面拦截问题，应用变结构控制理论设计了目标与导弹径向运动和视线旋转运动方向上的制导

规律[33]，所设计的在视线旋转运动方向上的制导规律与文献[31]方法相似。

从整体上讲，滑动模态对摄动的不变性十分有益于控制系统设计。滑模控制器逐渐被用来解决参数不确定或模型非线性控制系统，成为控制系统的一般综合方法[34]，近几十年迅速发展起来。但是滑模变结构制导规律在接近目标的过程中会出现视线抖动问题，不利于成像制导性能发挥，这也是阻碍变结构控制系统应用的主要障碍之一[35]。削弱抖动而不影响鲁棒性是变结构控制系统设计的一个重要课题，变结构思想已成为许多自适应制导规律设计的理论基础。

2.3.3 微分对策制导规律

20世纪50年代由于军事需求，美国数学家Isaacs领导的研究人员将对策论与现代控制理论相结合，针对双方连续对抗问题撰写了4份研究报告，1965年根据这些报告整理出版了《微分对策》一书，标志着微分对策理论的诞生[36]。1971年，美国科学家Friedman严格证明了微分对策值与鞍点的存在性，从而奠定了微分对策坚实的理论基础[37]。微分对策因其理论上的最优性，已应用于战术导弹的制导规律设计。Tahk等设计了利用梯度法求微分对策制导的数值解，但模型极为复杂[38]。Basar设计了神经网络微分制导规律[39]，但不能实时计算。汤善同院士采用微分对策强迫奇异摄动方法设计了零阶组合反馈制导规律[40]，易于在弹上实时实现，但其主要是针对有强大地面雷达指示的防空导弹而设计的。

导弹拦截目标属于微分对策当中的追逃问题，导弹能否有效拦截目标取决于许多的因素，制导规律是其中最重要的因素之一，其实质就是追逃问题中追击者的策略[41]。微分对策控制将最优控制理论和对策论进行有效融合，在处理对抗问题上具有明显的优势。导弹拦截目标时，双方均机动、可控，一方追击使得脱靶量最小，另一方逃避，努力使脱靶量最大，如果将此问题视为最优控制问题是不合理的，而将机动目标的拦截问题作为二人微分对策问题研究是比较恰当的。

微分对策制导规律不同于最优制导规律，两者的本质区别在于对目标机动轨迹和机动能力假设的不同[42]。最优制导规律假定目标机动策略是完全已知的，而微分对策制导规律不对目标机动策略进行特定的假设。Anderson考虑目标为理想动态特性，导弹为理想的一阶动态特性，对最优制导规律和微分对策制导规律进行了比较，随后又针对较复杂的追逃模型即考虑导弹匀速和非匀速两种情形，通过仿真验证了在导弹初始条件不利的情况下微分对策制导规律更能发挥其优越性。

根据所追求性能指标的不同可以将微分对策制导规律归纳为范数型微分对策（norm differential game，NDG）制导规律和线性二次型微分对策（linear quadratic differential game，LQDG）制导规律两大类[43]。值得注意的是，由采用零控脱靶量作为性能指标的范数型微分对策所得到的制导规律为一种bang-bang型控制规律，不能利用中间控制量的最优性；线性二次型微分对策中双方性能指标惩罚系数的选取在实际对抗过程中是至关重要的。

目前，欧州、美国等仍然投入大量精力对微分对策制导规律进行研究，这种制导规律对将来导弹武器的制导、设计及战术使用等各方面都将具有极其重要的价值。

2.4　智能制导规律

智能控制理论中突出代表的是自适应动态规划（adaptive dynamic programming，ADP）技术，这是一种近似最优控制方法，也是当前国际最优化领域的研究热点[44]，其本质是基于强化学习（reinforcement learning，RL）原理，模拟人类通过环境进行反馈学习，是一种非常接近人脑智能的控制方法。从学科的角度来看，ADP依托现代控制理论和计算智能理论，是一种新的智能控制理论与方法[45]。神经网络尤其是深度学习理论也算是近年来引人注目的智能处理技术[46]，已经有人将其应用于制导规律设计中。下面简要介绍基于ADP制导规律和基于神经网络末制导规律。

2.4.1　基于自适应动态规划制导规律

ADP能够利用函数近似结构来近似Hamilton-Jacobi或Hamilton-Jacobi-Bellman方程的解，采用离线或在线更新的方法，获得系统的近似最优控制策略，从而能够有效地解决非线性系统的优化控制问题[45]。国内外学者着力研究将这种智能控制技术应用于导弹制导规律的设计中，且取得了一定的进展。

Han等基于敏捷导弹最小飞行马赫数要求考虑，即状态受约束，设计了基于自适应评价网络的制导规律[47]，实现导弹在最小时间内由变化的初始马赫数增加到终端马赫数，同时保证其航迹角的反向。Lin研究倾斜转弯导弹的自动驾驶仪设计方法，采用基于模糊神经网络的关联搜索单元来逼近导弹的复杂非线性函数，设计的制导规律能够消除逼近误差以及干扰影响，并通过在线学习制导参数从而有效缩短调节时间[48]。Davis 等研究了如何选取防御武器针对来袭导弹发射数量的问题，并将其建模为一个马尔可夫决策过程，利用 ADP 技术求解制导规律的最优策略[49]。卢超群等结合 ADP 给出了强化学习在空空导弹精确制导规律设计中的应用[50]。Lee 等针对弹目追逃问题，其中导弹采用纯比例制导规律，对目标则利用强化学习算法实现躲避策略的研究[51]。

McGrew 等着眼于无人飞行器的一对一空战问题的研究，采用一种拥有快速性和有效性的 ADP 技术控制策略提取方法在线完成相应的制导任务[52]。Gaudet 等基于强化学习设计了寻的制导规律[53]，并验证了其最优性，相较于传统比例导引法优势明显。

将 ADP 技术引入制导规律的设计中，不仅提升最优制导规律设计的智能化、灵巧化水平，还对发展新型制导系统具有重要的理论参考和借鉴，为制导系统的开发提供一条新的研究思路[45]。

2.4.2 基于神经网络末制导规律

神经网络具有固有的非线性特性，可逼近任意精度的非线性函数，能够在线运行，其强适应和信息融合能力使得网络过程可以同时输入大量不同的控制信号，并可解决输入信息间的互补和冗余问题[54]。这一显著优势使得国内外学者很快将其引入到制导规律的设计中。

Geng 和 Lin 等先后设计了基于神经网络末制导规律，它们都构建了一个专门在线神经网络结构，用来分析闭环制导规律，修正比例制导指令[55-56]。其中神经网络可视为导弹空间结构的逆控制器，不仅能很好地控制弹道的跟踪性能，而且能扩大防御范围[7]。但神经网络的实时训练问题较为复杂，神经网络制导通常在现实中可靠性不高，如果网络没有训练好，通常对新输入的数据十分敏感[57]。

温先福等针对滑模变结构制导规律难以避免的抖动问题，提出了用模糊神经网络控制去抖动的方法。首先介绍了滑模变结构控制一般的消除抖动的方法，引出一般的滑模变结构制导规律；然后介绍模糊神经网络控制理论，设计出基于模糊神经网络、具有更好去抖动能力的滑模变结构制导规律[58]。

雷虎民等使用线性二次型最优制导规律计算得到弹道数据，然后选择合适的参数作为径向基函数（radial basis function，RBF）神经网络的输入输出变量进行训练，训练好的神经网络即构成一个制导规律[59]，可产生近似的最优弹道。这种方法的优点是训练好的神经网络在执行时只需存储其权值和阈值[1]。

张嘉文等在分析带落角约束滑模制导规律特点的基础上，针对 RBF 神经网络滑模变结构制导规律难以以期望落角命中目标的不足，提出了一种结合均值聚类与 RBF 神经网络的滑模变结构制导规律，使得神经网络在学习过程中能根据炮弹的实时飞行状态不断调整聚类中心，使中心值始终是目前飞行状态下的最优解，实现制导规律的优化[60]。

司玉洁等针对拦截导弹拦截机动目标的问题及导弹执行机构存在物理受限的问题，研究了三维非线性抗饱和制导规律的设计，基于径向基函数神经网络法以及自适应法设计了抗干扰以及抗饱和的终端滑模变结构制导规律，并进行了理论证明[61]。

方科等从高超声速飞行器饱和打击任务需求出发，针对其中的再入飞行时间约束条件进行研究，提出了一套基于 DQN（deep q-learning network）的时间可控再入制导规律[62]。

随着神经网络技术和模型构建技术的发展，结合制导过程中的大数据资源，该方向的研究必将大幅度提升制导规律的智能水平。

2.5　制导规律的发展

从精确制导技术的发展趋势来看，制导规律的设计须兼顾完成任务的能力和抗外界干扰的能力[7]两方面的要求。下面结合两个方面的情况分析制导规律的发展。

2.5.1　多种导引规律的复合

经典制导规律和现代制导规律等各种制导规律都存在着自己的缺点。为了弥补单一制导规律的不足，提高完成任务的能力，常常把几种制导规律组合起来使用，这就是复合制导。复合制导又可分为串联复合制导、并联复合制导和串并联复合制导。

任越等研究了优化反导拦截导弹的越肩发射制导规律，采用伪谱法和滑模变结构理论设计了全弹道复合制导规律[63]。利用 Radau 伪谱法求解最佳转弯规律，通过拟合给出了初制导转弯段的过载指令，选择零控脱靶量作为滑动模态对末制导规律进行设计；利用这两种制导规律的加速度指令设计了交接班制导规律实现弹道的平滑[63]。

黄伟林等针对微小型巡飞弹在迎击拦截速度相近的运动目标时，若采用传统的比例制导规律，易使目标逃逸出导引头视场的问题，研究借鉴了生物的捕食行为。例如，蜻蜓在捕食过程中如果初始迎面面对目标，就会迅速调整自身的飞行方向，使自身快速进入尾追状态，而后再采用尽可能平直的追踪轨迹去追击目标，以此来隐蔽自身且使目标不会逃逸出自身视场。黄伟林等受此启发提出了一种与之类似的仿生复合制导规律[64]。

安彬等针对临近空间飞行器进行拦截，求解了各制导段间的交班条件及参数设计，给出了一套复合制导规律[65]，进一步考虑了临近空间飞行器典型的机动方式，仿真对比分析了拦截弹采用复合制导规律和比例制导规律的结果及交班对拦截的影响。

于志鹏等提出了一种反临近空间高超声速吸气式飞行器巡航段空基拦截方案，并设计了基于末角约束比例制导规律的中制导规律和空基拦截弹复合制导规律[66]。

2.5.2 协同制导

现代作战条件下的任务目标更加智能且机动能力强，部分目标甚至可以发射诱饵弹干扰来袭导弹的拦截，导弹既要完成对目标的识别又要完成高精度的攻击（拦截），而且探测任务的难度显著提高，因此多弹协同作战的模式成为近年来的研究热点，而协同制导则是这种模式下的关键技术[67]。多导弹协同制导是多个导弹在通信网络的支持下，相互配合，将多枚导弹融合成一个信息共享、功能互补、战术协同的作战群体[68]，按照一定的协同控制策略，使整个协同弹群实现某种攻击或防御的任务。多弹协同在协同拦截、协同探测和协同攻击等方面有广泛的应用，并且有着各自的优势[69]。

协同制导的研究按研究对象的不同可分为两大类[67]：一类是承担相同作战任务的多个导弹协同制导问题，其中每个导弹的任务目标相同；另一类是"目标-导弹-防御器"的三体制导问题，与第一类问题的不同之处在于目标的任务是突破导弹的拦截，防御器的任务是拦截来袭的导弹，因此各飞行器的制导目标不相同。在协同制导过程中，研究末制导下的多约束情况可以实现更加精准的高效打击，主要有攻击角度约束、攻击时间约束、视场角度约束等多约束条件。另外，导弹的脱靶量也是制导过程中需要考虑的基本约束。

张振林等提出了一种基于领从式策略的新型三维时间协同制导规律[70]。区别于基于剩余时间估计实现多弹协同的领从式制导规律，该制导规律将对攻击时间的控制问题转化为从弹跟踪领弹的剩余弹目相对距离问题，从而避免了因剩余时间求解不准确而产生的时间协同误差，协同精度更高[70]。

刘悦等提出了一种在二维平面内同时约束制导时间和攻击角度的协同制导规律[71]。应用二阶滑模控制理论，同时利用反演法选取滑模面保证系统的渐近稳定性，设置期望攻击角度变化轨迹，实现期望攻击时间和攻击角度，推导得出具有多约束条件的协同制导规律。

张帅等针对多飞行器协同拦截机动目标问题，基于有限时间控制理论设计了一种考虑探测几何构形的协同制导规律[72]。基于微分不等式理论给出系统状态有限时间有界和输入输出有限时间稳定的充分条件，并在此基础上设计了有限时间协同制导方法。该方法用度量矩阵刻画系统状态和输出动态品质，能够同时保证制导系统状态和输出在有限时间内有界和稳定。

研究基于先进控制理论的多导弹协同制导问题将是一个重要方向，在理论上也有待 ADP 技术、网络控制论、微分对策论等先进控制理论技术的发展。最后介绍制导控制一体化设计的研究进展。

2.5.3 制导控制一体化

制导控制一体化 (integrated guidance and control, IGC) 设计自首次提出之日起发展到现在，经历了将近 50 年，其本身优越特性越来越受到相关专家学者的青睐与重视，但是与此同时，制导控制一体化设计同样存在一定的困难，与传统的制导回路与控制回路分开设计不同，制导控制一体化设计将两个分回路整合到一个回路以后，自然增加了系统的复杂程度，如果只考虑弹目相对运动以及拦截弹自身动态特性，所建立的制导控制一体化模型可以达到三阶、四阶；而如果考虑导航方程等具体制导控制方法中间变量，其系统状态就可以达到 12~18 个，甚至更多。这无疑将给控制算法的设计调整带来巨大困难[73]。因此，到目前为止，与最终期望达到的目标相比，制导控制一体化算法只是处于发展的起步阶段，还有许多问题需要开展进一步深入研究。

(1) 制导控制一体化模型的完善。在一体化设计中重点关注高控制精度和鲁棒性设计、全状态耦合一体化设计，现有研究基本都是采用数字仿真对设计方法的有效性进行验证，置信度不高[74]。因此，在开展制导控制一体化设计工作时，需要进一步加强在半实物仿真验证领域的研究工作，还要考虑目标机动带来的不确定性以及拦截弹本身参数摄动等非匹配不确定性对制导控制一体化模型的影响。

（2）满足多种约束条件下的一体化设计。导弹根据不同的作战任务使命呈现各自的特点和外部特征，同时目标的发展呈现出大机动、小型化的趋势。这样一来对导弹有了更高的要求，不仅希望导弹能够精确地命中目标，还期望导弹能够以一定的落角击中目标或是在一定空域内解爆等多种约束条件[75]。需要强调的是，目前 IGC 控制器多集中于渐进收敛至系统平衡点，在理论上收敛时间无穷大，对实际问题没有意义，直接影响制导控制系统的反应速度，因而需要提高控制系统的实时性。

参考文献

[1] 李士勇，章钱. 智能制导［M］. 哈尔滨：哈尔滨工业大学出版社，2011.

[2] 拉斐尔·雅诺舍夫斯基. 现代导弹制导［M］. 薛丽华，译. 北京：国防工业出版社，2013.

[3] 袁丽英. 拦截机动目标非线性制导律设计［D］. 哈尔滨：哈尔滨工业大学，2009.

[4] ADLER F P. Missile guidance by three-dimensional proportional navigation［J］. Journal of Applied Physics，1956，27（5）：500-507.

[5] 钱杏芳. 导弹飞行力学［M］. 北京：北京理工大学出版社，2011.

[6] 杨小冈，等. 精确制导技术与应用［M］. 西安：西北工业大学出版社，2020.

[7] 孙胜，张华明，周荻. 末端导引律综述［J］. 航天控制，2012，30（01）：86-96.

[8] 方洋旺. 导弹先进制导与控制理论［M］. 北京：国防工业出版社，2015.

[9] 郑志强，耿丽娜，等. 精确制导控制原理［M］. 长沙：国防科技大学出版社，2011.

[10] 陈涛. 导弹平面制导算法设计［D］. 沈阳：沈阳理工大学，2009.

[11] 关为群，张靖. 运用"状态最优预报"原理修正三点法导引弹道［J］. 兵工学报，2002，23（1）：86-89.

[12] 刘惠明，薛林，黄玲雅. 基于变系数的变前置角导引律设计［J］. 现代防御技术，2005，33（5）：16-18.

[13] 郭鹏飞，任章. 一种攻击大机动目标的组合导引律［J］. 宇航学报，2005，26（1）：104-106.

[14] BECAN M R. Fuzzy pursuit guidance for homing missiles［C］. International Conference on Computational Intelligence，Istanbul，2004：266-269.

[15] 赵文成，那岚，金学英. 准平行接近法导引律的研究与实现［J］. 测控技术，2009，28（3）：92-95.

[16] GUELMAN M A. Qualitative study of proportional navigation [J]. IEEE Transactions on Aerospace and Electronic System (AES),1971,7(4):637-643.

[17] GUELMAN M A. The closed-form solution of True proportional navigation [J]. IEEE Transactions on Aerospace and Electronic System (AES),1976,12(4):472-482.

[18] 雷虎民. 比例导引律的指令加速度 [J]. 电光与控制,1999,1:19-24.

[19] BRIERLEY S D. Longchamp R. Application of sliding-mode control to air-air interception Problem [J]. IEEE Transactions on Aerospace and Electronis Systems,1990,26(2):306-325.

[20] 李运迁. 大气层内拦截弹制导控制及一体化研究 [D]. 哈尔滨:哈尔滨工业大学,2011.

[21] 马卫华. 导弹/火箭制导、导航与控制技术发展与展望 [J]. 宇航学报,2020,41(07):860-867.

[22] 潘云芝,潘传勇. 导引律研究现状及其发展 [J]. 科技信息,2009(13):432-433.

[23] 崔松. 攻击型无人机末制导段的导引律研究 [D]. 合肥:炮兵学院,2009.

[24] 颜博. 基于滑模变结构的防空导弹制导律研究 [D]. 沈阳:东北大学,2011.

[25] 陈阳. 捷联制导体制下的制导控制方法研究 [D]. 长春:中国科学院大学(长春光学精密机械与物理研究所),2018.

[26] 赵斌,黄晓阳,周军,等. 基于滑模控制的多弹分布式视线协同制导律设计 [J]. 空天防御,2020,3(03):16-23.

[27] 王洪强,方洋旺,伍友利. 滑模变结构控制在导弹制导中的应用综述 [J]. 飞行力学,2009(02):13-17.

[28] 陈宇,董朝阳,王青,等. 直接侧向力控制导弹的自适应模糊变结构末制导律设计 [J]. 宇航学报,2006(05):984-989.

[29] BRIERLEY S D, LONGCHAMP R. Application of sliding mode control to air-air interception problem [J]. IEEE Transactions on Aerospace and Electronic Systems,1990,26(2):306-325.

[30] ZHOU D, MU C D. Adaptive Sliding-Mode Guidance of a Homing Missile [J]. Journal of Guidance, Control and Dynamics,1999,22(4):589-594.

[31] 周荻. 寻的导弹新型导引规律 [M]. 北京:国防工业出版社,2002.

[32] BABU K R, SARMA I G, SWAMY K N. Switched bias proportional navigation for homing guidance against highly maneuvering target [J]. Journal of Guidance, Control and Dynamics,1994,17(6):1357-1363.

[33] MOON J, KIM K. Design of missile guidance law via variable structure control [J]. Journal of Guidance, Control and Dynamics,2001,24(4):659-664.

[34] 顾文锦,赵红超,杨智勇. 变结构控制在导弹制导中的应用综述 [J]. 飞行力学,

2005，23（1）：1-4.

[35] 孙胜，周荻. 离散滑模导引律设计［J］. 航空学报，2008，29（6）：1634-1639.

[36] ISSACS R. Differential Games［M］. New York：John Wiley&Sons，1965.

[37] FRIEDMAN A. Differential Games［M］. New York：John Wiley，1971.

[38] TAHK M J, RYU H. An Iterative Numerical Method for a Class of Quantitative Pursuit-evasion Games［J］. AIAA Confernce on Guidance, Navigation, and Control, Boston, Mass, 1998.

[39] BASAR T, OLSDER G J. Dynamic Noncooperative Game Theory［M］. Philadelphia：SIAM，1999.

[40] 汤善同. 微分对策制导规律与改进的比例导引制导规律性能比较［J］. 宇航学报，2002，23（6）：38-42，61.

[41] 罗生，宋龙. 微分对策制导［J］. 航空科学技术，2011（03）：68-71.

[42] 张嗣瀛. 微分对策［M］. 北京：科学出版社，1987.

[43] 李登峰. 微分对策及其应用［M］. 北京：国防工业出版社，2000.

[44] ZHANG H G, ZHANG X, LUO Y H, et al. An overview of research on adaptive dynamic programming［J］. Acta Automatica Sinica, 2013, 39（4）：303-311.

[45] 孙景亮，刘春生. 基于自适应动态规划的导弹制导律研究综述［J］. 自动化学报，2017，43（7）：1101-1113.

[46] 周浦城，李从利，王勇，等. 深度卷积神经网络原理与实践［M］. 北京：电子工业出版社，2020.

[47] HAN D C, BALAKRISHNAN S N. State-constrained agile missile control with adaptive-critic-based neural networks［J］. IEEE Transactions on Control Systems Technology, 2002, 10（4）：481-489.

[48] LIN C K. Adaptive critic autopilot design of bank-to-turn missiles using fuzzy basis function networks［J］. IEEE Transactions on Systems, Man, and Cybernetics, 2005, 35（2）：197-207.

[49] DAVIS M T, ROBBINS M J, LUNDAY B J. Approximate dynamic programming for missile defense interceptor fire control［J］. European Journal of Operational Research, 2017, 259（3）：873-886.

[50] 卢超群，江加和，任章. 基于增强学习的空空导弹智能精确制导律研究［J］. 战术导弹控制技术，2006，（4）：19-22，76.

[51] LEE D, BANG H. Planar evasive aircrafts maneuvers using reinforcement learning［C］. Intelligent Autonomous Systems 12：Advances in Intelligent Systems and Computing. Berlin Heidelberg：Springer，2013. 533-542.

[52] MC GREW J S, HOW J P, BUSH L, et al. Air combat strategy using approximate dy-

namic programming [C]. In: Proceedings of the 2008 AIAA Guidance, Navigation and Control Conference and Exhibit. Honolulu, Hawaii, USA: AIAA, 2008.

[53] GAUDET B, FURFARO R. Missile homing-phase guidance law design using reinforcement learning [C]. In: Proceedings of the 2012 AIAA Guidance, Navigation, and Control Conference. Minneapolis, Minnesota, USA: 2012.

[54] 张强, 雷虎民. 一种基于神经网络的最优中制导律 [J]. 弹道学报, 2004 (02): 86-91.

[55] GENG Z J, MACULLOUTH C L. Missile control using fuzzy CMAC neural networks [J]. Journal of Guidance, Control and Dynamic, 1997, 20 (3): 557-565.

[56] LIN C M, PENG Y F. Missile guidance law design using adaptive cerebellar model articulation controller [J]. IEEE Transactions on Neural Networks, 2005, 16 (3): 636-644.

[57] LIN C M, MON Y J. Fuzzy-logic-based guidance law design for missile systems [C]. Control Applications, 1999. Proceedings of the 1999 IEEE International Conference on. IEEE, 1999.

[58] 温先福, 李刚, 张兴, 等. 基于模糊神经网络的滑模变结构制导律的研究 [J]. 弹道学报, 2014, 26 (04): 13-18.

[59] 张强, 雷虎民, 程培源. 基于 RBF 神经网络的一种最优中制导律 [J]. 战术导弹控制技术, 2005 (1): 18-20.

[60] 张嘉文, 史金光, 刘佳佳. 带落角约束的均值聚类神经网络滑模制导律研究 [J/OL]. 电光与控制: 1-7 [2020-12-25]. http://kns.cnki.net/kcms/detail/41.1227.TN.20201201.1114.018.html.

[61] 司玉洁, 熊华, 李喆. 拦截机动目标的三维自适应神经网络制导律 [J/OL]. 系统仿真学报: 1-8 [2020-12-25]. https://doi.org/10.16182/j.issn1004731x.joss.19-0434.

[62] 方科, 张庆振, 倪昆, 等. 飞行时间约束下的再入制导律 [J]. 哈尔滨工业大学学报, 2019, 51 (10): 90-97.

[63] 任越, 杨军. 越肩发射反导拦截弹复合制导律研究 [J]. 导航定位与授时, 2019, 6 (3): 21-27.

[64] 黄伟林, 王正杰. 微小型巡飞弹仿生复合制导律研究 [J]. 战术导弹技术, 2018 (2): 90-94.

[65] 安彬, 南英, 赵华超, 等. 动能拦截临近空间飞行器的复合制导律设计 [J]. 航空兵器, 2017, 0 (3): 26-32.

[66] 于志鹏, 陈刚, 李跃明. 反吸气式临近空间飞行器空基拦截弹制导律设计 [J]. 飞行力学, 2017, 35 (1): 66-69.

[67] 张达, 刘克新, 李国飞. 多约束条件下的协同制导研究进展 [J]. 南京信息工程大

学学报：自然科学版，2020，12（5）：530-539.

[68] 赵建博，杨树兴. 多导弹协同制导研究综述［J］. 航空学报，2017，38（1）：22-34.

[69] 魏明英，崔正达，李运迁. 多弹协同拦截综述与展望［J］. 航空学报，2020，41（S1）：29-36.

[70] 张振林，张科，郭正玉，等. 一种新型领从式多弹协同制导律设计［J］. 航空兵器，2020，27（5）：33-38.

[71] 刘悦，张佳梁，赵利娟，等. 基于二阶滑模控制的多导弹协同制导律研究［J］. 空天防御，2020，3（3）：83-88.

[72] 张帅，郭杨，王仕成，等. 考虑探测效能的有限时间协同制导方法［J］. 兵工学报，2019，40（9）：1849-1859.

[73] YANG S, GUO J, ZHOU J. New integrated guidance and control of homing missiles with an impact angle against a ground target［J］. International Journal of Aerospace Engineering 2018（PT. 2）：1-10.

[74] 王兴龙，许哲，王雪梅，等. 带落角约束的导弹制导控制一体化设计综述［J］. 电光与控制，2020，27（02）：45-50.

[75] 孙向宇，晁涛，王松艳，等. 考虑通道耦合因素的制导控制一体化设计方法［J］. 宇航学报，2016，37（8）：936-945.

第3章 激光制导技术

20世纪60年代初世界上第一台激光器问世后,激光以亮度高,具有良好的单色性、方向性和相干性等特点很快被应用于军事领域。1965年美国空军将普通炸弹改为"宝石路"系列激光制导炸弹,并于1968年开始在越南战场使用,取得了满意效果。1972年,美军仅仅使用了十几枚激光制导炸弹,就使得清化大桥被彻底摧毁。而在1991年的海湾战争中,以美国为首的多国部队使用了激光制导炸弹摧毁了大量伊拉克经严密加固的地面目标,其中包括4/5的交通设施[1-2]。海湾战争后,各国竞相发展激光制导武器,目前现役的除激光制导炸弹之外,还有激光制导炮弹和激光制导导弹,而激光制导导弹又分为激光制导反坦克导弹、激光制导地空导弹、激光制导空地导弹等。随着激光发射技术的发展,以及对激光干扰与对抗技术的深入研究,激光制导技术在武器装备中的应用也日新月异。

激光制导以其制导精度高、抗干扰性能好且可用于复合制导等特点,成为精确制导技术中非常具有发展前景的方向之一。

3.1 激光制导技术基础

激光制导技术是利用激光作为跟踪和传输信息手段,由导引头接收目标信息,经过弹载计算机计算得到制导武器偏离目标的角度误差量,从而形成制导指令,使弹上控制系统适时修正导弹的飞行弹道,准确命中目标的技术[3]。激光制导技术以激光作为信息载体,涉及大气、目标和背景、激光器、激光束控制，以及激光探测、信息处理、伺服控制等多个领域。本节仅对激光的基本概念及原理进行概述。

3.1.1 激光技术概述

1. 激光及其特性

激光的实质是光的受激辐射放大。激光与普通光相比，具有方向性好、单色性高、亮度高、相干性好等优点，激光的各种应用正是基于这些特性[4]。

1) 方向性

方向性即光束的指向性，常以束散角 θ 的大小来评价光束的方向性，θ 越小，则方向性越好。激光的束散角 θ 一般在毫弧度数量级，比探照灯好 10 倍以上，比微波束好约 100 倍，如借助光学系统，θ 可进一步减小到微弧度（10^{-6} rad）量级，接近真正的平行光束。光束的束散角小，对实际应用有重要意义。

2) 单色性

一种光所包含的波长范围越小，它的颜色就越纯，即单色性越高。通常把波长范围小于几埃（$1\text{Å}=10^{-10}$ m）的一段光辐射称为单色光，其波长范围也可称为谱线宽度。谱线宽度越窄，单色性就越高。激光的谱线宽度相对于荧光谱线宽度，单色性提高了 1 万～10 万倍，这彻底改善了光学测量的最大距离范围。例如，用氪（86）灯作为光源，最大测量距离只有 38.5 cm，而用氦氖激光器作为光源，则可测量到几十千米，而且误差很小。

3) 相干性

激光是将强度和相干性理想结合的强相干光，正是激光的出现，才使相干光学的发展获得了新的生机。激光的相干性是与激光的单色性、方向性密切相关的，单色性、方向性越好的光，它的相干性必然越好。激光集高度的单色性和方向性于一身，是优良的强相干光。激光不仅使无线电技术中的外差接收方法在光频段得以实现，而且使相干光学信息处理方法真正发展起来。

4) 瞬时性

如果说激光的高度单色性和方向性是光能量在频率和空间上的高度集中性的表现，那么激光的高度瞬时性则是光能量在时间上的高度集中，即高功率特性。随着激光脉冲压缩或超短脉冲技术的发展，激光脉冲越来越窄，出现了皮秒激光（1ps＝10^{-12}s）和飞秒激光（1fs＝10^{-15}s）。

5）亮度

一个功率仅为 1mW 的氦氖激光器的亮度，比太阳约高 100 倍；一个巨脉冲固体激光器的亮度可以比太阳表面的亮度高 10^{10} 倍，即 100 亿倍。由于光能可以转换为热能，只要会聚中等亮度的激光束，就可以在焦点附近产生几千摄氏度或几万摄氏度的高温，因此激光的高亮度有重要的应用意义，如精密焊接与切割、受控核聚变、制造远程激光雷达和激光能武器等。

2. 激光的产生

任何物质的发光都经过自发辐射、受激吸收和受激辐射这 3 个过程[5]。

实际上，上述 3 个过程是同时发生的。对于外来光子而言，自发辐射和受激辐射过程将使外来光子流的数目增多，但自发辐射光子与外来光子性质不同，不能产生相干迭加。只有受激辐射过程才能使外来光子流产生受激辐射放大，即外来光子与受激辐射光子因为性质相同，产生相干迭加。

当外来光子作用于原子时，受激吸收和受激辐射作为矛盾的两个方面，总是同时存在并贯穿于过程始终。作用的结果是外来光子被衰减还是得到放大，完全取决于以上两种过程中哪一种为主导地位。若受激吸收超过受激辐射，则光波衰减；反之，若受激辐射占主导地位，则光得到放大。

由受激辐射实现的光放大（激光的产生）必须依靠激光器来完成，后续将简要介绍激光器的结构及其工作原理。

3. 激光的传输特性

电磁波在大气中传播时，会受到空气中气体分子和悬浮微粒雨、雾、烟、尘的吸收与散射等影响，使光强逐渐减弱，即大气衰减效应，激光也不例外[6]。大气对整个电磁波谱来说，有些波长透过率高些，另一些波长透过率低些。

各种不同的大气条件对不同波长的激光，其衰减程度也是不同的。单纯从大气衰减来看，1.06μm 激光主要受气溶胶因素的影响，受地区、季节的影响很小；而 0.9μm 激光和 10.6μm 激光受水气的影响较大，因而和季节、地区有关。10.6μm 激光对战场烟雾有较强的穿透能力，但在中纬度的夏季及雨季使用时其大气透过率则不如 1.06μm 激光高。

影响激光在大气中传播的另一个因素为大气湍流效应。湍流效应使激光辐射在传输过程中不断地改变其光束结构，使光波强度、相位和频率在时间和空间域中呈现随机起伏。这种效应对光束的正常传输极其不利，而且晴天比阴天明显，中午比早晚严重。除上述两种效应之外，还有大气击穿效应和大气温度对大气折射率的影响等因素，也是使用激光时必须注意的问题。

3.1.2 激光器工作原理

激光器由工作物质、激励源（泵浦源）和光谐振腔 3 部分组成[7]，如图 3-1 所示。

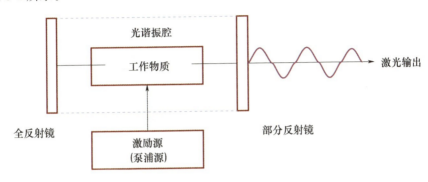

图 3-1 激光器的基本结构

1. 工作物质

工作物质又称为激光器的工作介质，是发射激光的材料，也是激光器的核心。一般必须采用具有亚稳态能级的工作物质才能产生激光。

2. 激励源（泵浦源）

要产生激光，就需要高能级的粒子数多于低能级的粒子数，即达到"粒子数反转"条件。因此，要满足"粒子数反转"的条件必须对工作物质进行激励，即向工作物质输入能量。激励源（也称为泵浦源）即为能够在工作物质中实现"粒子数反转"分布提供合适激励能量的装置。

按完成"粒子数反转"的方式来区分，主要的激励方式包括光激励方式、气体辉光放电或高频放电方式、直接电子注入方式和化学反应方式。

3. 光谐振腔

光谐振腔主要实现激光的振荡及放大，并影响激光束的质量。

结合激光器结构简要介绍激光器的工作原理，描述激光形成的全过程，如图 3-2 所示。

（1）激光工作物质在没有受到激励以前，如图 3-2（a）所示，绝大多数粒子数处于稳定的低能级上。

(2) 当激光工作物质受到激励时,在激光高能级上聚集起大量粒子数,相对激光低能级形成粒子数反转,如图 3-2 (b) 所示。

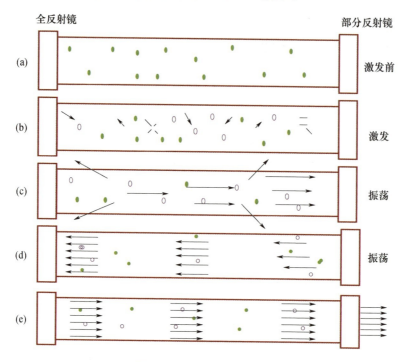

图 3-2 激光形成的全过程

(3) 激光高能级上的部分粒子自发跃迁至激光低能级,产生自发辐射光子。这些自发光子的传播方向是随机的,凡不沿工作物质轴线(光腔轴线)传播的自发辐射光子,以及由它诱发产生的受激辐射光子,都很快地从激光工作介质的侧面(光腔的侧面)逸出。而沿轴线方向传播的自发辐射光子,以及由它诱发产生的受激辐射光子传播至部分反射镜时,部分光子透出去,部分被反射回工作介质,如图 3-2 (c) 所示。

(4) 被部分反射镜反射重新回到工作物质的光子,继续诱发新的受激辐射,光同时被放大,继续传播遇到全反射镜时,光子全部被反射,如图 3-2 (d) 所示。

(5) 被全反射镜反射回来的光子,再次进入工作介质,光进一步被放大。光子在光腔中来回多次往返(振荡),受激辐射不断增强,光不断被放大。当光子增加到一定数量时,受激辐射放大作用与光腔损耗衰减作用相抵消,腔内光子数量达到稳定状态,即达到增益饱和。此时,从部分反射镜一端连续地、稳定地输出激光，如图 3-2（e）所示。

激光器的种类很多，按照工作介质的不同，可分为固体激光器、气体激光器、液体激光器、半导体激光器及自由电子激光器等。按激光器的工作方式不同，可分为连续激光器和脉冲激光器，脉冲激光器又可按脉冲的持续时间长短或采用的相应技术不同分为 Q 开关激光器（脉冲宽度为纳秒量级）和锁模激光器（脉冲宽度为皮秒、飞秒量级）。

此外，还可按激光器谐振腔的不同，分为平面腔激光器、球面腔激光器、非稳腔激光器等；按激光器激励方式的不同，分为光激励激光器、电激励激光器、热激励激光器、化学能激励激光器及核能激励激光器等。国内外典型激光器如图 3-3 所示。

图 3-3　国内外典型激光器

（a）我国研制的 CNI 半导体红外激光器；
（b）美国诺斯罗普·格鲁门公司 Vesta 高功率固态激光器。

3.1.3　激光制导技术分类

激光制导技术由于具有命中精度高、抗电磁干扰能力强等优点，得到了广泛应用，是光电制导武器的一种重要制导技术手段，可分为激光寻的制导技术、激光驾束制导技术和激光指令制导技术[8]。

1. 激光寻的制导技术

利用瞄准装置瞄准跟踪目标后，由激光目标指示器发射带编码脉冲激光信号照射目标，发射的激光制导武器在飞行过程中，由装在头部的激光导引头接收经目标反射的激光信号，经过光学系统会聚在光电探测器上，使光学信号转换为电信号，然后经放大、处理得到弹目偏差信号，进而形成导引信号，驱动执行机构将制导武器导向目标。

按照激光照射源（激光目标指示器）是否在弹上，激光寻的制导技术又分为激光主动寻的制导技术和激光半主动寻的制导技术。激光主动寻的制导武器的激光指示器与寻的器同装在弹上，而激光半主动寻的制导武器的激光目标指示器则装载在弹外[9]。但迄今为止，只有激光半主动寻的制导，且波长为 $1.06\mu m$ 的制导系统得到了应用，而激光主动寻的制导还在发展之中。

2. 激光驾束制导技术

激光驾束制导属于遥控制导，其工作原理如下：激光驾束制导武器发射后，在对准目标的激光波束中飞行，直接接收激光器发射出的调制光束[10]。一旦制导武器偏离波束中心，装在尾部的光电探测器就产生偏差信号，通过对信号进行放大、处理得出弹轴与波束中心的角偏差量，然后向执行机构发出修正指令，引导制导武器飞向目标[11]。光束横截面多为旋转的明暗图案，有的围绕其对称中心旋转（瞄准线与图案对称中心重合），有的围绕瞄准线旋转（瞄准线与图案对称中心不重合），还有的光束截面为窄平的条状，在空间做上下、左右往复摆动，或者围绕瞄准线转动。激光驾束制导大多采用半导体激光器或气体激光器作为光源。

3. 激光指令制导技术

激光指令制导也属于遥控制导，其工作原理如下：激光指令制导也属遥控制导，其工作原理与一般的指令制导是一致的。导弹发射后，由制导站跟踪目标，并实时量测导弹相对瞄准线的偏差，制导站根据偏差和选定的制导规律，形成控制指令，通过激光波束编码传输到导弹上去，控制导弹沿瞄准线飞行，直至命中目标[8]。

激光制导武器的特点主要表现在以下 3 个方面[12]：

1) 制导精度高

激光制导武器可用于攻击固定或活动目标，寻的制导精度一般在 1m 以内，而且武器的首发命中率极高，是目前其他制导方式难以达到的。

2) 抗干扰能力强

由于激光是由专门设计的激光器产生出来的，因此在自然界中不存在激光干扰问题；又由于激光的单色性好、光束发散角小，因此敌方很难给制导武器实施干扰。

3) 可用于复合制导

激光制导易于与红外、雷达等制导方式进行复合制导，这样有利于提高制导精度和应付各种复杂战场环境。

然而,激光制导方式容易受云、雾和烟尘的影响,不能全天候使用。激光波长与空气中雾霾粒子直径相当,这会产生严重的衰减。

前述的激光器是激光制导武器制导的核心器件。尽管已经发现许多激光器,但用于制导的只有数种,并以波长为 $0.9\mu m$ 左右的半导体激光器、波长为 $1.06\mu m$ 的 YAG 激光器、波长为 $10.6\mu m$ 的 CO_2 激光器用得最多,尤其是 $1.06\mu m$ 的 YAG 激光器在激光寻的制导中用得较多,半导体激光器和 CO_2 激光器则在驾束制导中用得较多[13]。表 3-1 给出了三种波长激光器技术指标比较。

表 3-1 三种波长激光器技术指标比较

比较项目	GaAs	Nd:YAG	CO_2
波长/μm	0.9	1.06	10.6
激励方式	电	光	放电
激励效率×100%	30~60	1	2~3
束散角	260~440mrad	<10mrad	<10mrad
输出功率(峰功/平均)	<0.1kW/mW	—	—
输出偏振	非	偏振	偏振
穿透大气能力	低	中	高
激光器寿命	2000h	>10⁶ 次	2000h
激光器结构	元件	组件	管状
激光器体积	小	中	中
接收器	PIN	PIN	碲镉汞,冷却77K
接收器光敏面	$\phi 1 \sim \phi 10$	$\phi 1 \sim \phi 10$	$<\phi 1$
接收器情况	简单、成熟、体积小	简单、成熟、体积小	复杂、不成熟、体积小
接收器存放	长	长	短

3.2 激光半主动寻的制导技术

3.2.1 激光半主动寻的制导原理

激光半主动寻的制导系统主要由目标指示器、弹上导引头、弹上控制单元等部分组成[6]。激光半主动寻的制导原理如图 3-4 所示。

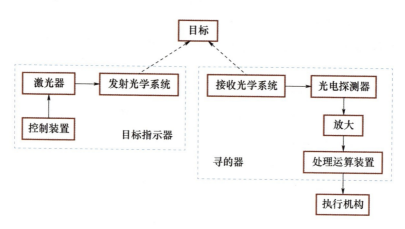

图 3-4　激光半主动寻的制导原理

弹上导引头通常以球形整流罩封装于弹头前端,接收来自目标反射的激光,感知导弹运动方向与目标视线方向的偏差,并输出相应的误差信号。它包括激光接收系统、光电探测器和处理电路等。为便于观测目标和减小干扰,寻的器常用大、小两种视场。大视场(一般为几十度)用于搜索目标;小视场(一般为几度或更小)用于对目标跟踪[9]。处理电路包括信号解码电路、误差信号处理和控制电路等,其中信号解码电路保证与激光目标指示器的激光编码信号相匹配。

弹上控制单元包含控制舱和舵翼,前者将寻的器送来的误差信号转换为舵面动作的控制指令;后者借助其翼面的偏摆控制导弹的运动方向[14]。

在瞄准目标后,激光目标指示器发射带有编码脉冲的激光束照射目标,该类制导武器在飞行中由弹上导引头接收经目标反射的激光信号,经光电转换、信号解码、放大和运算,得到误差信号,驱动执行机构不断修正偏差,直至击中目标。

一般来说,较长的制导距离容易获得较高的制导精度,因此希望导引头有尽量大的探测距离。假定大气中激光能量透过率为 0.5,目标对指示激光的反射率为 0.33,光学系统的总透过率为 0.4,目标在 2π 立体角范围内能各向同性漫反射,则导引头的最大探测距离 R_M 可估计为

$$R_M = 0.09D(P_T/P_r)^{1/2} \tag{3-1}$$

式中:D 为导引头入瞳直径;P_T 为目标指示器激光峰值功率;P_r 为导引头能探测的最小功率。例如,$P_T=10^7 W$,$P_r=5\mu W$,$D=80nm$,则 $R_M=7.2km$。

R_M 的进一步增大,会受导弹尺寸和当前激光器、探测器水平及大气激光

衰减等因素限制。

一般军事目标（战车、舰船、飞机、碉堡等）对照明激光束的反射率与观察方向有关，故通常存在一个以目标为顶点、以指示光束方向为对称轴的圆锥形角空域。半主动激光制导弹药必须进入此空域内，弹上导引头才能搜索到目标，此空域常被俗称为"光篮"。目标表面越光滑，则"光篮"开口越小，半主动激光制导弹药被投入光篮越困难；而探测距离越远，目标表面越粗糙，则情况正相反[9]。由于目前用于半主动式激光制导的目标指示器均采用波长为 $1.06\mu m$ 的激光，因此弹上导引头的光探测主要应用于对 $1.06\mu m$ 波长敏感的锂漂移硅光电二极管。

3.2.2 激光半主动制导技术

激光半主动制导系统中采用象限元件测定目标相对于光轴的偏移量大小和偏移量方位，确定导弹运动方向与目标视线方向的偏差，输出误差信号以完成寻的任务。常见的有 4 象限或 8 象限光电探测器，如美国"宝石路"激光制导炸弹和"杰达姆"联合制导攻击弹药等均采用了 4 象限探测器[15]。下面主要介绍利用 4 象限探测器实现测角的原理。分别位于直角坐标系 4 个象限中的 4 只光电二极管组成 4 象限探测器，该探测器以光学系统的光轴为其对称轴，并位于光学系统的后焦面处。被目标反射的激光由光学系统会聚到四象限探测器上，形成一个近似圆形的光斑（目标像点在光轴上），4 只光电二极管相互独立，一般情况下每只都能接收到一定的反射光能量，从而输出一定的光电流，假定 4 个探测器性能相同且都工作于线性区，成像光斑均匀，如图 3-5 所示。

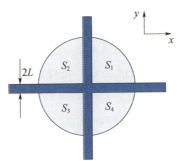

$S_1 \sim S_4$——1~4 象限上光斑的面积；$2L$——探测器中间沟槽的宽度。

图 3-5　4 象限探测器上的光斑分布

若光斑是半径为 r 的均匀圆斑,其在 4 个象限的面积分别为 S_1、S_2、S_3、S_4,L 是四象限探测器中间沟道的半宽度。

当光斑中心在光轴上时,4 个象限被辐照的面积相同,即 $S_1=S_2=S_3=S_4$ (S 是总感光面积);若光斑中心左移 x,则 1、4 象限感光面积增大,2、3 象限感光面积减小,其变化量为

$$\Delta S = x(r-L) \tag{3-2}$$

于是,有

$$S_1 = S_4 = 0.25S + \Delta S \tag{3-3}$$

$$S_2 = S_3 = 0.25S - \Delta S \tag{3-4}$$

三式联解即得

$$x = 0.25(S_1+S_4-S_2-S_3)/(r-L) \tag{3-5}$$

同理,可得

$$y = 0.25(S_1+S_2-S_3-S_4)/(r-L) \tag{3-6}$$

即光斑中心偏移量。由于不便测量各象限的光斑面积,因此要想判断其受光辐照的面积,只能通过各象限输出的光电流得到,于是将式(3-5)和式(3-6)变化为

$$x = \frac{S(S_1+S_4-S_2-S_3)}{4(r-L)(S_1+S_2+S_3+S_4)} \tag{3-7}$$

$$y = \frac{S(S_1+S_2-S_3-S_4)}{4(r-L)(S_1+S_2+S_3+S_4)} \tag{3-8}$$

式中

$$S = \pi r^2 - 8rL + 4L^2 \tag{3-9}$$

显然,S 是实际光斑面积与沟道面积的差。

这样处理就相当于用 4 个象限输出的总光电流为尺度,分别度量 x 方位通道的光电流差值与 y 方位通道的光电流差,也就是归一化过程。归一化处理可以直接以光电流输出进行相应代换,这样避免难以测量各象限做感光面积的问题。这样处理不仅测量准确,还便于信号处理。

因此,光电流的大小与相应象限被光斑覆盖区域的面积成正比。4 象限探测器接收光信号后分别经过放大、延时、峰值采样,以提取各通道信号峰值,A/D 转换电路将其转换成数字信号。对各象限的输出电信号进行解算,可提取出目标相对于光轴的误差角。

对各象限输出的电信号的解算方式主要有 3 种[16],原理分别如图 3-6 (a)、

(b) 和 (c) 所示。

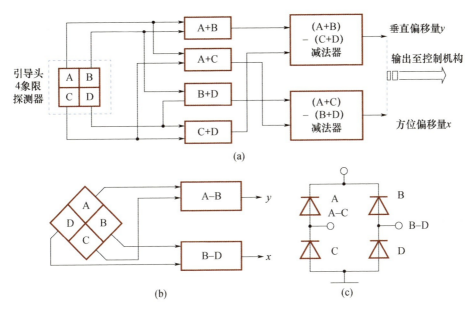

图 3-6 4 象限元件的定向原理

(a) 和差电路方式；(b) 对角线相减式；(c) 4 象限管对接式。

(1) 和差电路方式[16]如图 3-6（a）所示，表示了两个通道的信息处理过程。由于激光能量在目标偏移光轴时，在 4 象限上分布不等，经和差运算后可得出偏差的大小。

和差电路方式得到俯仰和方位两个通道的误差信号为

$$\begin{cases} y = \dfrac{(I_A + I_B) - (I_C + I_D)}{I_A + I_B + I_C + I_D} \\ x = \dfrac{(I_A + I_C) - (I_B + I_D)}{I_A + I_B + I_C + I_D} \end{cases} \tag{3-10}$$

式中：I_A、I_B、I_C、I_D 分别为 4 个光电二极管输出电流的峰值，4 个电流表示 4 个象限光电二极管接收到的激光功率。

(2) 对角线相减式如图 3-6（b）所示，可以省略几项运算，但误差较和差电路略大。

(3) 4 象限管对接式如图 3-6（c）所示，线路更简单，但对探测器的一致性要求太高。

4 路信号进行解算处理后，得出光斑中心偏移，计算出光斑对于 4 象限探测器中心位置的偏移量，实际上就可得到导弹轴线与目标视线之间的角误

差,即

$$\begin{cases} \theta_x = x/f' \\ \theta_y = y/f' \end{cases} \tag{3-11}$$

式中:f' 为导引头光学系统的焦距,基于 θ_x、θ_y 即可实施对导弹的控制,以矫正导弹飞行姿态和飞行方向,使光斑中心始终指向 4 象限探测器中心,直至飞向被攻击目标[17]。

英国芬梅卡尼卡公司已经完成新一代半主动式激光导引头的研发,其特别配备的单元件位置感知硅探测器,在广视场下,能够获得更高精度的偏离角以及更高的角分辨率[15]。

3.2.3 激光目标指示器

激光半主动寻的制导武器用的目标指示器作为制导武器的主要组成部分,为激光制导武器指示目标、提供目标数据和导引信息[18-20]。

从激光照射目标这一点来看,激光目标指示器既有机载的,又有地面三脚架等或是便携式的,可以从目标不同方位照射,同时应视战场条件决定选用合适的方式。不管用于何种激光半主动制导武器,这些系列化的指示器都是通用的。

表 3-2 列出了国外一些主要激光目标指示器的名称、型号和厂家。

表 3-2 国外一些主要激光目标指示器的名称、型号及厂家

类别	国别	名称、型号	厂家
单座机	美	激光照明目标搜索识别系统 LATAR	诺斯罗普·格鲁曼
	法	自动跟踪激光照射系统 ATLIS	汤姆逊
	美		马丁·马丽埃塔
	美	夜间低空红外导航瞄准系统 LANTIRN	马丁·马丽埃塔
双座机	美	宝石刀 PAVA Knife,AN/AVQ-10	飞歌·福特
	美	宝石矛 PAVA Spike,AN/AVQ-23	西屋
	美	宝石平头钉 PAVA Tack,AN/AVQ-25	福特、国际激光
直升机	美	直升机载激光目标指示器,AN/AVQ-19	福特
	美	光电搜索目标及夜间显示系统 TADS/PNVS	马丁·马丽埃塔
遥控飞行器	美	蓝点激光指示器	西屋
车载	美	G/VLLD 地面/车载激光定位指示器	休斯

续表

类别	国别	名称、型号	厂家
三脚架式	美	GLLD 地面激光定位指示器	休斯
	美	MULE 组合式通用激光指示器	休斯
	英	LTMR 激光目标标志测距仪	费伦蒂
	法	IPY49	激光工业
手持式	美	LTD AN/PAQ-1	休斯
	法	IPY43	激光工业

激光目标指示器不管设置在什么地方，它都必须具备向目标发射激光的能力，因而要有相应的瞄准能力，大多数情况下还要有跟踪测距能力，在有条件时还应配备通信设备。

图 3-7 所示为一个典型的激光目标指示器[21]。它既可以安装在直升机旋翼轴顶平台上，也可以安装在车载的升降桅杆上。来自目标区的光学图像信号 C 由窗口 1 进入，经可控稳定反射镜 2、可调反射镜 5、分束镜 6 反射后进入光学系统 7，在电视摄像机 12 上成像，操作者可根据显示器上的图像选择目标，控制陀螺 3，使可控稳定反射镜 2 转动，用显示器上的跟踪窗套住目标，并使其保持在自动跟踪状态。系统操作者在搜索目标时一般用电视摄像机的宽视场，而在跟踪时用电视摄像机的窄视场，这时把透镜 10 从光路中移开。为保证摄像有良好的图像对比度，在光路中有被控制的中性密度滤光片 9。

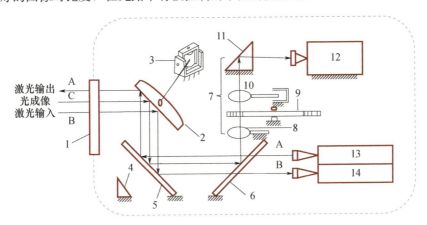

1—窗口；2—可控稳定反射镜；3—陀螺；4—角隅棱镜；5—可调反射镜；6—分束镜；7—光学系统；8、10—透镜；9—中性密度滤光片；11—棱镜；12—电视摄像机；13—激光指示器；14—激光测距机。

图 3-7　一种激光目标指示器

当选定目标后即可向目标发射激光 A。激光指示器 13 发射的激光束经过分束镜 6，可调反射镜 5，可控稳定反射镜 2 经窗口 1 射向目标。来自目标漫反射的激光信号 B 沿着与发射相反的通道进入激光测距机 14，操作者可在显示器上读出距离。

为了随时检查激光发射、接收和电视的光轴间的相对位置是否正确，机内设有视线调校装置——角隅棱镜 4。当陀螺稳定反射镜转向角隅棱镜 4 时，激光可按原光路返回，并在电视摄像机上得到一个应当与瞄准点重合的图像。若有偏差，则可通过调整荧光屏上跟踪窗口的位置予以修正。

激光目标指示器一般由激光器系统和光学系统组成，下面分别介绍。

1. 激光器系统

已装备的激光半主动制导系统一般采用 $1.06\mu m$ 波长的激光，用掺钕钇铝石榴石（Nd^{3+}：YAG）巨脉冲重频固体激光器（可简称 YAG 调 Q 激光器）产生。图 3-8 所示为一个 YAG 调 Q 激光器示意图[21]。把 Nd^{3+}：YAG 激光棒和泵浦灯装在泵浦腔（也称为聚光腔、聚光器）内，当电源给泵浦灯脉冲供电时，泵浦灯的辐射能经泵浦腔会聚后激励激光棒，使其呈粒子数反转状态。由于在激光谐振腔（由全反射镜和部分反射镜组成）内有 Q 开关，只有给 Q 开关一个适当的电信号，使其光路开通，反转的粒子才能在谐振腔内振荡放大，并从部分反射镜输出脉冲。电信号是由频率控制/编码器给出的，它一方面给出点燃灯信号，另一方面经延时器给出较点燃灯稍后的 Q 开关信号，两者的间隔则由其内的编码器决定。由于激光器的电光转换效率很低，在重复频率条件下必须对器件进行冷却，把多余的热量耗散掉，这样才能正常运转，图 3-8 中的冷却器即用于这一目的。

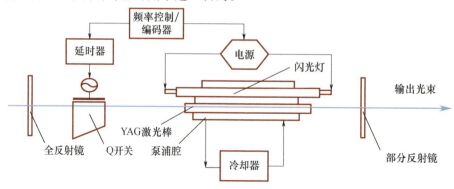

图 3-8　YAG 调 Q 激光器示意图

用于目标指示器的激光器有 3 个发展方向：一是基于免温控技术的二极管泵浦激光器，该技术作用距离远，可靠性高、通用性好、无须预热，可以用于察打一体无人机和作用距离较远的武装直升机等平台；二是研发脉冲半导体激光器，该技术体积小、功耗低、作用距离短，可用于微型无人机平台；三是减少目标指示器照射时间，提高照射手战场生存力，以色列研制的 105mm LAHAT 炮射导弹，只需在飞行的最后 8s 用激光照射器照射目标，从而减少了照射手暴露的时间。

不管采用哪种方式，目前常规激光二极管已有高温型产品，但新型用于锁波长的半导体激光器在高温条件下（>55℃）的输出呈非线性衰减，因此需要可高温工作的半导体激光器。从长期来看，所有问题的核心都是热管理问题，所以激光器会向高电光效率、低发热功率方向发展[8]。

2. 光学系统

激光目标指示器和测距机的光学系统要实现 3 个独立的功能：①激光束散角的控制；②接收能量的会聚；③瞄准传感器成像。此外，还应有机内自校准装置。

激光目标指示器光学系统的安排主要受外壳的限制。由作用距离、目标特性、大气传播、外壳、安全等条件决定光学系统的口径、视场、束散角和分辨率等。当指示器允许的尺寸较小时，要在一定程度上将瞄准、激光发射和激光接收 3 个系统适当地合并。

传感器的系统取决于具体用什么传感器（如眼睛、电视摄像机、前视红外），通常以接近衍射极限的性能要求尽可能大的口径。

激光扩束镜通常用倒置的伽利略望远镜，要注意经常出现严重的自残效应问题。

接收系统较简单，但窄带滤光片和小面积探测器的采用使接收系统的应用复杂化。

为解决采用激光半主动技术精确打击坚固洞口内目标无反射或反射光束弱的难题，人们研制了图 3-9 所示的激光目标指示器变光束装置。

该装置采用双通道光路的激光束衍射变换思路，将入射激光束变换为具有特定能量和空间关系分布的照射激光束，采用薄膜光学和精密调角技术，实现了根据洞口类目标的等效直径和照射距离的目标照射的激光指示，从而拓展了激光末端制导武器系统的作战效能。

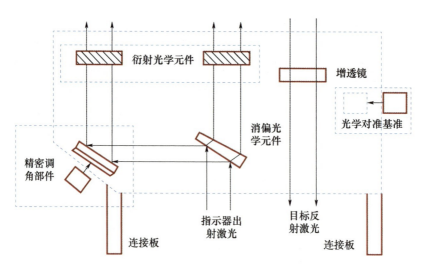

图 3-9 激光目标指示器变光束装置

研制激光目标指示器首先需要考虑系统的作用距离能否满足战技术指标要求。系统的作用距离包括可见光瞄准具、热像仪、电视摄像机、激光发射机和激光测距机的作用距离,这些距离与目标和背景的特性、大气能见度和激光寻的器灵敏度等因素有关[21]。想要增加作用距离 R,在系统灵敏度一定的条件下,可以增加激光发射功率,减小发射光学系统的损失,增加目标的反射率,减小接收光学系统的损失和增大接收口径。

其次,还需要考虑系统对制导精度的影响。导弹命中精度的影响因素包括导弹本身、指示器和大气等多方面,如图 3-10 所示。

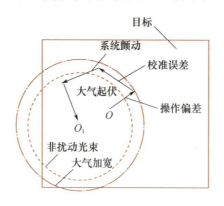

图 3-10 影响指示器精度的因素

即使瞄准了目标的中心 O,但由于操作偏差、仪器的校准误差、系统的颤动和大气的起伏,使激光束覆盖以 O_1 为中心的虚圆范围,不但产生误差

OO_1，而且有一部分落在目标之外，加上大气扰动使光束加宽，激光束覆盖的是以 O_1 为中心的点画线圆范围，使落在目标之外的部分增大[21]。由图 3-10 可知，欲减小指示器对制导精度的影响，可以从减小操作偏差、校准误差和系统颤动等方面采取措施。

激光束参数也是设计激光目标指示器的重要依据。这些参数包括激光波长、脉冲能量、脉冲宽度、编码、束散角。由于 $1.06\mu m$ 波长激光在技术上已成熟并有优势，世界各国的激光半主动制导基本采用这个波长。尽管在 20 世纪 70 年代末报道过美国研究的 $10.6\mu m$ 波长的 CO_2 激光目标指示器，但未形成实用系统就已于 1981 年封存，理由是弹上采用的 HgCdTe 元件成本高，一次使用不合算，而且指示器离实用尚有差距。人们一般认为 CO_2 激光目标指示器用于激光驾束制导、激光指令制导和成像雷达等方面是比较好的。此外，还有一个 $1.5\sim 2.1\mu m$ 眼睛安全的波段引起了人们的重视，但未见到已装备的指示器产品[21]。

激光脉冲能量 E 和激光脉冲宽度 τ 决定激光功率。视作用距离远近和指示器种类不同，脉冲能量有较大的差别。激光目标指示器的激光脉冲宽度一般要求比激光测距机的激光脉冲宽度宽一些，大多在 20ns 以上，目的是使接收系统的带宽能窄一些。

激光脉冲重复频率应当适当的高些，以便使导引头有足够的数据率。分析表明对固定目标，重复频率在 5 脉冲/s 即可；对活动目标，则应在 10 脉冲/s 以上。但在 20 脉冲/s 以上作用已不明显，而激光器的体积与质量将大为增加，所以通常为 $10\sim 20$ 脉冲/s。

激光脉冲在激光指示器内编码，在导引头内解码，目的是在作战时不致引起混乱。在有多目标的情况下，按照各自的编码，导弹只攻击与其对应编码的指示器指示的目标。激光器对激光脉冲进行编码，可以提高激光制导武器的抗干扰能力，避免重复杀伤、误伤。激光脉冲的重复频率、能量、宽度、偏振方向等在导引头设计时会受到使用条件的限制，也制约了编码方案的选择。常用的编码方案一般包括脉冲间隔编码（PCM）、有限位随机周期脉冲序列、位数较低的伪随机码等。目前，国外在导引头的激光编码方式上已经出现有等差级数码、跳频码、频码捷变形式等编码方式，且针对实时型编码的研究也已取得若干成果[21]。

激光束散角与指示精度有关，从直观上看在最远指示距离上光斑直径应当比目标尺寸小。

3.2.4 激光半主动导引头

激光导引头又称为激光寻的器，是激光寻的制导武器的核心部分。它接收目标反射的激光，自动跟踪目标，提供导弹制导信号的装置。通常由激光照射器、激光接收装置、激光探测器、放大器、角误差检测器和伺服系统组成，如图 3-11 所示。

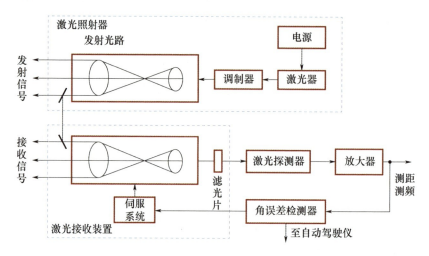

图 3-11 激光导引头的组成

激光导引头按照激光照射器设置的位置不同，可分为激光主动导引头和激光半主动导引头。主动导引头的激光照射器在弹上，半主动导引头的激光照射器置于弹外。根据光学系统或激光探测器与弹体耦合的不同情况，分为 5 种结构形式，如表 3-3 所列。

激光半主动制导航空炸弹、导弹和炮弹采用的激光导引头各不相同，如有采用追踪制导规律的万向支架式导引头、陀螺稳定光学系统式导引头和捷联式导引头。早期的航空炸弹都采用风标式激光导引头，但后来的型号趋向于导弹用的陀螺稳定式导引头；导弹用激光导引头问题一般要求具有通用性；炮弹用激光导引头最重要的一个难题是解决抗高过载的问题[21]。

不管哪一种已装备的半主动激光导引头，由于只采用 $1.06\mu m$ 这种波长，所以它的探测器主要是对 $1.06\mu m$ 波长敏感的锂漂移硅探测器——锂漂移硅光电二极管。在选用时，除波长吻合外，还要注意它的灵敏度（包括量子效率）和噪声（或暗电流）是否满足应用的要求，带宽或响应速度是否达到系统的性能要求，以及结构是否合适[21]。

表 3-3　各种结构形式导引头的特点

形式	捷联式	万向支架式	陀螺稳定光学系统式	陀螺光学耦合式	陀螺稳定探测器式
示意图	（探测器）	（探测器、风标）	（探测器）	（反射镜、陀螺、探测器）	（探测器、陀螺）
结构特点	光学系统及探测器均固定在弹体上	光学系统及探测器均固定在万向支架上	光学系统及探测器均由动力陀螺直接稳定	透镜及探测器均固定在弹体上，陀螺只稳定反射镜	光学系统固定在弹体上，陀螺稳定探测器
扫描、跟踪能力	无	能独立扫描跟踪，活动范围大	能独立扫描跟踪，活动范围大	能独立扫描跟踪，活动范围中等	能独立扫描跟踪，活动范围中等
视场	视场要大	瞬时视场小，动态视场大	瞬时视场小，动态视场大	瞬时视场小，动态视场中等	瞬时视场小，动态视场中等
探测器	尺寸大，时间常数大	尺寸小，时间常数小	尺寸小，时间常数小	尺寸小，时间常数小	尺寸小，时间常数小
背景干扰	大	小	小	小	小
弹体运动影响	大	小	无	无	无
输出信号	目标角误差信号	1. 目标角误差信号 2. 支架角信号	1. 目标角速率信号 2. 支架角信号	1. 目标角速率信号 2. 支架角信号	1. 目标角速率信号 2. 支架角信号
精度	低	中等	高	高	高
复杂性可靠性	好	中等	差	中等	中等
使用情况	攻击机动性差的大目标	攻击机动性差的大目标，用于激光制导炸弹 MK-84 等	攻击机动性好的小目标，用于激光制导弹，如"海尔法""幼畜"等导弹	攻击机动性好的小目标，得到最广泛应用，如"铜斑蛇"和127mm 炮弹、LARS 系列弹、"军刀"、As30L 导弹等	攻击机动性好的小目标

1. 航空炸弹用激光导引头

激光半主动制导航空炸弹用于轰炸地面点目标,如桥梁、军用仓库、机场等。这些目标并不运动,所以可采用姿态跟踪(APG)或速度跟踪(VPG)制导规律[21]。

在姿态跟踪情况下,激光导引头可以采用捷联式结构,即导引头固定于炸弹上,如美国的MK-82激光制导炸弹所采用的就是这种结构。

在速度跟踪情况下,激光导引头带有万向支架,由风标稳定,在风标上装有力矩马达。图3-12所示为一种激光制导炸弹的万向支架式导引头结构。从图3-12中可以看出,导引头的光学系统由球罩1,滤光片2和前后表面镀有反射膜的厚透镜(包沃光学系统)3组成。这种系统轴向尺寸小,便于安装。来自目标反射的激光能量透过球罩穿过光学滤光片进入厚透镜。厚透镜的后表面将激光会聚并反射到厚透镜的前表面上。厚透镜的前后表面中心部分分别镀有反射膜和增透膜,它将激光再次反射落在厚透镜后面的光电探测器4上。

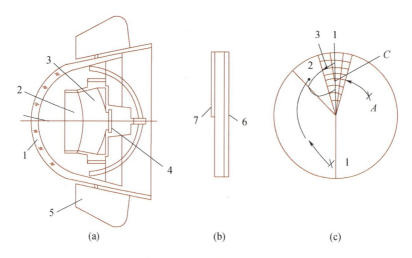

1—球罩;2—滤光片;3—包沃光学系统;4—光电探测器;
5—风标;6—滚转探测器;7—俯仰探测器。

图3-12 激光制导炸弹的万向支架式导引头结构
(a) 导引头的器结构;(b) 探测器结构;(c) 像点轨迹。

探测器是多元的,如图3-12(b)、(c)所示,在硅面的两侧分别为8元非均匀滚转镶嵌式探测器、8元均匀俯仰镶嵌式探测器(注意,不是方位-俯仰探测器)。为了避免激光落在探测器中心附近而引起的滚转混乱,将光轴安置在俯仰、滚转共有区的平均位置C上,因而使跟踪视场轴与搜索视场轴有一定的夹角，形成导引头的下视角。8个俯仰元件形成±7°的视场，搜索视场为±15°。

不管目标在探测器的哪个位置，设计的自动驾驶仪将控制导弹使其在3个脉冲的期间内转入跟踪。如图3-12（c）中的（1）、（2）、（3）最终都向C靠拢。若激光脉冲频率为5脉冲/s，则最坏情况下在1/2s内完成这一转换，如图3-12（c）所示。

2. 导弹用激光导引头

激光半主动制导的导弹以美国的"海尔法"导弹和"幼畜"导弹为代表。20世纪70年代中期，美国国防部就强调激光导引头的通用性，以满足一头多弹。近年研制改进的"最优海尔法HOMS"则采用了改进的"铜斑蛇"炮弹导引头的部分技术[21]。

图3-13（a）所示为"海尔法"激光导引头的结构，采用陀螺稳定光学系统的形式。目标反射的激光脉冲经头罩后由主反射镜反射会聚在不随陀螺转子转动的激光探测器上，其前有滤光片，主要光学元件均采用了全塑材料（聚碳酸酯）。为防止划伤，在头罩上有保护膜。为了反射信号，主反射镜表面镀金。

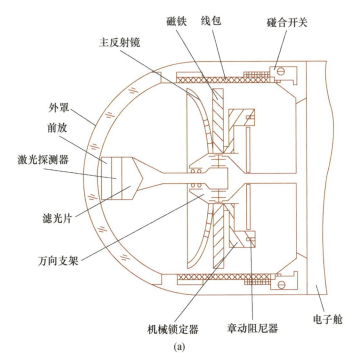

(a)

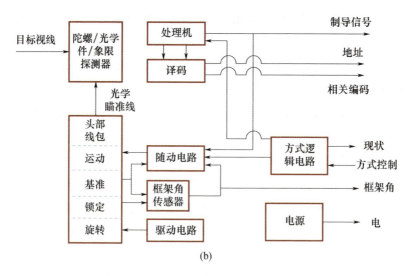

图 3-13 "海尔法"导弹的激光导引头
(a) 导引头的结构；(b) 导引头原理框图。

导引头稳定系统包括一个装在万向支架上动量稳定的转子——永久磁铁，其上附有机械锁定器和主反射镜，这些部件一起旋转增大了转子转动惯量。激光探测器装在内环上，不随转子旋转。

机械锁定器用于在陀螺静止时保证旋转轴线与导引头的纵轴重合。这样，运输时转子既可保持不动，旋转时又可保证陀螺转子与弹轴的重合性。

陀螺框架有±30°的框架角，设有一个软式止动器和一个碰合开关用以限制万向支架，软式止动器装于陀螺的非旋转件上，当陀螺倾角超过某一角度后，碰合开关闭合，给出信号，使导弹轴转向光轴，减小陀螺倾角，避免碰撞损坏。

导引头壳体上有调制线包 4 个、旋转线包 4 个、基准线包 4 个、进动线包 2 个、锁定线包 1 个、锁定补偿线包 2 个，其用途和配置与"响尾蛇"导弹的寻的器类似。

导引头的原理框图如图 3-13（b）所示。图 3-12（b）中设有解码电路以便与激光目标指示器的激光编码相协调，方式逻辑电路控制导引头的工作方式，以电的形式锁定、扫描、伺服、捕获和跟踪目标。

3. 制导炮弹用激光导引头

激光半主动制导炮弹以美国的"铜斑蛇"和俄罗斯的"红土地"最为有名。如图 3-14 所示为"铜斑蛇"炮弹激光导引头的结构[21]。

第 3 章 • 激光制导技术

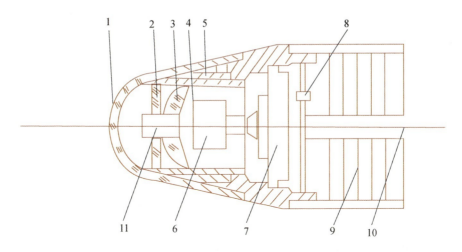

1—整流罩；2—滤光片；3—单透镜；4—平面反射镜；5—壳体；6—陀螺；7—弹簧启动器；
8—横滚速率传感器；9—电路板；10—射流通道；11—探测器及前置放大器组合。

图 3-14　"铜斑蛇"炮弹激光导引头的结构

这是一种陀螺-光学耦合式的测量系统。来自目标反射的激光能量经整流罩 1 后穿过窄带光学滤光片 2，由单透镜 3 会聚，并由陀螺 6 稳定的平面反射镜 4 反射后，落在透镜后主点附近（稍离焦）的探测器 11 上。这种结构的光轴是不稳定的，但垂直于反射镜并通过探测器中心的测量轴线却是稳定的。由于这种结构只需稳定反射镜，因此，陀螺的结构简单，体积、质量都很小。虽然瞬时视场可能不大，但能达到大的动态视场（±12.5°）。在导引头壳体 5 上有旋转线圈、进动线圈、电锁线圈和补偿线圈 4 组线圈。旋转线圈和进动线圈配合转子上的环形磁铁，使陀螺旋转和进动，跟踪目标。电锁线圈和补偿线圈用于输出电锁信号和框架角信号。

"铜斑蛇"激光导引头是在炮弹飞行主弹道最高点处滚转控制（炮弹由旋转变为不旋转）开始后才开始工作。为使导引头陀螺快速启动，在导引头的后部装有弹簧启动器 7。

在导引头电子舱内有 8 块饼形电路板 9，用一条电缆连接起来。在电子舱的前壁上还固定有"超喷射"横滚速率传感器 8，电路板中央留有战斗部射流通道 10。

为了承受炮弹发射时的高过载，采用了负载转移结构。为了减小重力的影响，采用了重力补偿技术。

在"铜斑蛇"基础上改进的制导炮弹导引头结构，最大的改动在于采用了球形结构的气浮轴承,并取消了弹簧启动器。此外,采用反射镜取代了透镜加平面反射镜的光路,采用了数字化电路。

框架角信号可以采用光纤传感器或电磁传感器。这些导引头的光学系统为折射式,而探测器则与炮弹弹体固联。炮弹激光导引头的电路还能保证在激光目标指示器偶尔中断的情况下正常攻击目标,而在较长时间中断情况下使导引头重新转入搜索[22]。

激光导引头与红外导引头在电路上有许多相似的地方,在实现导引头自身对目标跟踪的同时给出视线角速度和框架角信号,实现对炮弹的控制。当然,随着弹目距离的改变,信号强度急剧变化,所以自动增益控制也是必不可少的。

捕获距离是制导炮弹激光导引头的重要参数,可以通过计算和试验来确定,一般不应小于 2 km。

3.3 激光主动寻的制导技术

3.3.1 激光主动寻的制导原理

激光主动寻的制导系统与半主动寻的制导系统不同的是激光发射与接收系统、光学系统均设置在弹上。弹上编码激光通过发射系统发射后照射目标,目标反射的激光能量由弹上光学系统会聚到激光四象限探测器上,经过探测器光电信号并处理后,得到目标偏离光轴的误差信号;该信号经变换后,产生跟踪指令,经功率放大后产生力矩加到陀螺仪框架轴上;陀螺仪进动使导引头光轴指向目标,直到光轴与目标视线重合为止。与此同时,位标器输出目标视线角速率信号给弹上计算机,产生控制信号,再由伺服机构动作,引导导弹飞向目标。

总体来说,激光主动寻的制导具有许多优点,可实现"发射后不管",大大提高了武器系统的生存力,这一特点与其他激光制导方式有着根本区别。

(1) 格斗能力强。激光主动导引头跟踪目标的实体而非尾焰排气流,可以全向发射导弹,实现近距格斗。

(2) 抗干扰能力强。激光主动导引头采用单脉冲模式工作,视场窄,利用主动脉冲编码技术,区分真伪目标,因此,它抗自然干扰、人为伪装干扰及有源干扰的能力强。

（3）目标识别能力强。激光主动导引头可以获得目标与环境无关的物理特征信息（目标速度、距离、多普勒频移，目标的振动特性、偏振效应、反射率），这些信息可用于目标识别。激光主动导引头角度分辨率、速度分辨率、距离分辨率高，具有三维成像识别能力。

（4）制导精度高。激光的波长比毫米波的短，单色性和相干性较好，光束束散角小，波束可以很窄，能量比毫米波集中，且无旁瓣引起的杂波影响，因此其角分辨力相当高，角跟踪精度比较高[23]。

对于具有成像功能的激光主动寻的制导武器鲜有报道，目前主要集中于激光成像技术的研究，激光成像技术分为扫描激光主动成像和非扫描激光主动成像两种。

1. 扫描型激光主动成像

扫描型激光主动成像技术发展较早，多应用于成像速率要求不高的系统中，有机械式扫描、声光扫描、光学相控阵扫描、二元光学扫描等。扫描成像具有扫描角度大、扫描速度快、机动灵活等优点，但同时具有成像速度慢、透过率低、耗能高等缺点。

扫描型激光主动成像系统关键是导引头，其工作原理如图 3-15 所示。

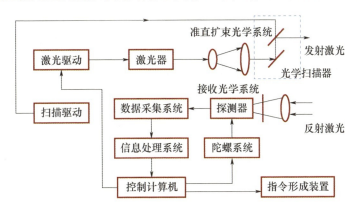

图 3-15 扫描型激光主动成像导引头工作原理

其工作原理：激光器发出光波，经过扩束光学系统后由二维光学扫描系统指向目标，从目标反射回的回波信号由接收光学系统聚焦到探测器（探测器位于接收光学系统的焦平面并装在自由陀螺的内环上），探测器的输出电信号经由高速数据采集卡送入信息处理系统，经距离解算生成目标的距离像和强度像，并提取出目标图像的形心坐标送入控制计算机。当目标图像的形心与光学系统的光轴重合时,控制计算机无信号输出;当目标图像的形心偏离于光学系统的光轴时,控制计算机形成俯仰和方位偏差信号,并送到陀螺装置的俯仰和方位进动电机,通过陀螺系统的进动使得光学系统的光轴与目标图像的形心逐渐重合,同时输出目标视线角速率信号送给指令形成装置,形成制导指令,引导导弹飞向目标[24]。二维扫描一般是借助声光、电光、光机及二元光学扫描器以光栅扫描的方式对目标所在区域进行扫描来实现的。

2. 非扫描型激光主动成像

非扫描型激光主动成像技术采用面阵探测器接收目标反射激光回波信号,具有成像帧频高、对运动目标无图像模糊问题等特点。目前,非扫描型激光成像技术主要有以下几种[25-26]。

1) 基于 APD 探测器的激光主动成像

由于 APD 面阵灵敏度高(甚至能达到单光子量级),基于 APD 面阵探测器组件的非扫描激光主动成像雷达具有成像距离远、系统结构简单及易于小型化等特点,是当今激光主动成像雷达的热点发展方向之一。该成像体制又可分为线性模式和盖革模式两种,即 APD 探测器线性模式雪崩光电二极管探测器(line-mode avalanche photodiode,LM-APD)和盖革模式雪崩光电二极管探测器(Geiger-mode avalanche photodiode,GM-APD)。

(1) 基于 LM-APD 阵列闪光激光雷达。基于 LM-APDs 阵列闪光激光雷达是典型的无扫描三维成像激光雷达,系统发射一个或多个脉冲,通过闪光成像的方式获得目标的三维图像。线性模式雪崩光电二极管探测器响应敏感度稍低于 GM-APD,当 APD 接收激光回波时,计数器停止计数,有序读出各像元中计数器的值,即可计算单点激光脉冲往返飞行时间。该 APD 可完成像元级的独立距离测量,也可得到目标强度像。

目前技术较为成熟的是 HgCdTe LM-APD。雷声公司于 2011 年研制出了 256×256 的 HgCdTe LM-APD 阵列,1550nm 波长的响应度为 15A/W,在 300K 工作温度下,增益可达到 100 以上,读出噪声较小,动态范围为 1bits,帧速能达到 30Hz,有效克服了探测器阵列光学串话问题,同时有效抑制了读出电路单元间的串扰[27]。但实测增益与理论值相差较大,原因在于工作温度过高,导致器件性能降低。因此该器件面临的技术问题是需要实时采取制冷措施来保证高增益的性能[28]。2012 年,法国 CEA-LETI 与以色列的 Sofradir 公司合作,基于 HgCdTe 的 LM-APD 研制了一种像素规模为 320×256 的探测器,经过测试,在 30 m 距离处的测距精度优于 11cm[29]。

2016年，Ball Aerospace公司为了满足美国航空航天局提出的空间任务要求，采用了具有更高像素的256×256 CMOS InGaAs PIN作为探测器，系统的功耗降低了1/4，尺寸减小了29%，但缺点是PIN管的灵敏度不高，作用距离受到限制[30]。

2011年，我国东南大学设计了LM-APD主/被动红外成像读出电路[31]，阵列的验证规模为64×64。2013年，重庆光电技术研究所设计并分析了64×64 AlGaN APD焦平面阵列的读出电路[32]，利用等效电路模型推导得到积分电容为70fF，放大增益可达到300。2014年，中国科学院上海技术物理研究所设计了一种用于门控激光成像雷达的制冷型数字化混成式HgCdTe LM-APD焦平面阵列的读出电路，其正常工作温度为77K，阵列规模为128×128[33]。

(2) 基于GM-APD阵列闪光激光雷达。基于GM-APD阵列闪光激光雷达利用GM-APD单光子计数的特性进行探测，因此又称为光子计数激光三维成像雷达，与基于LM-APD阵列的区别是对脉冲飞行时间进行统计测量[34]。盖革模式的雪崩光电二级管阵列探测器中的每个像元都集成了距离计数器。工作时像元接收目标反射回的激光回波，触发出电脉冲信号，关闭计数器。计算计数器数据，可得到目标点距离。APD工作在击穿电压之上，有非常高的倍增增益，其后续接收电路较简单。但是每个雪崩脉冲产生之后都有一个死区时间，在死区时间内，探测器无法再响应到来的光子。

2014年，美国Princeton Lightwave公司对规格为32×32和128×32的InGaAs GM-APD进行研究。探测单元直径为18μm，单光子响应率为32.5%，使用更宽带隙的InGaAs作为吸收层后，暗电计数率在253K温度下为5kHz，时间抖动大约为500ps，抖动误差主要来自于读出集成电路[35]。2012年，美国雷声公司研制了基于HgCdTe GM-APDs探测器的成像激光雷达，目前可做到256×256规格的阵列，主要应用于航天器导航和登月飞行器自主着陆[36]。

我国基于GM-APDs探测器的光子计数激光雷达研究起步较晚，探测器的发展水平较低。目前中国电子科技集团公司第四十四研究所研制出了规格为32×32的InGaAs GM-APD探测器阵列[37]，哈尔滨工业大学利用该器件搭建了激光成像系统并对720m和1.1km处的建筑进行成像，获得了目标表面结构的距离成像，但并未给出测距精度，成像效果并不理想[38]。

2) 基于偏振调制的激光主动成像

基于偏振调制的三维激光成像是利用晶体的电光效应，改变反射光波的偏振态,通过比较反射回波在两个相互垂直的偏振方向上信号的差异来获得时间信息,从而获取目标的距离值。该成像技术是利用目标反射光和激光后向散射光的不同偏振特性来改善成像的分辨。当激光器发出水平偏振光,而探测器前的线偏振器为垂直偏振方向时,接收的目标反射光能量远大于激光光源的散射光能量,对比度最大,成像清晰。

美国空军成立的 LIMARS 项目提出一种基于偏振调制的三维成像激光雷达,该系统是采用两个相机进行接收的[39]。美国国防部高级研究计划局(Defense Advanced Research Projects Agency,DARPA)和美国 TETRAVUE 公司将该技术成功实现,DARPA 分别对卡车和坦克进行三维成像。

2014 年,我国航天工程大学开始对该体制相关理论进行深入研究,分析了两种基于偏振调制的高分辨激光雷达系统,经过仿真分析,两个系统具有相同的测距精度,能达毫米量级[40],使用偏振分光棱镜和两个 CCD 的系统具有更高图像分辨率的优势。随后,该团队进一步研究了发射信号形态对测距精度的影响,对提高偏振调制激光三维成像雷达的测距精度有重要意义。

中国科学院光电技术研究所采用锯齿波调制函数对 1km 远的建筑进行成像试验[41],提出了适用于该体制的自适应距离选通测距方法,并在后期的图像配准算法上做出了改进。

3)基于条纹管的激光主动成像

条纹管激光成像雷达(streak tube imaging lildar,STIL)系统是将脉冲飞行时间转换为荧光屏上条纹的相对距离。采用脉冲激光器,回光经过光学天线聚焦到条纹管上,光电子在荧光屏上形成条纹像,由 CCD 采集。其测距精度能达厘米量级。条纹管又可分为单缝和多缝。单缝是线性阵列探测器,需要一维扫描整个场景,多用于机载系统;多缝更有利于无扫描三维成像,但缺点是成像面积少、精度较低。该成像体制的关键技术是多狭缝条纹管的设计以及光纤耦合技术或阵列透镜设计技术。条纹管可利用激光的高重频,使 CCD 阵列上每一单元积累较多的脉冲数,继而可读出改善信噪比后的像信号。条纹管可实现面阵探测,具有很高的时间分辨能力。

条纹管激光成像雷达最早由 Knight 等[42]于 1989 年研制,并成功获得目标物体 16 像素×16 像素的三维像。1997 年 6 月美国军方开展了导弹目标自主追踪与识别多狭缝条纹管激光成像雷达研发项目,项目由美国阿雷特联营公司负责,2000 年公开的第一阶段的成果为 60m、1000m 处目标三维像[43],并成功合成目标四维信息像(三维+强度),第二阶段的研究计划为实时动态追踪与识别目标。Nevis 等开展了条纹管激光成像雷达的水下三维目标信息获取研究[44]，美国海军随后将条纹管激光成像雷达作为类似水雷物体的探测器。

条纹管激光成像雷达研究在我国起步较晚，2005 年开始，我国研究机构面向应用，进行了大视场、高帧频、闪烁式条纹管激光雷达研究，孙剑峰等[45]采用 532 nm YAU 激光器、20mJ 的单脉冲能量，实现了 45°大视场成像，完成 1km 距离的静态场景成像，远距离目标的距离分辨率达到 0.5m，也进行了水下探测成像研究，最大探测深度可达 1m，此项技术可用于潜艇和水雷达的探测[46]。Yang 等把条纹管激光成像雷达分解成串联的成像单元，建立了传递函数以及噪声理论模型[47-48]。赵文等进行了理论和实验研究[49]，应用参数估计法得出了条纹管激光雷达的距离分辨率计算公式，得出通过提高回波信噪比和扫描速度可以提高距离分辨率的结论。惠丹丹等设计出一种小型的、具有大探测面积的非扫描式激光雷达专用条纹管[50]。

4）基于调频连续波（FMCW）的激光主动成像

该成像体制是利用射频副载波信号对激光光源进行频率调制，同时调频信号作为本振信号加在自混频探测器上，与目标回波一起进行光电变换和混频。两个信号存在频率差，目标越远，混频后的频率差越大，通过测量频率差信号就可求得目标的距离。该成像体制的关键技术是大面阵自混频器件的设计。

1996 年，美国陆军实验室（Army Research Laboratory，ARL）提出"FMCW 三维成像激光雷达"[51]，单点测距在 10m 处精度能达到 0.25mm。2007 年，该机构研制出了 FOPEN 三维成像激光雷达样机。

2000 年，ARL 对 ICCD、量子阱电光调制器（quantum well electro-optics，QWEO）、电压调制光电器件（voltage-vlodulated optical detector，VMOD）、金属半导体金属探测器（metal semicon-ductor-metal，MSM）和电子轰击有源像素传感器（electron bombarded active pixel sensor，EBAPS）光电混频接收性能进行研究[52]。2006 年，ARL 利用美国 Intevac 公司生产的 EBAPS 搭建试验系统，采用像素捆绑技术，降低分辨率来提高成像帧速，对距离为 35m 的悍马军车进行成像，空间分辨率为 128×128，成像帧速能达到 37 帧/s[53]。同年，ARL 根据光子计数测距原理提出了基于 GM-APD 完成测距的方案，设计了基于电混频和光电混频两种解调模式的系统，并进行了仿真分析[54]。由于当时 GM-APD 处于研发阶段，因此 ARL 并未开展成像试验。

我国对该体制的研究工作主要集中在信号处理和算法方面。2011年，哈尔滨工业大学张子静等沿着ARL的思路，以GM-APD为接收端探测器进行了理论研究和仿真分析[55]，采用不同的算法提取遮蔽目标信息，2013年，又基于GM-APD探测器提出了一种预混频的方法[56]，提高了系统的信号带宽，并且消除了探测器死区时间的影响。2014年，航天工程大学杜小平团队针对相对运动和信息延迟造成的偏差提出了基于偏差抵消原理的距离和速度信息提取方法[57]。

我国微光技术起步较晚，像增强器主要通过引进仿制，价格昂贵。国外已经研制出高性能四代像增强管，我国已经研制出了第三代像增强型CCD（ICCD）的样品，其光电阴极灵敏度基本达到国外水准，技术瓶颈在于中继元件耦合问题[58]，器件的稳定性和可靠性方面不足[59]。QWEO的量子阱结构生长较为复杂，技术难度高，目前国际上只有西方少数国家能够实现大面阵器件[60]。2011年，中国科学院西安光学精密机械研究所根据ARL提出的理论研制出了响应度较高的32×32 GaAs MSM阵列芯片，但暗电流更大，稳定性差，有待进一步优化[61]。国内宋德博士等正在开展对P型基底均匀掺杂条件下EBAPS电荷收集效率的模拟研究，处于理论研究和模拟仿真阶段[62]，未见其产品的相关报道。对于GM-AP-Ds阵列，国内资料显示目前中国电子科技集团公司第四十四研究所研制出了32×32的InGaAsGM-APD探测器阵列，其性能与国外差距较大[38]。其他研究团队目前开展理论研究和仿真分析，还未研制出相关样品。

5）基于距离选通的激光主动成像

基于距离选通的激光主动成像体制通过控制激光脉冲波门的延迟时间，实现对目标进行不同距离的切片成像。既可得到距离像，也可获得强度像。后续通过三维重建技术，将得到的一系列二维切片合成三维图像。波门延迟时间决定成像距离，波门宽度决定成像景深。该成像体制的关键技术主要有光电成像探测器的设计，高精度波门延时控制系统设计和数据处理技术。该成像体制成像较慢，但是能够有效抑制后向散射，且有较高的距离分辨率。

国外许多国家在该技术研究上取得显著成就，例如美国[63]、俄罗斯[64]、法国[65-66]已经研制出相关设备并投入实际应用。目前国内如航天工程大学[67-68]、中国科学院半导体所[69-70]等多家单位正在开展相关研究，取得了一定研究成果。

2016年，航天工程大学搭建了基于ICCD的距离选通试验系统，提出了一种基于像质评价的互信息配准算法来匹配激光图像目标的空间位置[68]，实验结果表明，该方法有效配准激光图像，大大降低了对运动目标三维成像的难度。

2017 年，华中科技大学提出了一种用于长距离水下线状目标检测算法[71]，通过对比度拉升、中值滤波、小波变换、Canny 边缘检测算子、参数估计等处理，计算目标位置信息。实验结果表明，利用该算法检测率可达 93%，有效检测距离增大。

6) 不同体制成像激光雷达性能的比较[72]

基于 LM-APD 阵列的闪光激光雷达具有测距精度高、成像速度快、能对运动目标无失真成像、抗环境干扰能力强等优点。但也存在以下几个问题：脉冲激光的峰值功率较高，在近距离探测时容易造成 LM-APD 探测单元饱和甚至损坏；高精度的时间测量对信号的采样、信号传输和处理带宽要求较高；目前 LM-APD 阵列规格较小，限制了三维图像的分辨率；探测器阵列集成度要求高、制作工艺复杂，器件成本高。

光子计数三维成像激光雷达具有单光子探测的特点，灵敏度极高，使用小功率激光器就能实现超远距离成像，降低了对激光器功率和探测器口径的要求，适用于对器件体积有较大限制的实际应用；其输出的是数字电平信号，不需要宽带模拟处理电路；基于统计特性的图像处理方法有效克服了环境等噪声干扰，提高了信噪比。光子计数三维成像体制同时存在以下问题：需要多次累计探测，增大了数据处理量，严重影响成像速度，对运动目标成像存在失真问题；探测器灵敏度极高，使探测器容易饱和甚至损坏，大动态范围成像效果较差；目前 GM-APD 焦平面阵列与 LM-APD 阵列存在同样的问题，并且该器件抗人为干扰的能力较弱。

基于偏振调制的成像激光雷达对运动目标探测无失真；两个偏振方向的强度比值消除了目标折射率对测距精度的影响；在对反射回波信号的处理中，只有一次"光-电"转换，减小了信号衰减，提高了回波能量利用率。该系统存在以下问题：对于成像体制而言，必须通过两幅图像来消除目标反射率的影响。对于中国科学院提出的方案而言[41]，EMCCD 自身在强背景光条件下所成的图像存在拖尾效应；该体制也存在双相机问题；KDP 晶体的调制电压近千伏，功耗较大，同时晶体视场角较小，成像效果易受入射角度、工作温度等影响。

条纹管激光成像雷达具有探测距离远、距离分辨率高、大视场、成像速度快、抗干扰能力强等特点，并且条纹管技术比较成熟。该体制存在的问题是：整个系统存在多次光-电转换过程，能量损耗大，利用率低；条纹管体积较大，结构复杂，驱动电压近千伏，增加了系统功耗，内部噪声大，严重影响成像质量；荧光屏上的条纹光强普遍较弱，同时存在中间强、边缘暗的现象，易造成测距误差。

FMCW 三维成像激光雷达将时间信息加载到频率上，抗干扰能力强；中频信号经带宽压缩后仅为千赫兹，减轻了信号处理负担；理论上不存在测距盲区和距离模糊问题；连续波激光功率小，回波不易使探测器饱和；测距精度高，近距离时能到达毫米量级。该体制存在以下问题：需要对激光器进行超宽带信号调制；光电混频探测器目前处于技术瓶颈期，已有的器件成本较高，且存在技术短板；解算距离需要进行 FFT 运算，影响成像实时性。

距离选通激光三维成像技术的显著优点是有效克服大气后向散射和背景干扰，增强系统环境适应能力。该技术也存在短板：实际应用中必须借助其他方式获得先验知识，才能进行选通成像；测量精度与时间切片的数量成正比，精度越高，切片数量越多，成像速度就越慢，不适合实时性较高的应用场合。

3.3.2 激光主动制导技术

现代精确制导武器要求导引头具有较高性能，以适应复杂的实战场合，要求导引头作用距离远、跟踪精度高、识别能力强。为此，必须解决以下关键技术[73]。

1. 高灵敏探测接收技术

采用相干外差探测，大大提高了探测灵敏度，因此激光发射光功率可以减少，相应其体积质量大大减小，为研制低噪声微型激光器提供了可能。相干探测用了多普勒频率补偿技术，消除弹目相对运动的影响。发展宽带高密度面阵探测器和 CCD 高速面阵读出技术。用 DRO 方式读出，实现目标信号快速读取。

2. 抗干扰技术

弹内导引头收发杂散光的隔离，电光单向传输隔离器的结构复杂和控制困难，未被采用，而是用了脉冲距离选通技术，直接由电子技术实现收发隔离。时变增益控制技术很好地抑制了大气后向散射杂波干扰。采用脉冲主动应答式编码解码技术和距离选通技术，有效地对抗人为有源干扰机。而伪目标的识别以及多目标的识别，则采用了激光主动成像或准三维成像识别技术来实现[74]。

3. 收发跟踪同步控制技术

发射激光器固联在导弹本体上,设计了特殊光机结构,发射光束通过陀螺万向支架轴和反射镜,实现与接收反射镜耦合。发射光线与陀螺轴随动,接收共用主反射镜,实现了收发同同步跟踪。这样一物多用,既减少了位标器质量,又降低了同步跟踪控制的复杂程度,具有较高性价比。

4. 高速脉冲信息处理技术

开发数字信号处理器或分布式微型机阵列用以处理多种信息,满足精密测距和测速、测角和测角速度,以及成像识别、成像跟踪和瞄准点选择的高速大容量信息处理。例如,对于1m距离分辨率,相应时间差约为6.6ns,要求通道带宽约150MHz,则最低取样率300MHz。对于一帧30像素×30像素的面阵,读出取样率达到2.7×10^{11}点/s。用到了分区面积采样和DRO读取两种办法,解决距离处理难题,先根据对比度确定目标存在的小区域,然后用DRO方式高速采样。

3.3.3 激光主动导引头

1. 激光主动导引头的组成

单脉冲体制激光主动导引头主要由激光选通接收机系统、光学系统、脉冲编码激光发射机系统、信息处理系统、截获系统、陀螺及跟踪伺服系统和弹载电源系统组成,其基本组成一般如图3-16所示。

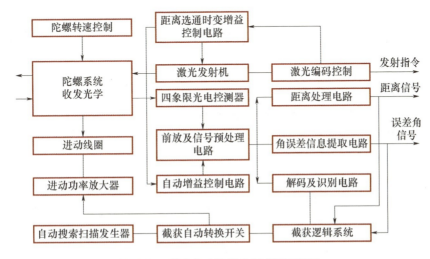

图3-16 激光主动导引头组成原理框图

2. 机载激光主动制导导弹的目标截获

发射前，目标截获是在载机火控雷达搜索并锁定目标后，雷达使激光导引头位标器的光轴对准目标，位标器与雷达随动。机上截获程序控制指令送入激光发射编码控制电路开启激光器，发射编码激光，导引头按载机截获程序围绕雷达指示的瞄准线进行扫描搜索。激光接收机接收目标反射激光能量，经过 4 象限光电探测器和预处理后，送到信息处理系统进行解码识别、距离识别和阈值判定，当判别是要攻击的目标信号时，截获逻辑系统发出捕获指令，位标器即自动截获目标，并自动跟踪该目标。位标器同时自动脱离雷达随动。这时飞行员得到目标截获信号，可以发射导弹。

3. 激光主动制导导弹的目标跟踪及其比例制导规律的实现

弹上编码激光照射目标，反射激光能量由光学系统会聚到激光探测器上，探测器输出的光电信号经处理后得到含有目标偏离位标器瞬时视场的误差信号，该信号被进一步处理，产生跟踪指令信号，经功率放大器放大后，加到陀螺系统的进动线圈，产生的力矩加到陀螺框架轴上，陀螺进动使位标器光轴指向目标，直到光轴与目标视线重合为止[75]。同时位标器输出目标视线角速率信号给制导计算机，操纵制导伺服机构，使导弹产生横向加速度，将导弹导向目标。位标器跟踪目标时，跟踪指令是与视线转动速率成比例的。此外，导弹转动速率与横向加速度成比例，横向加速度又与操纵指令成比例，从而在激光主动制导导弹上实现了比例制导规律，即导弹转动速率与视线转动速率成正比。

4. 激光主动导引头的成像方法

CO_2 相干激光主动导引头成像系统原理如图 3-17 所示。

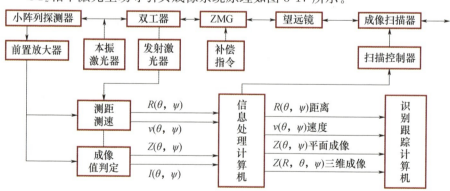

图 3-17　CO_2 相干激光主动导引头成像系统原理图

激光主动导引头成像系统包括发射激光器、本振激光器、光学系统、成像扫描器、阵列探测器和信息处理计算机。探测器为 5×5 面阵光伏 HgCdTe 器件。双工器用作发射和接收分束。激光发射器采用 TEA-CO_2 激光器。本振激光器为波导 CO_2 激光器。成像扫描选用旋转棱镜方恒速光栅型扫描。探测器面阵由 CCD 电子寻址自扫描,与成像扫描器同步,具有边跟踪边扫描的能力。激光主动扫描与探测器面阵自扫描相结合,既满足较大视场扫描,又满足导引头高分辨率的要求。采用收发共用光学系统和共用成像扫描器,以减小质量和体积。

激光主动导引头成像原理如下:激光发射器发射脉冲激光,经双工器对目标所在区域进行扫描,目标反射光返回成像运动补偿器 ZMG,经过补偿后,由双工器到探测器与本振光束混频,则输出中频光电信号,经前置放大器后再与成像值进行比较,若大于阈值,则输出 1,否则,输出 0,得到一个光束视场的图像。接着发射第二个脉冲,重复上述工作,最后得到一帧图像。该图像为"三值"图像。每个激光束宽均对应于探测器全视场,由 5×5 个探测器单元组成。一帧图像由 6×6 个激光束宽组成,因此每帧图像有 30×30 个像元。每个像元对应瞬时视场为 20″,即一个分辨点。搜索视场由 3×3 帧图像组成,即 90×90 个像元。

激光成像制导技术相对于其他制导技术的最大优势在于可以获得十分丰富的目标信息。利用激光成像雷达能够获得的目标的强度像、目标上各像元的距离信息、三维几何信息以及目标的特性数据。

3.4　激光驾束制导技术

与"寻的式"激光制导不同,驾束式激光制导属于"视线式"制导范畴,目前主要用于地面防空和地对地作战。无论是型号品种或装备的数量,驾束式都不如"半主动式"激光制导武器多。

3.4.1　激光驾束制导原理

图 3-18 所示为激光驾束制导作战示意图。其基本工作原理是:利用光学系统瞄准目标,形成瞄准线并把它作为坐标基准线;光束投射器则不断向目标(或预测的前置点)发射经过调制编码的激光束,调制使光束在横截面内的强度

分布成为瞄准点在该面上所处方位的函数；导弹沿瞄准线（瞄准镜入瞳中心与目标的连线）发射并被笼罩于编码激光束中，弹尾的激光接收机从上述调制光束感知弹相对于光束中心线的方位，经过弹上计算机解算和电信号处理，变成修正飞行方向的控制信号，使弹沿着瞄准线飞行。因为瞄准线（与激光束的中心线重合）一直指向目标，所以导弹总趋于沿瞄准线前进。一旦偏离，则弹上产生误差信号控制舵翼进行修正。目标运动时，只要瞄准具保持对目标的精确跟踪，调制激光束就"咬"住它不放，导弹就能击中目标。整个制导过程都需要操作人员控制，因此激光驾束制导属于人在回路的制导方式。

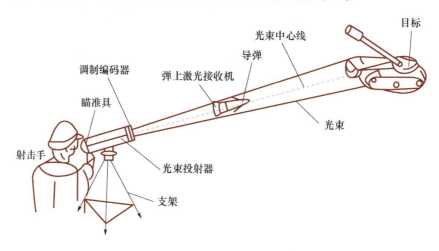

图 3-18　激光驾束制导作战示意图

根据激光驾束制导的工作原理可知，激光驾束制导具有以下优点[76]：

（1）结构简单，操作方便。激光驾束制导只需要一个信息传输通道，而且是单向的，也就是只需要弹上的接收机接收激光编码信号就可以完成制导，弹上设备和制导系统结构简单，适用于多种武器平台的装备。

（2）抗干扰能力强。主要指两方面的干扰：一是光电干扰，因为激光接收机在弹尾，接收来自地面制导系统发射的调制编码信号，与弹前方无关，同时，一般的战场干扰与地面系统发射的信号性质不同，基本不会有作用；二是地面自然物干扰，由于激光的单色性好，输出功率不高，因此地面的散射光很难形成干扰。

（3）制导精度高和作用距离远。目前的激光驾束制导采用的光源，多数对大气烟雾穿透力极强，在能见度较好条件下，作用距离可以达到十几千米，即使在阴霾、沙尘、硝烟弥漫等恶劣的条件下，作用距离和制导精度还是能够满足使用要求的。

（4）适应性强、机动性能好。与其他制导系统相比，它的体积、质量成倍下降。

（5）隐蔽性能好、生存能力强。由于激光驾束制导采用的激光为不可见的近红外光，不易被敌方发现，并在制导系统中加入防敌方激光滤光片，防止激光致盲，确保我方射手安全。

（6）摆脱了带"线"控制导弹的方式。这样避免了障碍物使导线缠绕、飞行中断线等带来的困扰，提高导弹飞行速度，不受战场实际条件的约束。

3.4.2 激光驾束制导系统

1. 激光驾束制导系统的组成

根据激光驾束制导系统的工作原理可知，激光驾束制导具有瞄准与跟踪、激光发射与编码、弹上接收与译码、角误差指令形成与控制等四大功能，因此，激光驾束制导系统由跟踪与瞄准具、激光束投射器、弹上激光接收机、导弹及发射机构等部分组成。其中，激光束投射器主要包括激光器、光束调制编码器和激光投射系统[77]。

1）激光器

在激光制导武器中用什么激光器是至关重要的。早期的或射程短的导弹大多采用波长为 $0.9\mu m$ 左右的半导体激光器。其特点是轻、小、可靠，但大气穿透性差。最近在射程较远的导弹上都改用波长为 $10.6\mu m$ 的 CO_2 激光器。研究表明，不管是脉冲还是连续的，当用冷却的 HgCdTe 做接收元件时，6km 的作用距离，只需要 10W 的平均功率；当用非制冷的热释电探测器时，则需 100W 的平均功率，也有人研究将 $1.06\mu m$ 的 Nd^{3+}：YAG 激光器、CO_2 激光器以及 He-Ne 激光器用于激光驾束制导。RBS-70 和"马帕斯"导弹用的是半导体激光器。而第三代反坦克导弹"崔格特"（TRIGAT）则采用 CO_2 激光器。

2）激光束调制编码器

光学调制编码器是激光驾束制导的核心，是作战过程中赋予导弹方位信息的主要手段。

与任何电磁波一样，激光辐射的特征可以用波长、相位、振幅或强度、偏振 4 个参数来表示。频率或波长涉及激光器的选择问题，已在前面讨论过了。光频或光相位实现空间调制编码较为困难，所以主要利用光束强度和偏振来编码。要把光束强度变为含有方位信息的光束有许多办法，总称为空间强度调制编码。具体地说，就是用不同的调制频率、相位、脉冲宽度、脉冲间隔等参数来实现编码。

若要把光的偏振用于驾束制导，则需运用空间偏振编码技术来实现。偏振不但能在光束中给出方位信息，还能给出导弹的滚转基准。

在调制编码中，也可考虑同时用光的强度和偏振来给出所需的信息。实现空间编码的方法可以是光-机调制、电-光调制、声-光调制和斯塔克效应调制等。现从大量的方案中归纳一些有代表性的技术，并挑选出几个例子，如图 3-19 所示。

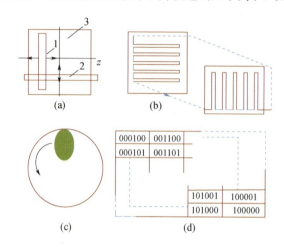

1、2—条形光束；3—同步信号，同时表示视场。

图 3-19　光束空间编码方案

(a) 条束编码；(b) 飞点扫描；(c) 相位调制；(d) 空间数字调频编码。

(1) 条束编码。如图 3-19 (a) 所示，在垂直于瞄准线的平面内，有断面为条形的光束 1、2 交替地扫过视场，当条束扫过 $y=z=0$ 坐标位置时，发射同步信号光束 3（正方形光斑）。当导弹处于光束横截面的不同位置时，弹尾激光接收机探测到条形扫描光束的时刻不同，将其与同步基准信号比较，即得到导弹相对光束中心线的方位信息，据此可提取误差信号形成制导指令，控制导弹飞行。瑞典的 RBS-70 防空导弹就属于这一类。

(2) 飞点扫描。如图 3-19 (b) 所示，采用一条细光束在垂直视线的平面上投出一个"点"，按光栅状对同一视场进行水平和垂直扫描。在投射光束的横截面上都可探测到由扫描光束形成的小光斑，依据弹上接收机探测到该光斑的时刻，可以提取导弹相对瞄准线的方位信息。这种方式光功率集中，扫描速率偏差要求不严格，视场容易控制。由于光束在同一扫描线上往返一次，因此，可不用基准信号。这类扫描还有圆锥扫描、螺旋扫描、玫瑰花扫描等方式。

(3) 相位调制。这一类调制方法很多，基本上是利用空间相位和脉冲宽度的分布来提取导弹相对瞄准线的方位信息。图 3-19 (c) 所示为一个有代表性的调制盘图案。它要利用具有一定透光图案的调制盘旋转提供光束横截面内的方位信息。以色列的"马帕斯"反坦克导弹就属于这一类。

(4) 调频调制。用一个轮辐式调制盘做章动运动，对发射光束进行调制，并给出相应的同步信号，于是，导弹在光束中得到调频信号，与基准同步信号比较后得到误差信号。美国曾用"龙"式反坦克导弹试验过这种方案。

(5) 空间数字调频编码。这种编码能使光束在垂直视线平面内不同部位有不同的频率，而且是数字化的。它可以用调制盘，也可以用压电晶体或光纤传输拼凑等办法来实现，使得当导弹处于横截面的不同位置时，弹上接收机所探测的数字信号不相同，这种数字信号表示了不同的方位信息。图 3-19 (d) 所示为空间数字信号的分布形式。

(6) 空间偏振编码。采用光电调制器使光束在空间偏振态不同，例如在中心线上为线偏振光，在两边为圆偏振光，而其间为不同偏心率的椭圆偏振光。当方位与俯仰采用不同频率时，则可在弹上用一个探测元件和处理器测出导弹在光束中的位置。

(7) 斯塔克效应调制。在使用 CO_2 激光器特别是 $C^{13}O_2$ 激光器作为驾束制导的光源时，可以用斯塔克效应进行调制。放到激光束的氖化氨（NH_2O）斯塔克盒的透过率与外加电场的电压在某一偏压附近成线性斯塔克效应。对外电场进行编码，即同时实现了对激光束的调制。典型的调制电压为交流 50V、20～25kHz，典型的偏压为直流 500～1000V。

3) 激光投射系统

为了在导弹发射的初始段容易用光束套住导弹，要求光束有较大的束散角。而在导弹飞向目标的过程中为保持导弹上的接收系统接收到足够的能量和减小弹上接收机的动态范围，同时用最小的激光发射功率，以减少被敌方早期发现的可能，又需要光束的角度随着导弹的前进而减小，以保证在导弹处的光束直径为一恒定尺寸。这样就需要一套按导弹飞行距离编程的可调焦光学系统，甚至还要附加一套大视场系统。实际的光束投射系统大多数采用连续可调焦系统。

一般的光束投射系统都与瞄准具结合在一起，此外还要与飞行高度、角速度信号的预置、重力补偿以及攻击多目标等功能相协调。

上述的每种编码方法都对应着一种系统，下面列举两个例子说明。

(1) 条束扫描的激光投射器，如图 3-20 所示。

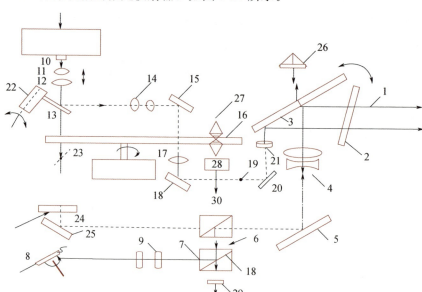

1—目标景象；2—窗口；3—陀螺稳定反射镜；4—物镜；5、15、18、20、25—反射镜；
6—棱镜；7—分划板；8—射手；9—目镜；10、27—光源；11、12—透镜组；13—可动反射镜；
14、17、21—透镜；16—码盘；19、23—像点；22—开关；24—校准片；26—角隅棱镜；
28—接收器；29—探测器；30—分光膜。

图 3-20　条束扫描的激光投射器

如图 3-20 所示，来自目标的景象（与 1 反向）进入窗口 2，由陀螺稳定反射镜 3 反射，经物镜 4、反射镜 5、棱镜 6 成像在分划板 7 上。射手 8 可通过目镜 9 进行观瞄，光源 10（例如半导体激光器阵列）发出的光用透镜组 11、12 准直后射至可动反射镜 13，经透镜 14 和反射镜 15 到达码盘 16，编码后的光束经透镜 17 和反射镜 18 后成像于像点 19，再由反射镜 20 和透镜 21 将像点 19 的像经陀螺稳定反射镜 3、窗口 2 投向空间。透镜组 11、12 可调焦，用以改变射出光线的束散角。当导弹远离发射器时，透镜 11 向光源 10 靠拢，这样一方面使束散角减小，另一方面增加了光束能量。这一活动不影响视轴瞄准，故称为准调焦。当导弹飞出（例如 400m）以后，开关 22 将反射镜 13 从光路中转开，这时光源 10 被码盘 16 的另一边编码成像于像点 23，经校准片 24 和反射镜 25 后进入瞄准光学系统形成窄光束，该光束经分光膜 30、反射镜 5、透镜 4、陀螺稳定反射镜 3 和窗口 2 射向空间。校准片 24 由在分划板相应处的探测器 29 接收角隅棱镜 26 返回的信号控制，实现射出光束的俯仰校准。方位校准则由光源 10 来实现。系统的同步信号由光源 27 产生，被码盘 16 调制后由接收器 28 接收，并经处理后加到控制电路和光源上去。

（2）带信标的激光驾束系统，如图 3-21 所示。传统的激光驾束系统，要在任何情况下保证瞄准轴与光束轴重合是困难的，这将影响系统的精度。图 3-21 所示的系统力图解决这个问题。图中虚线方框内为弹上设备，其余为弹外设备。地面设备包括产生激光的投射器、可调焦透镜和空间编码器。空间编码器允许导弹决定它相对于光束中心或零码区的相对位置。导弹将接收上、下、左、右的信号。

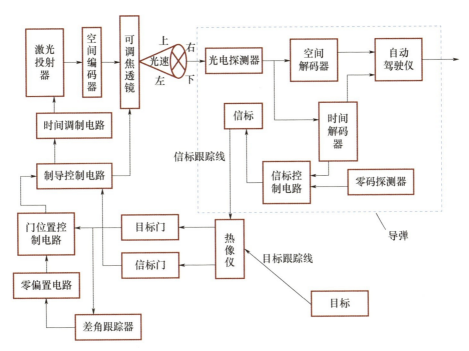

图 3-21　带信标的激光驾束系统

为了探测来自投射器的光束，在导弹尾部装有光电探测器，通过空间解码器和时间解码器与导弹的自动驾驶仪相连。空间解码器给自动驾驶仪适当的校正信号，使自动驾驶仪能调整导弹的飞行路线。时间解码器用来在导弹通过零码区域时打开导弹的信标，起到系统校准作用。当导弹上的信标工作时，它的信号为地面站的热像仪所接收，以便从热像仪上找出导弹所在的位置。信标有一个信标控制电路，它与时间解码器和零码探测器相连。当导弹位于光束中心之外时，时间解码器给出一个信号，送到信标控制电路，使信标停止工作；当导弹位于光束中心时，零码探测器给出一个信号，使信标控制电路引起信标发出信号。

为了使导弹与目标位置一致，跟踪器包括一个热像仪，它沿目标跟踪线接收来自目标的热辐射。当信标工作时，导弹的信标信号被热像仪沿信标跟踪线所接收。为了区别来自背景辐射的目标，热像仪与一个目标门相连；为了从背景辐射中区别导弹和它的信标，热像仪与一个信标门相连。

为决定目标跟踪线和信标跟踪线之间的角偏差，将目标门和信标门的输出送到差角跟踪器。差角跟踪器的输出送到零偏置电路，以调整零码中心与视轴间的夹角。零偏置电路的输出送到门位置控制电路，它给出校正信号，使导弹沿光束的中心飞行。制导控制电路用门位置控制电路的输出调节可调焦透镜的焦距，并通过时间调制电路去激励激光投射器。

3.5 激光指令制导

激光指令制导具有视线指令制导的全部特点。控制指令形成在制导站，因此可以采用较为复杂的算法，而弹上制导系统可以较为简单，一方面降低了导弹成本，另一方面，有利于提高制导精度。采用激光指令，较有线指令传输，具有可靠性高、导弹飞行速度、机动性可以大大提高的优点，较无线电指令传输，具有方向性强、设备体积重量小、抗干扰能力强等优点[8]。

3.5.1 激光指令制导原理

某型车载反坦克导弹为激光指令制导的典型代表。下面以该型反坦克导弹为例介绍激光指令制导系统的工作原理，其制导原理图如图3-22所示。

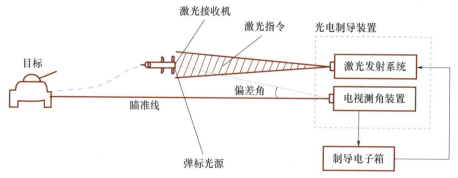

图3-22 某型车载反坦克导弹制导原理图

整个制导过程包括电视测角和激光传输指令两部分。地面武器系统用光学瞄准系统瞄准并跟踪目标,同时飞行中的导弹也在其视场内,通过电视测角装置检测并解算出导弹偏离瞄准线的角度偏差,将此信号传送给制导电子箱;制导电子箱将其角偏差信息编制成具有一定检错和纠错能力的信道编码指令,输送到激光发射系统;激光发射系统的调制器将其信道编码编制成具有一定抗干扰能力的数字编码信息,用该编码信息触发激光驱动电路,使半导体激光器发射出与该信息相对应的激光脉冲串。激光脉冲通过光学天线按所要求的视场发射出去,经过大气通道,传送到高速飞行导弹弹尾的激光接收机上,接收机将接收到的激光信息波经光-电转换、微弱信号放大、解调等电路,将其还原成信道编码指令,并输送给解码器,变为角度偏差,以此控制导弹飞向目标并准确击中目标。

与有线制导相比,激光传输指令系统去掉了导弹尾部的线,使得导弹的射程、飞行速度得到了提高,同时继承了光纤通信的绝大部分优点。激光的主要缺点是其波长较短,大气对其信号的吸收和散射较强,因而大气穿透能力较差,其性能对气候甚为敏感。当大气中有雨、尘埃、雾、霾等因素影响时,会严重降低激光信号的性能。

3.5.2 激光发射机

激光发射机的功能是把制导电子箱给出的编码指令转变成激光脉冲发射出去。某型车载反坦克导弹激光发射机主要由 4 筒激光发射组件、激光电子舱两部分组成。

为有效提高光功率密度,系统采用了多光路在空间耦合技术,该技术要使多光束在时间上严格同步,在空间上要相互叠加。这样,激光束的总功率密度与输出光路数应成比例地增加。根据导弹飞行段出现的烟喷射与时间关系的情况,系统采用了 4 路激光发射,其中包括固定大视场、固定小视场和双变焦视场。导弹飞行 0~3.2s,固定大视场和双变焦 3 路激光同时发射;导弹飞行 3.2~25s,固定小视场和双变焦同时工作,并且在 3.2s 时要求大视场和固定小视场切换。这就要求在结构上要有 4 个相关的光轴,外加一个带动变焦组运动的螺旋传动轴,这 5 条轴在安装时要保证平行。

激光电子舱主要包括调制器电路、激励器电路等。调制器电路将制导电子箱给出的编码指令进行调制,形成确定的码型结构,保证数据发送和接收的一致性。半导体激光器是依靠激励器激励而工作的。其特点是通过调节激励的电流大小来调整输出的光功率。由于半导体激光器是一只二极管,因此激励器的工作负载是二极管伏-安特性的负载。激励器电路主要包括功放模块和 DC-DC 变换器。其中功率放大电路模块是激励器的核心部分,其主要功能是将调制器输出信号进行处理,并将处理后的脉冲信号功率放大,用放大的电流脉冲激励半导体激光器。

3.5.3 激光接收机

激光接收机是激光指令制导导弹上的重要部件,其功能是接收激光发射机发出的编码脉冲信号,经过光学系统、光电转换、小信号放大及解调器解调,将编码脉冲还原为解码器所需的制导指令信号,输出给解码器,完成武器系统制导指令信号在空中的无线传输。

某型车载反坦克导弹的激光接收机由光学系统、光电探测器、小信号放大器、解调器四部分组成。光学系统主要包括干涉滤光镜和聚光物镜。当导弹处在激光发射视场内时,首先由干涉滤光镜进行滤波,然后由聚光物镜将视场内的编码激光脉冲汇聚到探测器上。探测器是光电转换部件,它将激光信号转换为电信号。对探测器的要求是对于确定波段的响应度要高,并相应地降低其噪声暗电流,从而提高探测器的接收能力。激光信号由光学系统接收后经探测器将其转换成电信号,因为在大气传输中的衰减,使它的强度减弱,需经放大电路放大,并使电脉冲信号幅度大于门限电平。解调器电路主要由相关处理电路和窄带数字锁相环电路组成,其功能是排除干扰,识别调制脉冲编码。

3.6 激光制导技术发展趋势

3.6.1 激光半主动制导技术应用与发展趋势

1. 激光半主动制导技术应用

激光半主动制导技术目前主要应用于激光制导导弹、炸弹和炮弹[20,77-78]。

(1) 激光半主动制导导弹主要有空地导弹、防空导弹及反坦克导弹。目前,最著名的激光半主动寻的制导导弹即美国的"海尔法"导弹(图 3-23),主要装备于美国休斯公司生产的 AH-64"阿帕奇"(Apache)武装直升机,用于攻击各种坦克、战车及雷达站等重要地面军事目标。AGM-65E"玛伐瑞克"（Maverick）激光制导导弹是美国为空军、海军及海军陆战队研制的空地导弹。具有"一弹多头、一弹多用"，精度高、毁伤效果好，使用简便，实现"发射后不管"等特点。AGM-65L 为空军激光制导型导弹，AGM-65E2 为海军及海军陆战队激光制导型导弹。

图 3-23　美国"海尔法"激光半主动制导导弹

除美国之外，法国、俄罗斯、日本、德国、瑞典、以色列、英国以及瑞士也都在进行激光半主动寻的制导导弹的研制。例如，法国航空公司研制的激光半主动末端寻的制导导弹 AS-30L、德国迪尔防务公司正在开发的激光制导响尾蛇导弹以及以色列"拉哈特"（LA-HAT）炮射激光制导导弹等。

（2）半主动制导炸弹。典型的激光制导炸弹有美国"宝石路"（Paveway）系列产品（图 3-24）。其中，"宝石路"I 型激光制导炸弹是世界上最早应用激光制导的炸弹，与常规炸弹相比，I 型具有较高的命中精度，且费效比是常规炸弹的 50 倍。在整个越南战争中，美军使用"宝石路"I 型激光制导炸弹约 25000 枚，摧毁大量坚固目标，命中率达 70%。越战之后，美军对"宝石路"I 型激光制导炸弹进行改进，先后研制出了"宝石路"II、III 型激光制导炸弹，使其成为世界上品种最多（30 余种）、生产数量最大的精确制导炸弹系列。

图 3-24　"宝石路"系列激光制导炸弹

此外，目前已装备或待装备的激光制导炸弹中，较为典型的还有法国的"马特拉"系列激光制导炸弹、SAMP 型激光制导炸弹和俄罗斯空军的 KAB-1500L 激光制导炸弹。

（3）激光半主动制导炮弹。"铜斑蛇"末制导炮弹是把炮弹当成精确制导导弹的首创。它能对 17km 内的任何目标进行准确打击，其射弹散布偏差仅有 0.4~0.9m。该武器由 155mm 火炮发射，使火炮在远距离上准确打击点状目标成为现实。

在美国研发部署"铜斑蛇"激光制导炮弹的同时，苏联 KPT 设计局也着手研制激光制导炮弹。在吸取美国经验的基础上，于 20 世纪 80 年代中期生产并装备了"红土地"激光末制导炮弹，如图 3-25 所示。

图 3-25　俄罗斯"红土地"激光末制导炮弹

2. 激光半主动制导技术发展趋势

随着高新技术的发展，激光半主动制导武器不断得以改进，以更好地满足作战需求。目前，激光半主动制导武器发展的趋势如下。

（1）远程化。增大激光半主动制导武器射程、扩大火力覆盖范围的同时，还提高了自身的安全性，因而在激光半主动制导武器中得以广泛应用。激光半主动制导炸弹采用折叠滑翔弹翼进行增程，激光半主动制导炮弹与火箭组成火箭增程弹，或是使用折叠弹翼在弹道中后段进行滑翔增程。

（2）复合化。激光半主动制导武器射程加大后，就需要增加半主动激光制导武器中段制导，目前较好的方式是卫星全球定位系统/惯性导航系统构成的组合导航系统制导，与末段激光半主动制导构成复合制导，激光半主动制导与红外成像、毫米波制导构成三模导引头。

（3）通用化。使用激光半主动制导弹药可以利用多种平台，特别是无人机进行投放和发射，通过简化弹药的品种，减少保障和维护，降低综合使用成本。

3.6.2 激光主动制导技术发展概况及应用前景

激光主动寻的制导技术的研究，美国始于 20 世纪 60 年代末，到了 1978 年已经解决了许多关键技术问题，取得了丰富的研究成果[79-80]。

1. 激光主动寻的制导技术发展概况

（1）以发展激光主动寻的制导空空导弹为主要研究目标。美国空军装备实验室首先开展了激光主动导引头的设计研究[81]。针对格斗型空空导弹，设计了一种激光主动导引头，其小型 Nd：YAG 激光器安装在导弹的前端，成为导引头的一部分。采用 4 象限硅雪崩管探测器，直接探测目标反射的激光能量。采用比例导引规律进行制导。导引头作用距离为 4km、激光脉冲能量为 42mJ、脉冲重复率为 50Hz、脉冲宽度 25ns。束散角为 15mrad。1979 年，美国空军已与麦克唐纳·道格拉斯公司签订合同，发展新型的主动激光寻的制导技术，用于空空导弹。

1980 年，美国空军研制的"主动光学跟踪系统"采用比例制导规律进行跟踪制导，体积小、质量轻，并设计有特殊光机结构，有效地解决了接收与发射的自同步跟踪，以满足空战格斗时大的离轴角要求，利用激光提供高精度跟踪。该系统包括小型弹载脉冲激光器、4 象限探测器及光学系统、陀螺稳定系统、信息处理机、目标截获控制搜索程序、跟踪伺服系统。英国也开展了激光主动导引技术研究，并于 1980 年在上海"国际航展"展出了框架式激光主动导引装置。

（2）空地激光主动寻的制导技术同步发展。1976 年美国马丁·玛丽埃塔公司研制出了激光主动导引系统初样。Nd：YAG 激光器、4 象限激光探测器等器件，装在"小约翰"导弹的头部。采用风标式位标器，实现速度追踪法导引规律。用于攻击地面高价值固定目标，对地面上的后向反射体自动寻的。主要参数：视场为±5°、误差角线性区为±3°、光学口径为 36.6mm、激光脉冲宽度为 8ns、脉冲能量 8mJ。该导引头结构简单、价格低廉、容易实现[82-84]。

（3）空地导弹发展的需要大大促进了激光主动成像制导技术的研究工作。对于地面目标必须进行识别，激光主动制导成像导引头成像识别优势发挥了作用。美国陆军公布的资料表明，美国早在 20 世纪 80 年代初就已开展了相干激光成像导引头技术和三维成像识别技术研究。采用 CO_2 单脉冲激光照射目标，面阵探测器进行相干探测，CCD 信号处理器进行高速采样读出。成像视场 2°×2°、单元瞬时视场为 0.25 mrad。重点研究了低噪声微型激光器、多普勒频移补偿技术、宽带面阵探测器、高速面阵读出技术、主动导引头光机结构等关键技术。激光主动成像制导技术一旦攻破，就将为发展空地激光主动制导导弹打下基础。

随着半导体固体激光器技术以及红外光耦合器件（infrared couple charged device，ICCD）探测器技术的发展，人们梦寐以求的小型、低价、高精度和高可靠性激光主动导引头真正取得了突破性的进展。1998 年 12 月，美国空军研究实验室军备部（air force research laboratory，munitions directorate，AFRL/MN）正式与洛克希德·马丁（Lockheed Martin）公司合作开发了以固体激光雷达导引头作为末段导引头的低价值自主攻击系统（low cost autonomous attack system，LOCAAS，中文名称为"洛卡斯"），如图 3-26 所示。LOCAAS 实际上是"战斧"式巡航导弹的变型，它是一种小型的，具有大范围搜索、识别和摧毁地面移动目标能力的巡航导弹。LOCAAS 带有固体激光雷达末制导导引头和多模战斗部（用以针对不同的目标），由于采用 GPS 和惯性导航系统（GPS/INS）作为中段制导装置，因此其具有防区外发射的能力。LOCASS 弹长 0.794m，翼展 1.118m，质量为 39~43kg，分为非动力型和动力型两类。非动力型的最大射程为 74km，飞行速度为 720km/h；动力型采用小型涡轮喷气发动机，射程可达 160~185km，巡航时间 30min 以上，巡航速度 370km/h。其飞行高度为 228m，搜索面积为 113km²，可进行目标识别、分类、优选结果以及确定攻击模式，并自主瞄准、锁定目标。为了增加打击效果，可根据识别出的目标性质对多模战斗部进行编程，自主转换爆炸模式[85-86]。

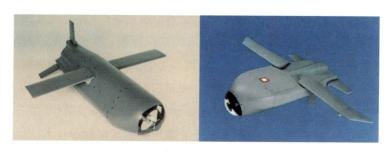

图 3-26　LOCAAS 空地导弹

2003 年 3 月 24 日，洛克希德·马丁公司在美国艾格林（Eglin）空军基地对 LOCASS 成功进行了两次带动力飞行试验：在首次试验中验证了该弹具有执行计划任务程序的能力和良好的空气动力性能；第二次试验中验证了该弹所装的激光雷达导引头对重新定位的目标具有探测和识别能力。在此次试验中，导弹首先飞越两个导航分段点以接近目标区域，在逼近目标的途中排除了一辆用作迷惑目标的移动军车的干扰，进而用激光雷达导引头准确无误地发现、识别和锁定了目标，并把导弹导向了模拟的战斗部爆炸点，同时用装在战斗部位置处的照相机拍摄了目标图像。美国空军 2020 年，对 LOCAAS 进行定型并装备于空军。LOCASS 可以说是真正意义上的激光主动制导系统，也可以说是目前技术最先进的激光制导武器，同时也是目前世界上唯一可能定型并批量生产的激光主动制导武器产品。

（4）激光红外复合技术改变了导弹性能。美国陆军导弹局将激光主动成像导引技术与被动红外导引技术结合，开展了主动/被动长波红外激光制导研究。复合导引头集激光与红外两者的优点，大大提高了系统综合性能，目标识别能力大大增强[87-90]。

对于红外不透明材料，其辐射系数 E 和朗伯反射率 P 之间有 $P+E=1$ 的关系。测出目标反射率 P，可求出目标的辐射系数 E，根据目标辐射强度，可计算目标的温度，由此识别目标。红外波段为 $8\sim12\mu m$，激光波长 $10.6\mu m$，激光脉冲功率为 $1MW$，若目标反射率 $P=0.1$，探测器 $D^*=5\times10^9 cm \cdot Hz^{1/2} \cdot W^{-1}$，则导引头作用距离可达到 $7.85km$。复合技术改善了空空导弹的性能，同时为空地制导弹提供了一条新的技术途径。

（5）美国还研制了用于巡航导弹的激光主动式雷达型末制导导引头。最近研制的小型 CO_2 激光雷达既可用于巡航导弹的导航，又可用于地形匹配以及目标图像识别。

（6）激光主动导引头技术开始用于空间飞行器的制导。激光全主动式导引头技术，已成功地用于宇宙飞船上。美国宇宙飞船搭载的激光雷达用来精确制导，完成两飞船的自动会合和对接，用的是 CO_2 激光雷达，质量不足 $18kg$。林肯实验室"火池" CO_2 激光雷达，已完成远距卫星的精密跟踪。自 1986 年以来，美国进行了"德尔塔"系列空间试验，利用星载激光雷达来提供制导数据。

我国研制了地面激光主动跟踪雷达，已实现了对三叉戟机的可靠跟踪。采用脉冲 $1.06\mu m$ 激光器，作用距离为 $20km$、视场为 $1°$。用于巡航导弹、空空导弹的研究已在国内一些单位开展，并取得了一些成果。

2. 激光主动寻的制导技术应用前景

（1）空空导弹激光主动导引技术主要是用于激光主动雷达型空空导弹，发展具有较强空战格斗能力的新型空空导弹。

（2）反卫星动能弹激光主动成像导引头，比常规雷达导引头具有高得多的距离、角度和速度分辨力，较红外导引头有更多、更稳定的特征信息获取能力，可发展成为具有识别卫星目标能力的激光主动成像反卫星空间拦截器，也可发展为红外/激光复合制导拦截器。

（3）空面导弹激光主动成像制导导弹具有良好的目标识别能力，可攻击地面重要目标，如桥梁、军舰、坦克、机场等。或者攻击预先放有角反射器的特定区域，亦可发展红外/激光复合制导空面导弹、激光主动雷达巡航导弹[80]。

3.6.3 激光驾束制导技术应用与发展趋势

1. 激光驾束制导技术应用

20 世纪 60 年代后期美国、法国等开展了"陶式""阿克拉"等导弹的激光驾束制导研究，瑞典研制了 RBS-70 地空导弹（图 3-27），它是世界上第一种采用激光驾束制导并开始批量生产的导弹，并于 1976 正式装备部队。经过几十年的研究，世界上采用激光驾束制导的导弹已经历了两代，共十余种类型，它们主要用于地空导弹和反坦克导弹。

图 3-27　RBS-70 地空导弹

第一代驾束制导系统的主要特征是工作波段在近红外区，如 $0.84\mu m$、$0.9\mu m$，常用的是 $1.06\mu m$。RBS-70 地空导弹的激光驾束制导系统在第一代中具有代表性，用波长 $0.90\mu m$ 的 GaAs 激光器作光源，采用多普勒雷达搜索发现目标，陀螺稳定的光学系统瞄准跟踪目标，激光驾束制导，激光非触发引信。其特点是超低空性能好、精度高、抗干扰能力强、机动性能好。后来的改进型 RBS-90 则具有夜间或恶劣气候下作战能力，且隐蔽性好[91-92]。

第二代激光驾束制导系统采用 CO_2 激光器作为光源，工作在 $10.6\mu m$ 波长，20 世纪 70 年代中期开始研究，瑞士、美国、西德、法国相继开展了这方面的工作，其中以"阿达茨"（ADATS）为代表，如图 3-28 所示。ADATS 是美国和瑞士联合研制的一种全天候两用地空导弹系统，用于对抗低空飞机、直升机和地面装甲目标。它由目标搜索雷达、红外前视跟踪装置和电视跟踪装置、YAG 激光测距机、CO_2 激光制导装置、导弹火控计算机以及其他辅助设备组成。由于在跟踪系统采用了 $8\sim 12m$ 波段的红外前视装置，驾束制导部分采用了 $10.6\mu m$ 的 CO_2 激光器，因此 ADATS 能在夜间和烟雾弥漫的战场上有效工作。

图 3-28 "阿达茨"防空导弹

由于激光驾束制导设备体积小、质量轻，近年来在步兵装备方面的应用有很多发展。如由法、德、英等国联合研制的第三代中程反坦克导弹"催格特"（TRIGAT），如图 3-29 所示，武器系统由发射架、导弹和制导系统组成，激光驾束制导，采用推力矢量技术，由两人携带和操作。意大利研制的步兵用 MAF 导弹，质量 23kg，最大射程 3500m，两人即可操作。

图 3-29 催格特反坦克导弹

与炮弹相比，导弹具有射程远、命中精度高、杀伤威力大等优点[93]。坦克炮发射炮射导弹就是使精确制导技术与常规坦克炮、反坦克炮系统达到有机的结合，保留了原系统反应快、火力猛的特点，且不改变其成员建制和分工，不过多地增加系统的复杂性，但却拓宽了坦克和反坦克炮的远距离对抗能力，作战距离由2000m提到4000m以上，使坦克可以在野战中攻击武装直升机、防御坦克歼击车，以及在隐蔽阵地上对敌方坦克实施远距离射击。最新的坦克炮射导弹武器系统一般采用激光驾束制导方式。目前，俄罗斯炮射导弹的发展水平处于世界领先地位，拥有基于3种型号（9M112、9M117、9M119）的12种坦克炮射导弹，10多种反坦克导弹武器系统，20多种类别的反坦克导弹。

2. 激光驾束制导技术的发展趋势

经过世界各国的努力，目前，激光驾束制导技术解决了初期所遇到的一系列难题，在提高光束的大气穿透能力和抑制地面杂波能力以及激光光束的编码与解码方面都已经比较成熟，目前的激光驾束制导技术抗干扰性和适应性很强，具有很高的精度。驾束制导所用的激光照射器经过多年努力也已经发展得相当成熟，光束质量、平均输出功率和大气传输特性都已经完全能够适用于战场环境。驾束制导反坦克导弹对付的目标只有30%是坦克或装甲车辆；在大多数情况下，还可用于攻击地下掩体、野战工事及建筑物等目标，而对于建筑物等目标，红外及毫米波制导的导弹是无能为力的。激光驾束制导比红外、毫米波制导的反坦克导弹更易攻击战场上的各种目标，因而多种制导方式并存更能满足未来战场条件复杂的需要。

3. 激光指令制导技术发展概况[8]

南非ZT-3"雨燕"（SWIFT）反坦克导弹采用红外半自动跟踪、激光指令传输制导体制的反坦克导弹，最大射程5km，典型的安装方式是安装在"獾"式坦克歼击车上，也可配装在"茶隼"武装直升机和山地步兵兵组便携使用。"雨燕"导弹的试生产型于1987年9月参加了在安哥拉南部的战斗，取得了击毁安哥拉军队约有90辆坦克的良好战果。另外南非早期发展的"打击者"反坦克导弹，也是采用激光指令制导的。美国的LOSAT视线反坦克导弹也被称为动能导弹（KEM）。这是导弹采用激光指令制导体制，没有战斗部、引信，控制机构没有运动部件。射程超过4km，依靠1525m/s的高速将穿甲杆体射入重型多层装甲、能够在即使靶板严重倾斜时取得良好的穿甲效果。美国瑞士联合研制的"阿达茨"导弹在其弹道主动段采用激光指令制导，使用了$10.6\mu m CO_2$气体激光器。

参考文献

[1] 王海宏. 航空制导炸弹技术发展与型谱分析 [D]. 哈尔滨：哈尔滨工业大学, 2019.

[2] 鱼小军. 半主动激光制导航空炸弹半实物仿真技术研究 [D]. 长沙：国防科学技术大学, 2016.

[3] 李宗良, 邓钦. 烟雾对抗激光弹药研究 [C] //中国指挥与控制学会. 2013 第一届中国指挥控制大会论文集. 北京, 2013.

[4] 朱棋, 郭倩, 钟云鹏. 激光技术在高技术国防战争中的应用 [J]. 西安航空技术高等专科学校学报, 2011 (29)：19-21.

[5] 张磊. 大功率半导体激光器模拟负载及老化系统的设计 [D]. 天津：天津大学, 2013.

[6] 卢晓东, 周军, 刘光辉, 等. 导弹制导系统原理 [M]. 北京：国防工业出版社, 2018.

[7] 范丽, 韩文波. 激光制导武器半实物仿真主控系统研究 [J]. 长春理工大学学报（自然科学版）, 2018, 41 (04)：49-53.

[8] 王狂飙. 激光制导武器的现状、关键技术与发展 [J]. 红外与激光工程, 2007 (05)：651-655.

[9] 韩刚, 许亚娥, 沈阳, 等. 散斑技术在激光寻的制导武器仿真系统中的应用 [J]. 应用光学, 2015, 36 (03)：356-361.

[10] 苏杨. 激光驾束制导接收机系统厚膜集成技术 [D]. 南京：南京理工大学, 2013.

[11] 张翼飞, 邓方林. 激光制导技术的应用及发展趋势 [J]. 中国航天, 2004 (06)：40-43.

[12] 张英远. 激光对抗中的告警和欺骗干扰技术 [D]. 西安：西安电子科技大学, 2012.

[13] 王耿. 激光导引头性能测试技术研究 [D]. 西安：西安电子科技大学, 2015.

[14] 郭泽荣. 基于激光半主动的弹道修正技术研究 [J]. 光学技术, 2008, 34 (S1)：257-258+260.

[15] 陈成, 赵良玉, 马晓平. 激光导引头关键技术发展现状综述 [J]. 激光与红外, 2019, 49 (02)：131-136.

[16] 陈宏, 雷鸣. 激光寻的制导导引头技术 [J]. 光电子技术, 2002 (01)：53-57.

[17] 王宇. 激光制导武器目标光斑检测系统设计与实现 [J]. 电子器件, 2017, 40 (04)：978-982.

[18] 李明月, 何君. 国外军用大功率半导体激光器的发展现状 [J]. 半导体技术, 2015 (5)：321-327.

[19] 于晓辉. 激光成像制导探测器研究进展 [J]. 红外, 2014, 35 (12)：8-13.

[20] 张腾飞. 激光制导武器发展及应用概述 [J]. 电光与控制, 2015, 22 (10): 62-67.

[21] 邓仁亮. 光学制导技术（续三）——光学寻的制导 [J]. 光学技术, 1993 (06): 37-48.

[22] 赵江, 徐锦, 徐世录. 激光制导武器 [J]. 飞航导弹, 2006 (06): 26-30.

[23] 陈子雄. 激光主动式寻的制导的成像及图像处理 [D]. 西安: 西安电子科技大学, 2015.

[24] 邃晓光, 周凤岐, 周军. 激光主动成像制导导引头设计方法研究 [J]. 红外技术, 2003 (03): 32-36.

[25] RICHARD S, JAN G, KLAUS J. Silicone Oil Damping for Quasi-static Micro Scanners with Electrostatic Staggered Vertical Comb Drives [J]. IFAC, 2019, 52 (15): 37-42.

[26] 王燕, 王鹏辉. 激光主动成像技术综述 [J]. 电子质量, 2019 (7): 1-3.

[27] MCKEAGW, VEEDER T, WANG J, et al. New developments in HgCdTe APDs and LADAR receivers [J]. Proc. of SPIE, 2011, 8012: 801230.

[28] MCMANAMON P F, BANKS P S, BECK J D, et al. Comparison of flash lidar detector options [J]. Optical Engineering, 2017, 56 (3): 031223.

[29] DE BORNIOL E D, ROTHMAN J, GUELLEC F, et al. Active three-dimensional and thermal imaging with a 30-μm pitch 320×256 HgCdTe avalanche photodiode focal plane array [J]. Optical Engineering, 2012, 51 (6): 061305.

[30] ROHRSCHNEIDER R, WEIMER C, MASCIARELLI J, et al. Vision Navigation Sensor (VNS) with adaptive Electronically Steerable Flash LIDAR (ESFI) [C]. AIAA Guidance, Navigation, and Control Conference, AIAA, 2016: 2096.

[31] WANG F Y, YANG M, SONG W X, et al. Circuit design of Single-Photon detector based on APD [J]. Chinese Journal of Electron Devices, 2016, 5: 015.

[32] 邓光平, 刘昌举, 祝晓笑, 等. 一种弱光成像用 AlGaN APD 阵列的读出电路设计 [J]. 半导体光电, 2013 (4): 569-572.

[33] 陈国强, 张君玲, 王攀, 等. 碲镉汞 e-APD 焦平面数字化读出电路设计 [J]. 红外与激光工程, 2014, 43 (9): 2798-2804.

[34] 张龙, 于德志, 宋昭, 等. 基于 GM-APD 的成像激光雷达目标探测特性 [J]. 光学与光电技术, 2013, 11 (2): 16-19.

[35] ITZLER M A, ENTWISTLE M, JIANG X, et al. Geiger-mode APD single-photon for 3D laser radar imaging [C]. 2014 IEEE Aerospace Conference, IEEE, 2014: 1-12.

[36] JACK M, CHAPMAN G, EDWARDS J, et al. Advances in LADAR components and subsystems at raytheon [J]. Proc. of SPIE, 2012, 8353: 83532F.

[37] 郑丽霞, 吴金, 张秀川, 等. InGaAs 单光子探测器传感检测与淬火方式 [J]. 物理

学报，2014，63（10）：222-230.

[38] 孙剑峰，姜鹏，张秀川，等. 32×32 面阵 InGaAs GM-APD 激光主动成像实验 [J]. 红外与激光工程，2016，45（12）：89-93.

[39] TABOADA J，TAMBURINO L A. Laser imagine and ranging system using two cameras：US，5157451 [P]. 1992.10.20.

[40] ZHANG P，DU X，ZHAO J，et al. High resolution flash three-dimensional lidar systems based on polarization modulation [J]. Applied Optics，2017，56（13）：3889.

[41] 彭章贤. 面阵三维成像激光雷达接收试验系统研究 [D]. 成都：中国科学院研究生院（光电技术研究所），2016.

[42] KNIGHT F K，KLICK D I，RYAN-HOWARD D P，et al. Three-dimensional imaging using a single laser pulse [J]. Proceedings of SPIE，1989，1103：174-189.

[43] GLECKLER A D. Multiple-slit streak tube imaging lidar（MS-STIR）applications [J]. Proceedings of SPIE，2000，40（35）：266-278.

[44] NEVIS A J，HILTON R J，TAYLOR J S，et al. Advantages of three-dimensional electro-optic imaging sensors [J]. Proceedings of SPIE，2003，5089：225-237.

[45] 孙剑峰，魏靖松，王天骄，等. 大视场条纹管激光雷达设计及成像实验研究 [J]. 光学学报，2011，31（s1）：s100413.

[46] 孙剑峰，邰键，魏靖松，等. 条纹管激光成像雷达水下探测成像研究进展 [J]. 红外与激光工程，2010，39（5）：811-814.

[47] YANG H R，WU I，WANG X P，et al. Signal-to-noise performance analysis of streak tube imaging lidar systems，Ⅰ. Cascaded model [J]. Applied Optics，2012，51（36）：8825-8835.

[48] WU I，WANG X P，YANG H R，et al. Signal-to-noise performance analysis of streak tube imaging lidar systems，Ⅱ. Theoretical analysis and discussion [J]. Applied Optics，2012，51（36）：8836-8840.

[49] 赵文，韩绍坤. 条纹管成像激光雷达距离分辨率 [J]. 中国激光，2013，40（7）：0714004.

[50] 惠丹丹，田进寿，卢裕，等. 用于激光雷达的大探测面积超小型条纹管 [J]. 光学学报，2015，35（12）：1232001.

[51] BARRY L S，WILLIAM C R，ZOLTAN G S. Intensity-modulated diode laser radar using frequency-modulated/continuous-wave ranging techniques [J]. Optical Engineering，1996，35（11）：3270-3278.

[52] WILLIAM R，JOHN B，STEVE K，et al. Self-mixing detector candidates for an FM/CW ladar architecture [T]. Proc. of SPIE，2000，4035：152-162.

[53] BRIAN C R，WILLIAM R，BARRY L S，et al. Anti-ship missile tracking with a

chirped AM ladar-update：design, model predictions ，and experimental results［J］．Proc. of SPIE，2005，5791：330 342.

［54］REDMAN B, RUFFW, GIZA M. Photon counting chirped AM ladar：concept, simulation and initial experimental results［J］．Proc. of SPIE，2006：6214：62140.

［55］张子静．GM-APD啁啾幅度调制激光雷达对遮蔽目标的成像研究［D］．哈尔滨：哈尔滨工业大学，2011.

［56］ZHANG Z, WU L, ZHANG Y, et al. Method to improve the signal-to-noise ratio of photon-counting chirped amplitude modulation ladar［J］．Applied Optics，2013，52（2）：274-279.

［57］杜小平，宋一烁，曾朝阳．调频连续波激光雷达口标相对距离及径向速度信息提取方法［J］航空学报，2014，35（2）：523-531.

［58］张爱民，江南．水下微光成像的ICCD光路耦合仿真［J］．国外电子测量技术，2013，32（11）：17-22.

［59］徐茜茜．微光ICCD的噪声特性测试与分析［D］．南京：南京理工大学，2015.

［60］陈沁，王华村，胡鑫，等．空间光调制器及其在空间光通信中的应用［J］．激光与光电子学进展，2016，53（5）：86-92.

［61］张立臣，汪韬，尹飞，等．高响应度GaAs-MSM光电自混频面阵器件［J］．激光与红外，2011，41（8）：925-928.

［62］宋德，石峰，李野．基底均匀掺杂下EBAPS电荷收集效率的模拟研究［J］．红外与激光工程，2016，45（2）：56-60.

［63］GRASSO R J, ODHNER J E, WIKMAN J C, et al. A novel low-cost targeting system（LOTS）based upon a high-resolution 2D imaging laser radar［J］．Proc. of SPIE，2005：5988：59880L.

［64］ANDERSSON A. Ravage Gated Viewing with Underwater Camera［M］．Institutionen for Systemteknik，2005.

［65］LUTZ Y, CHRISTNACHER F. Laser diode illuminator for night vision on-board a 155-mm artillery shell［J］．Proc. of SPIE，2003，5087：185-195.

［66］MONNIN D, SCHNEIDER A L, CHRISTNACHER F, et al. A 3D outdoor scene scanner based on a night-vision rangegated active imaging system［C］．Third International Symposium on 3D Data Processing, Visualization, and Transmission, IEEE, 2006：938-945.

［67］范有臣，赵洪利，孙华燕，等．激光主动成像结合距离选通技术的零时信号测量方法［J］．红外与激光工程，2016，45（3）：101-107.

［68］范有臣，赵洪利，孙华燕，等．互相关算法在运动目标距离选通激光三维成像中的应用［J］．红外与激光工程，2016，45（6）：149-157.

[69] LAURENZIS M,CHRISTNACHER F,SCHOLZ T,et al. Underwater laser imaging experiments in the Baltic;sea [J] Proc. of SPIE,2014,9250:92500D.

[70] 王新伟,曹忆南,刘超,等.2D/3D距离选通成像的低对比度目标探测[J].红外与激光工程,2014,43(9):2854-2859.

[71] 官斌,何大华.距离选通切片图像高精度三维重构方法[J].光学与光电技术,2017,15(6):9-13.

[72] 卜禹铭,杜小平,曾朝阳,等.无扫描激光三维成像雷达研究进展及趋势分析[J].中国光学,2018,11(05):711-727.

[73] 刘立宝,蔡喜平,乔立杰,等.激光主动成像制导雷达的研究方向[J].红外与激光工程,2000(02):36-40.

[74] 门宗群,国涛,吴健,等.基于液晶相控阵和体全息光栅的激光多目标指示技术[J].光学学报,2020,40(3):0323001.

[75] 张家斌.捷联导引头视线角速率提取研究[D].北京:北京理工大学,2016.

[76] 李娜.激光驾束制导制导仪光学系统研究[D].长春:中国科学院长春光学精密机械与物理研究所,2011.

[77] 孙明.某激光半主动导引头制导电路方案设计及实现[D].南京:南京理工大学,2012.

[78] 王狂飙.激光制导武器的现状、关键技术与发展[J].红外与激光工程,2007,36(5):651-655.

[79] 山清.半主动激光制导炸弹测试系统设计[J].激光与红外,2020,50(04):425-428.

[80] 李建中.弹载激光主动成像制导技术发展现状分析[J].红外与激光工程,2014,43(4):1117-1123.

[81] 陈先兵.激光主动导引技术[J].航空兵器,1992(06):6-11.

[82] 耿顺山.美国激光制导武器的发展现状与趋势[J].物理,2008,37(4):260-263.

[83] 潘爱民.激光技术的军事应用[J].飞航导弹,2013(3):64-67.

[84] 何景瓷.激光技术在武器中的应用[J].飞航导弹,2011(11):50-52.

[85] 刘冬,鲜勇,郭飞帅,等.精确制导技术及其在武器中的应用[J].飞航导弹,2011(11):79-84.

[86] 陈子雄.激光主动式寻的制导的成像及图像处理[D].西安:西安电子科技大学,2015.

[87] 陈浩川,张彬,张振华.精确制导多体制探测技术新进展[J].遥测遥控,2017,38(6):23-29.

[88] 李宇鹏.激光/红外复合制导技术发展综述[J].电子质量,2020(2):39-41.

[89] 谢梅林.激光主动照明偏振成像及图像融合算法研究[D].西安:中国科学院西安

光学精密机械研究所，2019.

[90] 毛延凯，仇振安，罗金平，等．共孔径红外/激光复合导引头系统仿真研究［J］．电光与控制，2018，25（1）：19-22.

[91] 辜璐．成像制导发展的未来——激光主动成像制导［J］．飞航导弹，2008（09）：55-58. 研究所，2011.

[92] 甄建伟．激光驾束制导机制弹药的发展及战场运用［J］．飞航导弹，2017，5：60- 64.

[93] 徐飞飞．激光驾束制导的辐射接收技术［D］．长春：长春理工大学，2008.

第 4 章

红外制导技术

从 20 世纪 50 年代"响尾蛇"AIM-9B 导弹首先研制成功至今近 70 年的时间里,红外制导技术已迅速发展成为光电制导技术体系中极其重要的分支。红外制导技术是一种利用红外跟踪和测量的方法导引和控制制导武器飞向并攻击目标的制导技术。红外导引头接收来自目标辐射的红外信号,经过光学调制和信息处理后,得出目标的位置参数,用于跟踪目标和控制制导武器,具有分辨率高、命中精度高,以及弹上设备简单、体积小等特点,广泛应用于空空、空地、地空等导弹中[1]。

4.1 红外制导技术基础

红外线是一种热辐射,是物质内分子在一定温度下受热激发振动产生的电磁波,其波长为 $0.76\sim1000\mu m$,在整个电磁波谱中位于可见光与无线电波之间,如图 4-1 所示。由于红外线与热和温度紧密联系在一起,又称为热线或热辐射。红外线是人眼看不见的一种光线,处在红光以外的光谱区,它与可见光都属于电磁辐射波谱的一部分,同样具有光波的性质,区别只是波长(频率)不同而已(可见光波长为 $0.4\sim0.75\mu m$)。

红外线与可见光一样都是直线传播,速度同光速一样,在传播过程中会被障碍物反射(散射)、吸收和透射。其中,吸收是影响大气传播的主要因素。红外波段按不同大气窗口,可分为短波红外(SWIR)$1\sim3\mu m$ 波段、中波红外(MWIR)$3\sim5\mu m$ 波段和长波红外(LWIR)$8\sim14\mu m$ 波段。通常认为,3 个大气窗口的红外辐射能量对应目标的典型温度大约分别为 1500K、900K 和 300K。

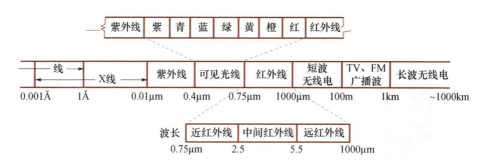

图 4-1 红外波段在电磁光谱中的划分

红外技术是研究红外辐射的产生、传播、探测、转换及其应用的技术。人们广泛进行了红外物理[2]、红外光学材料[3-4]、红外光学系统[5]、红外探测器件[6]及相关应用的探索与研究,尤其是以军事目的为背景的研究。红外技术在军事上的应用主要体现在跟踪与制导、红外夜视、侦察与预警3个方面。红外技术已经成为国家安全防御体系中的重要探测技术,也是高技术局部战争中使用的主要技术之一,其军事应用范围也日益拓展。

红外系统一般都以"被动方式"接收目标的信号,故隐蔽性很好。相对于雷达探测、激光探测而言,它更安全且易于保密,也不易被干扰。红外探测是基于目标与背景之间的温差和发射率差,传统的伪装方式不可能掩盖由这种差异所形成的目标红外辐射特性,从而使红外系统具有比可见光系统优越得多的识伪能力[7];在一定深度范围内,土层、水层乃至混凝土层都不能完全屏蔽目标的红外辐射,这就使红外探测具有一定的洞察深层目标的能力,如水下的潜艇,地下的电缆、管道,隐蔽机库等;如果目标离开,其特有的红外辐射场就会在原地滞留相当长的时间而不会立即消失,因此,红外系统又具有其独特的"追忆记录"功能。相对于雷达而言,红外系统体积小、质量轻、功耗低,容易制成灵巧装备,且不怕电磁干扰,特别适用于"发射后不管"的精确制导武器。

4.1.1 目标和背景红外辐射的特征

1. 目标红外辐射

无论是飞机、军舰(包括大型航空母舰),还是坦克,目前都还没有有效的隐身措施能防止热辐射外逸,这些军事装备投入战斗时,它们自身的一部分会被加热到很高的温度,这些部位辐射的红外线是很强烈的,从而无一例外地成了可探测到的红外辐射源。但同时应注意到,目标和背景总是同时出现的,并且目标与背景都在不断进行热辐射交换。为了准确攻击目标,制导系统必须能把目标从背景中区分开来,最大限度地提取有用信号。

为了对目标进行探测和识别,必须了解目标与背景的辐射特性,尤其是要了解目标与自然背景的不同点,以便区分和识别。目标和背景的辐射特征一般是指:①辐射强度及其空间分布规律;②辐射的光谱分布特性;③辐射面积的大小。其中,前两点与红外系统所接收到的有用能量有关,第三点与目标在红外装置中成像面积大小有关。根据热辐射的理论可知,热辐射的最基本问题是辐射体的温度及辐射能的分布情况。下面介绍几种典型目标的典型热辐射及其分布。

1) 喷气发动机尾喷管加热部分的辐射

喷气发动机飞机的辐射主要由尾喷管内腔的加热部分发出。实际的喷管内腔各点的温度是不相同的,但在计算中,可以认为喷管内腔各点的温度是均匀的,且呈漫射特性,因此其辐射强度可用下式表示:

$$J = \frac{\varepsilon \sigma T^4 A_d}{\pi} \quad (W/sr) \tag{4-1}$$

式中:$\sigma = 5.6697 \times 10^{-12}$ (W·cm^2·K^{-4}),称为斯蒂芬-玻耳兹曼常数。式(4-1)表明,喷口辐射强度 J 与喷口温度 T、喷口面积 A_d 及比辐射率 ε 有关。

图 4-2 所示为 4 种喷气式飞机喷口辐射的积分辐射强度,该图是在地面条件下,距离飞机 1.5 km 测试所得的结果[8]。

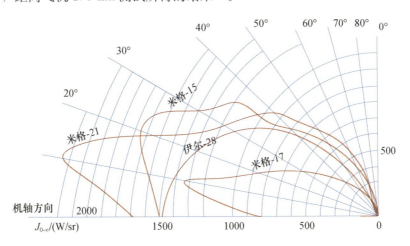

图 4-2 4 种喷气式飞机喷口辐射的积分辐射强度的平面分布图

从图 4-2 中可以看出，在后半球发动机轴两侧 0°～40°范围内辐射比较集中。因此，采用红外寻的制导的导弹，对以上 4 种目标适合从后半球一定角度范围内进行攻击。

计算表明，若喷口内腔温度 $T=500℃$，则喷口辐射在 $3.74\mu m$ 的波长附近出现最大值。

2) 废气的辐射

在喷气式发动机工作时，尾喷口排出大量的废气。废气是由碳微粒、CO_2 及水蒸气等组成的。废气向喷口以 $300\sim400$ m/s 的速度排出后迅速扩散，温度也随之降低[9]。图 4-3 所示为拍摄的美军 CH-47"支奴干"运输直升机尾喷口红外图像。从该红外图像中可以观察到尾喷口尾焰变化情况。

图 4-3　CH-47"支奴干"运输直升机尾喷口红外图像

废气辐射呈分子辐射特性，在与水蒸气及 CO_2 共振频率相应的波长附近呈较强的选择辐射。据测量，喷气式飞机上述各红外线辐射源的辐射波谱分布主要集中在 $2.7\mu m$、$4.4\mu m$ 和 $6.5\mu m$ 附近，如图 4-4 所示。

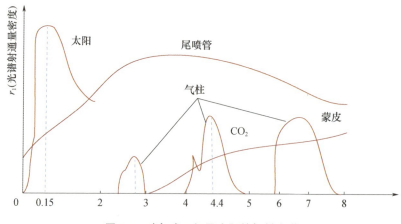

图 4-4　喷气式飞机及太阳的辐射光谱

3) 飞机蒙皮因气动加热而产生的辐射

当目标速度达 $2\sim2.5Ma$ 时,由于高速气流流过飞机表面时受到阻滞,飞机蒙皮的温度约升高到 $150\sim220℃$,辐射出波长为 $5\sim9\mu m$ 的红外线,从而增加了飞机前后和两侧的红外线辐射强度。因此,导弹也可以从高速飞机的两侧进行攻击。

综上,喷气发动机飞机的总辐射是由喷管辐射、废气辐射和蒙皮热辐射三部分组成的。在上述 3 种辐射中,起主要作用的是尾喷管的辐射,因此喷气式飞机红外辐射特性主要由尾喷管辐射所决定。

图 4-5 所示为米格-17 飞机在地面条件下实测的辐射波谱分布曲线(米格-15 和米格-21 与之类似)。喷口内腔温度为 $500℃$,曲线在 $3.6\mu m$ 处出现峰值,与计算值 $3.74\mu m$ 很接近。曲线表明,主要辐射能量都集中在 $2\sim5.4\mu m$ 范围内。

从图 4-5 中可以看出,红外线的主要辐射能量不是均匀分布的,而是集中于某些特定长度的波段附近,这是由于地面大气的选择性吸收所造成的结果。有翼导弹都是在大气中飞行的,而红外制导系统接收的辐射源发出的红外线都要穿过大气。红外线穿过大气时会被吸收和散射,故分析红外线在大气中的传输十分必要。由前所述的大气窗口可知,在 $15\mu m$ 以上没有明显的大气窗口,因此,红外导引头的工作波长必须选在 $15\mu m$ 以下。据测量分析,一些重要的军事目标的热辐射波长集中在 $3\sim5\mu m$ 的中红外线区和 $8\sim10\mu m$ 的远红外线区内。因此,目标红外探测器常选用适用于 $3\sim5\mu m$ 红外大气窗口的锑化铟(InSb)以及适用于 $8\sim14\mu m$ 红外大气窗口的碲镉汞(HgCdTe)[10]。

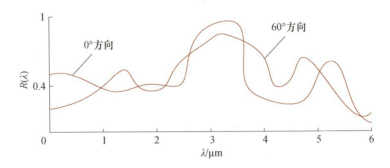

图 4-5　米格-17 飞机在地面条件下实测的辐射光谱分布曲线

2. 背景红外辐射

目标的背景是指能辐射红外线的自然辐射源。对于空中目标来说,背景是指太阳、月亮、大气、云团等。对于地面目标来说，背景是指大地、森林、建筑等。背景的辐射进入红外装置后会产生背景干扰，使红外装置不能正常工作。为了研究背景辐射对目标探测和跟踪的影响，需要对背景的辐射特性进行分析。把背景辐射特性与目标辐射特性进行比较，找出去除背景干扰的有效措施。

1) 太阳及月亮辐射

太阳辐射和目标辐射的不同点在于太阳的温度比目标的温度高得多（通常把太阳看做是温度6000K的绝对黑体）。太阳的辐射能绝大部分都集中在$0.15\sim4\mu m$范围内，太阳垂直入射到地表面上的能量约为$88W/m^2$，而在大于$3\mu m$以上波长的红外辐射为$1.96W/m^2$。实际测得的结果表明，太阳对红外导引及跟踪装置的影响较大，尤其在与太阳垂直入射方向$0°\sim50°$范围内。因此，红外探测器不能正对着太阳工作。

月亮主要靠反射太阳辐射而产生辐射，部分辐射光谱与太阳相同。此外，月亮表面温度在370~120K之间变化，因而也产生一定的自身热辐射，其辐射光谱最大值对应的波长约为$12.6\mu m$。

2) 大气辐射

大气所含气体分子、水蒸气、二氧化碳等微粒都对太阳及月亮辐射产生散射及吸收等现象，因而产生大气的散射辐射及本身的热辐射[11]。离地面高度和地区条件等不同，水蒸气、二氧化碳、臭氧等含量有很大差异，所以这类辐射有着很明显的随机性。就某一空间区域而言，天空中大气辐射可以认为是均匀的面辐射。

夜晚天空只有水蒸气、CO_2、O_3等分子辐射，因为夜晚天空温度较白天低，所以其辐射强度也较低，其辐射最大值波长为$10.5\mu m$[12]。

3) 云团辐射

云团表面能反射太阳辐射，因而云团成为较强的辐射源，这部分辐射主要在$3\mu m$以下；云团本身也产生热辐射，其辐射光谱分布情况和晴朗天空的热辐射相似，但强度较大。云团本身的辐射主要集中在$6\sim15\mu m$区域内，在这个区域内平均辐射亮度约为$500mW\cdot cm^{-2}\cdot sr^{-1}\cdot \mu m^{-1}$。云团的有效面积、反射系数及发射率等特性随气象条件、高度及地区等差异很大，所以云团辐射呈现较大随机性。由于小块的云团边缘和目标辐射面积相近，因此云团辐射带来的干扰比起大气辐射要严重得多，在红外制导过程中应予特别的注意。

从以上的分析可以看出，目标和背景都有一定的温度，都能辐射红外线，这是它们的共同点。但是它们又都有着本身的特殊点。注意它们的特殊点、不同点就使我们有可能去除背景的干扰。例如，利用目标和背景最大辐射对应的波长不同、辐射能集中的波段范围不同，适当选择红外装置的工作波段，使其只对目标辐射敏感，而对背景辐射不敏感，就可以达到去除背景干扰的目的，这种方法通常称为色谱滤波。又如，利用目标和背景辐射面积大小不同而采用适当的空间滤波措施，也可以达到去除背景干扰的目的。

任何事物都不是绝对的，尽管采用消除背景干扰的一些措施，但并不能完全消除背景干扰，只是减少了一些背景干扰，使其不影响红外装置的正常工作。

4.1.2 红外探测器

对于红外线，人眼是看不见的。为感知红外线的存在，人们发明了可以探测红外线的眼睛——红外探测器（红外传感器），从而走进了红外线的世界。红外探测器与照相机有异曲同工之处，照相机是利用反射的光能（包括附加闪光灯）作为照相的能源；而红外探测器则是在无辅助光源的情况下，利用自然背景或其他物体辐射的热能作为探测目标的能源，因此，红外探测器在白天和黑夜均能工作，这一点优于照相机。

如图 4-6 所示为典型红外探测系统原理图，其核心则是红外探测器。

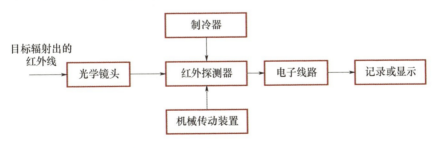

图 4-6　典型红外探测系统原理图

红外探测器是能把接收的红外辐射能量转换成一种便于计量的物理量的器件。它要察觉红外辐射的存在并测量其强弱，且可以将入射的红外辐射经光-电转换，变为人眼可观察的图像[4]。

按红外探测器探测过程的物理属性，红外探测器可分为热探测器和光子探测器两大类。

1. 热探测器

通过吸光材料的温度变化来测量红外辐射的探测器统称为热探测器。热探测器吸收红外辐射后，先引起其吸光材料温度升高，并将伴随发生某些物理性质的变化。测量这些物理性质的变化，就可以确定吸收的红外辐射的能量或功率。热探测器包括：①高莱气动红外探测器；②热电偶和热电堆；③非制冷红外成像阵列；④测辐射热计（热敏电阻）；⑤热释电探测器。上述类型的热探测器在理论上对一切波长的红外辐射都具有相同的响应率，但实际上对不同波长的红外辐射的响应率往往不尽相同。热探测器响应的快慢，决定于探测器的热容大小和散热的快慢。减少热容，加快热迁移，可以加快器件的响应速度。

2. 光子探测器

光子探测器的工作原理是以半导体材料中的光子吸收为基础，半导体材料在吸收光子后产生光电效应。当光子入射到半导体表面时，半导体材料的电子运动状态发生改变，引起电学性质的变化，这一现象称为光电效应。从光电效应的大小可以测定被吸收的光子数。光子数越多，半导体电学性质就变化得越显著。通过半导体电学性质的变化，就可以测知红外辐射的强弱。光子探测器包括：①光电导探测器（光敏电阻）；②光伏探测器；③光发射肖特基势垒探测器；④量子阱红外探测器。

在红外导引头中设计和选择探测器时，一般需要考虑下述几点：

(1) 良好的线性输入-输出特性；

(2) 探测率足够大；

(3) 光谱响应的峰值波长在大气窗口内，同时与被测目标的辐射光谱相适宜；

(4) 响应速度快，时间常数小；

(5) 正常条件下（非低温或超低温）可靠工作，结构简单，体积小。

红外制导系统工作原理与分类

1. 工作原理

红外制导系统由红外导引头、弹上控制系统、弹体及导弹目标相对运动学环节等组成。红外导引头用来接收目标辐射的红外能量、确定目标的位置及角运动特性，形成相应的跟踪和制导指令。红外制导系统的工作原理如

图 4-7 所示。

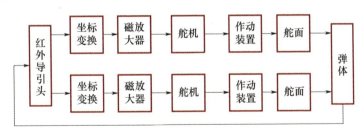

图 4-7　红外制导系统的工作原理

由红外导引头得到的目标误差信号,只能用来使陀螺进动,以及使光学系统光轴跟踪目标,而不能直接控制导弹飞行。目标误差信号需要进一步送到导弹控制系统中去,对其进行放大变换,形成一定形式并有足够大功率的控制信号,才能操纵执行装置,从而控制导弹飞行。

红外制导系统通常采用两对舵面操纵导弹,做两个相互垂直方向的运动,即双通道控制系统。由红外导引头所测得的极坐标形式的误差信号,不能直接用来控制两组舵面使导弹跟踪目标,必须将极坐标信号转换成直角坐标信号,这一转换任务由控制信号形成电路来完成。

2. 分类

红外制导技术是利用红外探测器捕获和跟踪目标辐射的能量来实现寻的制导技术,通常可分为红外非成像制导和红外成像制导技术两类。

红外非成像制导,也叫红外点源制导,是以被攻击目标的典型高温部分(如飞机发动机的喷口、军舰的发动机等)的红外辐射作为制导信息源,通过红外探测系统将其转换成反映目标空间位置信息的电信号,导引导弹击中目标。其工作原理为:当弹目视线与红外导引头光轴重合时,经导引头光学系统聚焦的目标红外像点落在调制盘的中心,此时不被调制;当目标偏离光轴时,像点被调制,从像点投射在调制盘上的位置,可以判断出目标偏离光轴的方位和角偏差,以此形成控制信号,控制导弹飞行。

红外非成像寻的制导技术从目标获得的信息量少,只有一个点的角位置信号,没有区分多目标的能力,并且随着红外干扰技术的发展,红外点源制导技术逐渐不能适应先进制导系统的发展要求。红外成像制导技术与红外非成像制导技术相比,能更好地解决对目标的探测和识别问题,它是一种基于目标和背景的红外辐射成像来完成目标识别与跟踪,并引导红外导弹准确攻击敌方目标的集光、机、电及信息处理于一体的综合技术[13]。但红外成像制导系统的成本是红外非成像制导系统的几倍,从今后的发展和效费比来看,红外非成像制导技术作为一种低成本制导技术仍是可取的。

4.2 红外点源寻的制导技术

红外点源寻的制导技术的发展,大致可分为以下三个阶段:

(1) 20世纪40年代中期到50年代中期,红外制导技术采用非制冷的硫化铅(PbS)单元红外探测器件,工作波段为$1\sim3\mu m$,采用调制盘对误差信号进行处理。该类导弹尾追攻击角度限于目标后方±45°左右的扇形区域。

(2) 20世纪50年代中期到60年代中期,红外制导采用多元红外探测器及一维扫描体制,实现了边扫描边跟踪。硫化铅探测器采用了制冷技术,以提高灵敏度。除美国之外,其他国家几乎都采用了锑化铟(InSb)探测器,工作波段为$3\sim5\mu m$。由于波长向长波方向扩展了,因此红外系统不但可敏感目标喷气发动机喷管的红外辐射,而且可敏感发动机排出的CO_2废气的红外辐射,甚至可以敏感由于气动加热引起机体蒙皮温度升高产生的红外辐射,从而使导弹不再限于尾追攻击,扩大了攻击区,即导弹能在目标的整个后半球(±90°)内攻击目标,作用距离也有很大提高。

(3) 20世纪60年代中期到70年代后期,红外制导全部采用了制冷型锑化铟探测器,改进了调制方式和固态电路,使导引头具有更大的视角和跟踪加速度,攻击角度可达270°,可进行侧向攻击,导弹有更大的射程。

点源探测制导技术的特点是把目标看作一个热点,主要优点包括:①系统结构简单,体积小、造价低、工作可靠;②可"发射后不管",导弹本身不辐射用于制导的能量,也不需要其他的照射能源,攻击隐蔽性好,在300~500m高度上工作正常,对低空目标探测较容易,命中率高;③制导精度高,并且不受无线电干扰的影响。但也存在以下不足:①无法测距及识别敌我;②作用距离近;③不能全天候工作,雨、雾天气红外辐射被大气吸收和衰减的现象很严重,在烟尘、雾、霾的地面背景中其有效性也大大下降;④抗干扰能力差,容易受到激光、阳光、红外诱饵等干扰和其他热源的诱骗而偏离和丢失目标。

为解决鉴别假目标和对付红外干扰问题,20世纪80年代初开始发展双色红外探测器,使用两种敏感不同波段的探测器来提高鉴别假目标的能力。

4.2.1 红外点源导引头

红外点源导引头主要由红外光学系统、调制器、红外探测器及制冷器、信号处理电路、伺服系统等部分组成，如图 4-8 所示。其中红外光学系统、调制器、红外探测器及制冷器组成红外位标器。

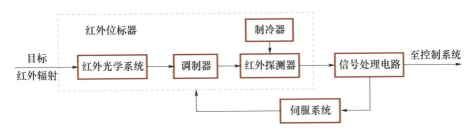

图 4-8　红外点源导引头的组成

当红外点源导引头开机后，伺服系统驱动红外位标器在一定角度范围进行搜索。红外光学系统不断将目标和背景的红外辐射接收并汇聚起来送给调制器。调制器将目标和背景的红外辐射信号进行调制，并在此过程中进行光谱滤波和空间滤波，然后将信号传给红外探测器。红外探测器把红外信号转换成电信号，经由信号处理电路后，根据目标与背景噪声及内部噪声在频域和时域上的差别，鉴别出目标，红外位标器停止搜索，自动转入跟踪，在方位和俯仰两个方向上跟踪目标。在红外导引头跟踪目标的同时，由方位、俯仰两路输出控制电压给控制系统，控制导弹向目标飞行。

1. 红外光学系统

红外光学系统有多种形式[14]，但多采用折反式，因为这种形式占用的轴向尺寸小。红外光学系统位于导引头最前部，用来接收目标辐射的红外能量，并把接收到的能量在调制器上聚焦成一个足够小的像点。如图 4-9 所示为 AIM-9B 空空导弹红外光学系统结构示意图，主要由整流罩、主反射镜、次反射镜、校正透镜等组成。

（1）整流罩：是一个半球形的同心球面透镜，为导弹的头部外壳，具有良好的空气动力特性，并能透射红外线。其工作条件恶劣，在导弹高速飞行时，其外表面与空气摩擦产生高温，内表面因舱内冷却条件好，使整流罩内外温差较大，可能使其软化变形，甚至破坏。另外，高温整流罩将辐射红外线，干扰红外探测器的工作。因此，整流罩的结构必须合理，材料必须选择适当，加工要精密。

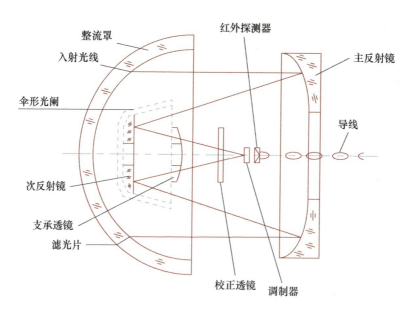

图 4-9　AIM-9B 空空导弹红外光学系统结构示意图

（2）主反射镜：用于汇聚光能，是光学系统的主镜。它一般为球面镜式抛物面镜。为了减小入射能的损失，其反射系数要大，为此镀有反射层（镀铝或锡），使成像时不产生色差，并对各波段反射作用相同。

（3）次反射镜：位于主反射镜的反射光路中，主反射镜汇聚的红外光束，经次反射镜反射回来，大大缩短了光学系统的轴向尺寸。次反射镜是光学系统的次镜，一般为平面或球面镜，镀有反射层。

为了提高光学系统性能，还增加了校正透镜、滤光片（滤光镜）、伞形光阑等组件。

红外光学系统的工作原理是：目标的红外辐射透过整流罩照射到主反射镜上，经主反射镜聚焦、反射到次反射镜上，再次反射并经伞形光阑、校正透镜等进一步汇聚，成像于光学系统焦平面的调制器上。

2. 调制器

经红外光学系统聚焦后的目标像点，是强度随时间不变的热能信号，如直接进行光电转换，得到的电信号只能表明导引头视场内有目标存在，无法判定其方位。为此，必须在光电转换前对它进行调制，即把接收的恒定的辐射能变换为随时间变化的辐射能，并使其某些特征（幅度、频率、相位等）随目标在空间的方位而变化，调制后的辐射能，经光电转换为交流电信号，便于放大处理。

3. 红外探测器

参见 4.1.2 节内容。

4. 制冷器

红外探测器在制冷到很低的温度下工作时,不仅能够降低内部噪声,增大探测率,而且会有较长的响应波长和较短的响应时间。为了改善探测器的性能,提高导引头的作用距离,目前大部分红外导引头中的探测器都采用了制冷技术。

5. 信号处理电路

目标的辐射经过调制盘的调制照射到探测器上,探测器输出的是一个包含目标方位信息的微弱的电压信号,通常为微伏或毫伏级,这样微弱的信号必须经过信号处理电路进行放大、解调和变换后,通过伺服系统控制导弹跟踪目标。

6. 伺服系统

红外点源导引头多采用动力陀螺式伺服系统,该系统中的陀螺有外框架式和内框架式两种型式。

4.2.2 调制盘式点源制导

调制盘是一种能对光能(红外辐射)进行调制的部件。它是由透明(透过率100%)和不透明(透过率0)的栅格区域组成的圆盘,置于导引头光学系统的焦平面上,目标像点就落在调制盘上。当目标像点和调制盘有相对运动时,就会对目标像点的光能量进行调制。调制以后的目标辐射功率是时间的周期性函数,如方波、梯形波或正弦波调制。调制后的信号波形,随目标像点尺寸和调制盘栅格之间的比例关系而定。由于调制盘形式的信号处理非常适合背景较为简单的空中目标,主要应用在空空导弹或地空导弹中。

在红外点源制导系统中,光学调制盘的作用主要包括以下几方面:

(1) 把恒定的辐射通量转变为交变辐射通量,以便用交流放大器将其放大,而避免使用直流放大器。因为直流放大器的"零点漂移"是个棘手的问题,而交流放大器精度高、方便,又可克服"零点漂移"。

(2) 进行空间滤波,即抑制背景,突出目标。

(3) 提供目标的方位信息。

调制盘的式样繁多,图案各异。但基本上都是在一种合适的透明基片上用照相、光刻、腐蚀方法制成特定图案。按调制方式，调制盘可分为调幅式、调频式、调相式、调宽式和脉冲编码式。

调幅式和调频式调制盘用调制信号的幅度和频率变化来反映目标的位置；调相式调制盘用脉冲编组的频率和相位来反映目标的方位，因此也被称为脉冲编码式调制盘。相比之下调幅式调制盘的信号处理系更简单、更可靠，其性能可以满足一般导弹制导的要求，因此广泛应用于多种点源式红外制导导弹。如图 4-10 所示为几种典型的调制盘形状，其中前两个调整盘工作时快速旋转，后两个工作时保持静止[15]。

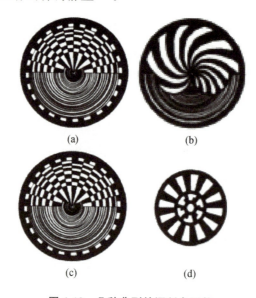

图 4-10 几种典型的调制盘形状

（a）以色列"怪蛇3"空空导弹；（b）苏联"箭2"防空导弹；
（c）美国"毒刺"防空导弹；（d）苏联"箭3"防空导弹。

4.2.3 非调制盘式点源制导

在调制盘式红外制导系统中，调制盘必须制作成"透"与"不透"的图案，不透区域的存在会使探测系统对目标能量的利用率减小一半。另外，由于调制盘占据光学系统焦平面的位置，探测器不得不离开焦平面。因此需要在探测器前引入场镜、浸没透镜等，这不仅使系统复杂，还进一步降低了光能利用率。此外，调制盘中央存在一个盲区，盲区内的目标不能产生有效的调制信号。为了克服这些缺点，人们取消了调制盘，并将探测器阵列按照一定形式排列。通过让目标成像点按照某种规律扫描运动,实现对目标能量的调制和角度信息的获取。常见的非调制盘式红外点源制导系统有"十"字形系统、"L"形系统及玫瑰线扫描系统等。

1. "十"字形探测系统

"十"字形探测系统由光学系统、探测器及信号处理电路三大部分组成。光学系统可分为反射式、折射式或折反式成像,而工作方式为圆锥扫描式,即在像平面上产生像点扫描圆。像平面上放置四个光敏电阻,电阻按照"十"字形阵列摆放,目标像点以圆的轨迹扫过"十"字形探测器阵列。如图 4-11 所示为反射式"十"字形探测系统示意图。

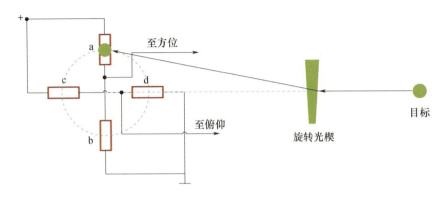

图 4-11 反射式"十"字形探测系统示意图

"十"字形探测器使用的是光敏电阻,当像点扫描过探测器时,该探测器电阻发生变化,造成其所在通道两元件阻值的失衡。于是,在该通道输出端出现正极性或负极性的脉冲信号(图 4-12)。

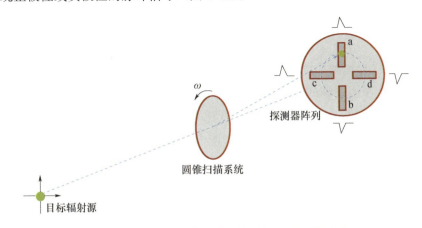

图 4-12 "十"字形探测器光点扫描与信号产生原理

若目标在导引头光轴上,则其像点扫描圆心与"十"字中央重合,方位通道、俯仰通道信号脉冲等间隔出现,如图4-13(a)所示。两脉冲之间的间隔为基准信号周期的1/2。这种信号脉冲对基准信号采样,由缓冲器输出误差信号为零。

当目标不在导引头光轴上时,如扫描圆圆心偏到"十"字右侧,如图4-13(b)所示,此时像点扫过方位通道元件a、b所产生的信号脉冲不等间隔出现。随着目标偏离光轴的大小和方向不同,信号脉冲出现的时间先后及脉冲间隔都不相同。显然,"十"字形探测系统的位置信号为脉冲位置调制信号,简称脉冲调制信号。

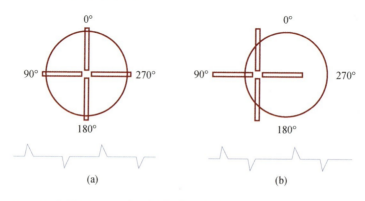

图4-13 目标位于"十"字形探测系统不同位置时探测器的输出波形

"十"字形系统的优点是避免了调制盘带来的能量损失,理论上无盲区,测角精度高,可以达到角秒级;其缺点是失去了调制盘特有的空间滤波作用,探测噪声大。另外,这种系统一周内采样两次,若基准波形不对称,则其局部误差、相位差、采样脉冲宽度等因素都会带来误差。针对这一情况,人们设计了"L"形探测器,它一周内只采样一次。

2. "L"形探测系统

在"L"形探测系统中,探测器阵列排列成"L"形,如图4-14(a)所示。"L"形探测系统的目标信号形式、基准信号形式及方位角误差信号提取的原理都与"十"字形系统相同,区别仅在于光点转动一周一个通道内只产生一个调制脉冲,在基准信号一个周期内只采样一次,因此"L"形系统比"十"字形系统的测角精度更高。

在光学系统视场大小相同的情况下,"L"形和"十"字形探测器的各臂长度是不同的。为了保证不丢失目标,"L"形探测器一个臂的长度等于光学视场的直径(2R),而"十"字形探测器一个臂的长度只有光学系统视场直径的 1/2 （R），如图 4-13 所示。如果"L"形探测器的尺寸太大，每个探测臂的探测元数过多，就会使多探测元的均匀性等难以保证，测量精度降低。为了克服上述缺点，又充分发挥"L"形系统测量精度高的优势，有些红外测角仪做成两种视场。当大视场时采用"十"字形探测器，以获得较大的捕获目标能力；当小视场时采用"L"形探测器，以获得较高的测量精度。

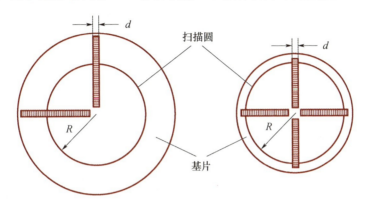

图 4-14　"L"形与"十"字形探测器的对比

3. 玫瑰线扫描系统

玫瑰线扫描系统是一种可以实现复杂像点扫描的光学系统。其组成可以等效为平行光路中的两个旋转光楔、物镜和探测器。像点扫描系统如图 4-15 所示。

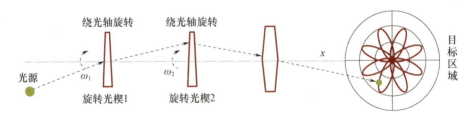

图 4-15　像点扫描系统

当光楔 1、2 的材料和斜角相同，两者分别以角速度 ω_1 和 ω_2 沿 x 轴旋转，通过设置两者不同的角速度，便可以得到不同形状的扫描线。

如图 4-16（b）所示为采用反射镜反向旋转实现玫瑰线扫描的方案示意图。其中，主镜、次镜相对于一般意义上的"光轴"各自倾斜一个不大的角度，两个倾角大小一样，但方向相反；主镜、次镜分别绕系统光轴反向旋转。适当控制两者的转速比，即可产生如图 4-16（a）所示的由 N 个花瓣组成的扫描图案——多叶玫瑰线。

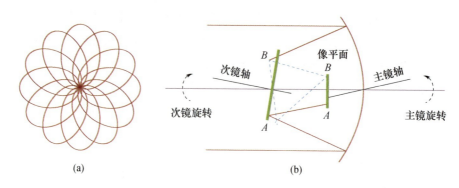

图 4-16　玫瑰线扫描图案及其产生方法

在这种方案中，视场中心是各叶扫描线的交汇处，故每帧有 $2N$ 次脉冲提供目标的位置信息。当目标偏离视场中心后，每帧至少有一次脉冲提供其位置信息，这也是玫瑰线扫描相比调制盘的优势之处。对于采用调制盘的探测系统，无论目标像点位于调制盘上何处，每帧都只能提供一次目标位置信息[16]。

采用玫瑰线扫描的另一个优势在于采用很小的探测器就能实现较大视场范围内的扫描。由于探测器噪声与其面积的平方根成正比，因此减小探测器的尺寸有利于减小探测器噪声。另外小面积探测器易制作，有利于降低成本和提高成品质量。最后小型探测器便于制冷，这也能使信噪比进一步提高。当然，小的瞬时视场对应着目标信号的脉冲宽度越窄，这就要求信号处理电路具有较大的带宽，从而增加了电子系统的噪声。美国的"毒刺"-POST 便携式地空导弹就采用了玫瑰线扫描方案。

针对玫瑰线扫描系统得到的图像不具有清晰的纹理特征、轮廓边界以及目标的形状特性，以及在信号传输及处理过程中，采集到的大部分数据在压缩过程中被丢弃，造成了资源浪费的问题。我国研究人员在后续的图像处理阶段设计了一些算法，例如确定适合的瞬时视场大小[17]、采用多元探测器代替单元探测器[18]、集合去交分割算法[19]、基于压缩感知理论的压缩成像方法[16,20]，这些算法都是为了进一步降低对采样速率的要求，减少采样数目，节约传感器资源，改善系统的成像分辨率。

如前所述，无论是调制盘式或非调制盘式都属于红外点源制导系统，这种点源系统不考虑目标的形状特征而过于依赖辐射能量的强弱，因此很容易被敌方释放的红外诱饵所干扰，从而导致在复杂的现代战场中命中概率不高。为了解决红外点源制导的先天不足，人们开始在后期的红外制导导弹中使用红外成像制导系统。

4.3 红外成像制导技术

红外成像又称热成像,红外成像技术就是把物体表面温度的空间分布情况变为按时间顺序排列的电信号,并以可见光的形式显示出来,或者将其数字化存储在存储器中,为数字机提供输入,用数字信号处理方法来分析这种图像,从而得到目标信息。它探测的是目标和背景间微小的温差或辐射频率差引起的热辐射分布情况[21]。红外成像制导是利用弹上红外成像导引头探测目标的红外辐射,根据获取的红外图像进行目标捕获与跟踪,并将导弹引向目标。红外成像制导技术具备在各种复杂战术环境下自主搜索、捕获、识别和跟踪目标的能力。

4.3.1 红外成像导引头工作原理

对于制导站发射的红外成像导弹,其工作过程如下:在导弹发射前,由制导站的红外前视装置搜索和捕获目标,根据视场内各种物体热辐射的差异,在制导站显示器上显示并确定目标。目标位置确定后,弹上导引头开始跟踪目标。导弹发射后,导引头提取目标的红外图像并进行处理,区分目标、背景信号,识别真假目标并抑制假目标[22]。跟踪装置按预定的跟踪方式跟踪目标,给自动驾驶仪送出控制指令,引导导弹飞向预定目标。

红外成像导引头信息处理系统主要由实时红外成像系统和红外图像目标自动识别系统两部分组成,其主要结构如图4-17所示。

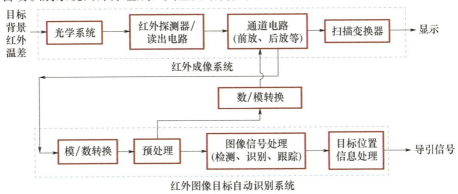

图4-17 红外成像导引头信息处理系统的主要结构

1. 红外成像系统

红外成像系统用来获取和输出目标与背景的红外图像信息，必须具有实时性，其取像速率≥15帧/s[23]。红外成像系统一般包括光学系统、红外探测器、扫描变换器和信号处理器等部分。

光学系统主要用来收集来自目标和背景的红外辐射。它可分为平行光束扫描系统和会聚光束扫描系统两大类。扫描变换器一般是光学和机械扫描的组合体。光学部分由机械驱动完成两个方向（水平和垂直）的扫描，实现快速摄取被测目标的各部分信号，也可分为两大类：物方扫描和像方扫描。物方扫描是指扫描器在成像透镜前面的扫描方式；像方扫描是指扫描器在成像透镜后面的扫描方式。

红外探测器是红外成像系统的核心。目前用于红外成像导引头的探测器主要工作在长波的 $8\sim12\mu m$、中波的 $4\sim5\mu m$ 这两个波段。长波红外波段通常可提供所有常见背景的图像，尤其适用于北方地区或对地攻击，但对南方湿热地区或远距离（大于10km）海上目标、空中目标，目标热辐射将逐渐转向中波红外波段。针对远距离海上目标或热带区域目标，使用中波红外波段较为有利。

需要指出的是，短波红外相对于其他波长探测而言，既具有类似可见光反射式成像可分辨细节的能力和相对明显的穿云透雾的能力，又具有不可见光探测能力，由于 InGaAs 传感器的发展成为现实。在热交叉点上，海岸和海水的细节容易在热成像中丢失，短波红外能对反射光成像而不是依赖温度差，海岸线图像清晰可辨，同时由于短波红外的透雾能力，相比可见光成像能捕获更多细节[4]。

传统的红外成像制导系统大多采用制冷型红外焦平面探测器。随着非制冷探测器制造技术的快速发展，中大规模、高灵敏度、小像素的非制冷焦平面器件实现工程化应用，并且成本大幅下降；制导用非制冷焦平面探测器具有高可靠性、高帧频、大规格、抗过载特点，使其在非制冷红外成像导引头具有效费比高、结构紧凑（体积小、质量轻）、易使用和易维护等优点，已成为红外成像导引头的重要成员之一。经过多年的发展，非制冷红外成像导引头已广泛用于反坦克导弹、精确攻击导弹、小直径炸弹、反舰导弹等。表4-1列出了非制冷红外成像制导的反坦克导弹[24]。

表 4-1　非制冷红外成像制导的反坦克导弹

名称	射程/km	长度/m	弹径/mm	质量/kg	制导方式	国籍
进程-长钉（Spike-SR）	0.8	1.0	110	9	非制冷红外+CCD	以色列
迷你-长钉（Mini-SR）	1.5	0.8	75	4	非制冷红外+CMOS	以色列
MMP 中程	4.0	1.3	140	15	非制冷红外+电视	法国
新"轻马特"（XATM-5）	1.8	0.86	120	11.4	非制冷红外	日本
红箭-12	2.0	0.98	135	17	非制冷红外或电视	中国

应用于红外成像制导系统的非制冷焦平面探测器包括以下型号。

SCD 公司的 BIRD 640-VE 非制冷焦平面组件[25]，其外形如图 4-18 所示，典型参数及其性能如表 4-2 所列。

图 4-18　SCD 公司的 BIRD 640-VE 非制冷焦平面组件外形

表 4-2　BIRD 640-VE 非制冷焦平面组件典型参数及其性能（@25℃，TEC stabilized）

参数	性能
传感器材料	VOx
阵列规模	640×480
像元中心距/μm	25
相应波段/μm	8～14
最大帧频/Hz	60
功耗/mW	450
典型热响应时间/ms	<12
NETD @300 K scene, $f/1$, 60 Hz	<50mK
工作温度/℃	−35～+65
质量/g	~40

雷声（RAYTHEON）公司的 640×512（25μm）和 640×512（17μm）非制冷焦平面机芯组件[26,27]，其外形如图 4-19 所示。

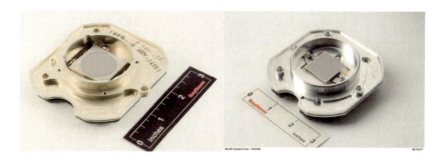

图 4-19　雷声非制冷焦平面机芯组件

(a) 25μm；(b) 17μm。

BAE 系统公司的 MICROIRTM 非制冷焦平面组件[28-29]，其非制冷标准组件及红外成像导引头外形如图 4-20 所示。

图 4-20　MICROIRTM 非制冷标准组件及红外成像导引头外形

2. 红外图像目标自动识别系统

红外图像目标自动识别系统的主要功能包括：①对来自红外成像系统的图像信号进行分析、鉴别，排除混杂在信号中的背景噪声和人为干扰，提取真实目标信号；②计算目标位置和命中点；③送出控制信号至自动驾驶仪；④向红外成像系统反馈信息，以控制它的增益和偏置；⑤结合红外成像系统中的速率陀螺组合，完成对红外图像信息的捷联式稳定，达到稳定图像的目的。

导引头的图像处理贯穿从捕获目标至击中目标的全过程,其核心是图像处理算法的设计。算法设计要依据图像处理的功能要求,充分利用目标在不同阶段的图像特征及与背景噪声和人工干扰之间的特征差异,选择满足指标要求,运算复杂度和存储量小的算法,以便降低对处理器硬件的要求,提高系统可靠性。

红外成像制导图像处理的流程主要包括预处理、目标检测、目标跟踪和目标识别等部分。

预处理的主要目的是改善图像数据,抑制图像噪声,削弱背景杂波,将目标与背景初步分离,使后续的检测跟踪识别等处理更易实现。

目标检测是红外成像系统中前端的处理环节,只有及时地检测到场景中的目标,才能保证后继的目标识别、跟踪等一系列处理工作的顺利开展。

目标识别的任务是根据某种相似性度量准则,从预处理后的图像数据中选出与目标特征最为接近的区域作为目标,然后给出目标的初始位置,以便令跟踪环节开始捕获。随着导弹和目标间距离的缩短,有时识别环节要更换被识别的内容,以实现在距目标很近时,对其易损部位进行定位。

跟踪处理一般首先用稍大于目标的窗口套住目标,以隔离其外背景的干扰并减少计算量。在窗口内,按不同模式计算出目标每帧的位置,一方面将它输出给位置处理系统,控制导弹飞行,另一方面用它调整窗口在画面中的位置,以抓住目标,防止目标丢失。有的装备为"人在回路"的体制,制导站上含有显示设备,为操作人员提供导引头回传的画面,结合手控装置和跟踪窗口,使操作人员可以完成人工识别和捕获目标。

4.3.2 红外图像预处理

预处理是目标识别和跟踪的前期功能模块,包括 A/D 转换、自适应量化、图像滤波、图像分割、图像增强和阈值检测等。

1. 图像滤波

滤波的主要目的是抑制图像中的噪声和背景,增强目标,突出目标与背景的差异。图像滤波可分为时域滤波和空间滤波两类[30]。

时域是描述数学函数或物理信号对时间的关系。在图像处理中,视频可以认为是时域上的图像序列构成,图片可以认为是时域上的单幅图像。时域滤波通常指对图像序列进行处理,通过时域滤波可以有效地提高图像的信噪比。

空间滤波是着眼于灰度的空间分布的结构方法，在小目标检测中有广泛的应用。小目标的像素少，具有高频特性；红外图像中的背景灰度具有一定的起伏，在一帧中这种起伏具有较强的相关性，呈缓慢变化态势，具有低频特性。因此可通过空间的低通滤波来预测背景，然后在原始图像中减去背景，达到抑制背景、突出目标的效果。常用的空间滤波有均值滤波、中值滤波、形态滤波等。

在上述三种空间滤波器中，均值滤波是线性滤波器，计算简单，容易实现，但对系统非线性引起的噪声和非高斯噪声效果不佳，而且破坏图像的边缘；中值滤波和形态滤波都是非线性滤波器，前者基于次序统计，后者基于图像几何结构的分析，它们在抑制脉冲噪声、保护图像边缘和细节方面具有优势，因此在图像处理领域得到了越来越广泛的应用。

2. 图像分割

图像分割是对图像信息进行提炼，目的在于把图像空间分成一些有意义的区域，从而把目标和背景初步分离开来。本质上图像分割是把图像划分成具有一致特性的像元区域。而特性的一致性包括图像本身的特性、图像所反映的物景特性、图像结构语义方面的一致性。

图像分割的依据建立在相似性和非连续性两个概念基础上。相似性是指图像的同一区域中的像点是类似的，类似于一个聚合群[31]。根据这一原理，可以把许多点分成若干相似区域，用这种方法确定边界，对图像进行分割。非连续性是指从一个区域变到另一个区域时，发生某种量的突变，如灰度突然变化等，从而在区域间找到边界，对图像进行分割。

1) 利用相似性进行图像分割

由于同一区域中像素是以不同灰度等级来区分的，因而以相似性为基础的最简单的分割方法是对灰度取阈值。若物体较黑，背景较浅，则可用图形的双峰直方图来区分[26]。在直方图的谷处取一阈值 T_1，就可把目标和背景分开，如图 4-21 所示。图 4-21 中的实际分界线就是由物体和背景灰度差的点所组成的。

对于复杂的图像，可采用几个阈值。若某图像灰度分为 10 级，根据具体情况将第一阈值 T_1 定于某一级（如第 4 级），则凡在最黑与 T_1 间的灰度都属背景，并将该区间的灰度归为 I 类；第二阈值 T_2 定于另一级（如第 8 级），则灰度在 4~8 级之间的点属物体甲，其灰度定为 II 类；灰度 8~10 级之间的点属物体乙，其灰度定为 III 类。这样两个阈值将 10 个灰度等级分为三大类。

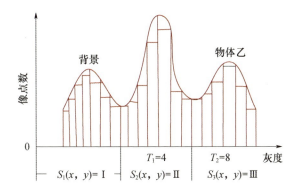

图 4-21 用灰度阈值 T 分割目标与背景

具体区分可在图像量化后进行。设 $f(x, y)$ 代表灰度，若量化前灰度为
$$0 \leqslant f_1(x, y) \leqslant 10$$
量化后将灰度定为

$$0 < f_1(x, y) < T_1$$
$$S_1(x, y) = \text{I}$$
$$T_1 \leqslant f_2(x, y) < T_2$$
$$S_2(x, y) = \text{II}$$
$$T_2 \leqslant f_3(x, y) < 10$$
$$S_3(x, y) = \text{III}$$

上述取了两个阈值 T_1 和 T_2。若图形复杂，根据需要可取多个阈值。当阈值取得很多时，就把图形的灰度特征描绘出来了，这就是阈值方法的推广，它渐渐变为灰度特征的聚合。

2) 利用非连续性进行图像分割

有些图像利用相似性很难进行分割，而利用非连续性方法就很容易分割，如晴朗的天空下远海图像中海天分割就是一例。

利用非连续性进行图像分割可以有边缘检出法和边缘元素组合法两种方法。

边缘检出法是利用边界处发生的灰度突变寻找边界。因为突变处信号的高频分量增加，所以寻找边界线的简便方法，就是利用高通滤波器滤波，检出高频成分，获得突变点。还可以利用边缘处灰度 $f(x, y)$ 的变化梯度大的特点做梯度检测：

$$\nabla f(x, y) = \frac{\partial f}{\partial x}\boldsymbol{i} + \frac{\partial f}{\partial y}\boldsymbol{j} \tag{4-2}$$

式中：i、j 分别表示 x、y 方向的单位矢量。

对每个点寻找其附近的梯度时，在边界附近一定能找到其最大值。将所有梯度最大值点连接起来，就得到边界线。

边缘元素组合法可利用搜索法、动态规划法和松弛法等完成。其中松弛算法是一种平行算法，它具有很多优点，往往经过不多次数迭代就能达到令人满意的结果，这是一种很有应用前景的新算法。

3. 图像增强

图像增强的目的是使整个画面清晰，使之易于判别。一般采用改变高频分量和直流分量比例的办法，提高对比度，使图像的细微结构和背景之间的反差增强，从而使模糊不清的画面变得清晰。

图像增强是从时域、频域或空域三方面进行处理的，无论从哪个域处理都能得到较好的结果。图像增强的实质是对图像进行频谱分析、过滤和综合。事实上，它是根据实际需要突出图像中某些需要的信息，削弱或滤除某些不需要的信息[32]。

频域增强技术的理论基础是卷积定理。其概念是将图像 $i(x, y)$ 经过另一函数，如位置不变因子 $h(x, y)$ 的作用（数学上称为卷积），达到所希望的图像 $f(x, y)$。可表示为

$$f(x, y) = h(x, y) * i(x, y) \tag{4-3}$$

若 $h(x, y)$ 的傅里叶变换是 $H(u, v)$，$i(x, y)$ 的傅里叶变换是 $I(u, v)$，则 $h(x, y) * i(x, y)$ 的傅里叶变换是 $H(u, v) I(u, v)$，即

$$h(x, y) * i(x, y) \Leftrightarrow H(u, v) I(u, v) = F(u, v) \tag{4-4}$$

从式（4-4）看出，$I(u, v)$ 是被处理图像的频率特性，经过频率特性 $H(u, v)$ 处理后，就得到处理后所需的频率特性。

在求得 $F(u, v)$ 后，通过傅里叶逆变换，可得所需的图像 $f(x, y)$，即

$$f(x, y) = F^{-1}\{H(u, v) I(u, v)\} \tag{4-5}$$

$f(x, y)$ 具有 $i(x, y)$ 的某些鲜明的特性。例如，利用 $H(u, v)$ 强调 $I(u, v)$ 的高频部分，就能使图像 $i(x, y)$ 的突变部分（边缘部分）得到增强，从而显出轮廓。

空域技术是指在空间范围内进行信号变换技术。空域技术的基础是灰度级映射变换，所用映射变换的类型取决于增强准则的选择。

4.3.3 红外成像目标检测

为了系统有足够的反应时间，需要尽早地发现目标，这就要求在远距离

就能够检测到目标。由于远距离下目标成像面积小、对比度较低、边缘模糊、无纹理特征、尺寸及形状变化不定，可检测信号相对较弱，特别是在非平稳的复杂起伏背景干扰下，地面背景中的树木、道路，海面背景中的海浪、云层等，与目标交叠在一起，无法直接从灰度、尺寸和形状上区别目标。目前红外弱小目标检测方法的鲁棒性、实时性还不能完全满足不同应用背景的需求。因此，红外弱小目标检测技术成为近年来在民用和军用领域里的研究热点之一[33-35]。

小目标的检测一般都采用空-时滤波算法，包括先检测后跟踪（简称 DBT 方法）和检测前跟踪（简称 TBD 方法）两类。DBT 方法先进行空间滤波预处理对单帧图像实现目标增强和背景抑制，提高图像的信噪比，再在此基础上用门限检测的方法进行目标检测，然后通过时间序列分析进行时间域滤波，去伪存真，找到真正的目标。该方法的关键是单帧图像的处理效果，如果图像中的目标对比度很低不易辨别时，就很难从疑似目标中挑选出真正的目标，无法继续完成后面的跟踪[33]。

基于单帧图像的小目标检测方法可以分为三种：①基于目标特征的弱小目标检测方法；②基于背景特征的弱小目标检测方法；③基于图像数据结构的方法[36]。

基于目标特征的弱小目标检测方法是从目标角度出发，根据目标和周围背景在单帧红外图像中的灰度、结构等特征差异，设计检测算子，直接提取目标。主要包括以下方法：第一种是基于局部强度和梯度的弱小目标检测方法，它是受到小目标在图像分布中呈现高斯形状的启发，从强度和梯度的角度对小目标的局部属性进行描述。小目标使用二维高斯函数模拟时，具有局部强度属性和局部梯度属性。由于背景强度几乎相同，均匀背景可以通过使用局部强度属性来抑制；对于具有强边缘的背景，它们的梯度方向通常是一致的，不同于分布中目标的梯度。基于这两个属性，通过计算原始红外图像局部强度和梯度图，可以实现目标增强和杂波抑制。第二种基于视觉对比机制的弱小目标检测方法是近几年才出现的一种新颖的弱小目标检测方法。它是将人类视觉系统中的一些理论机制引入到弱小目标检测中，如对比机制。对比机制一般被认为是信号在某个局部区域中存在各种各样的信息差异。根据小目标灰度强于邻域灰度的特征，Chen 等[37]基于视觉对比机制提出了一种局部对比测量方法（local contrast measure，LCM）。该方法主要是利用小目标的灰度值一般会比邻域的灰度值更大一些的特点。在计算局部对比度时，

LCM 使用的是比率形式定义，即先计算图像中某局部中心与其邻域之间的比率作为增强因子，然后将增强因子与局部中心值的乘积作为局部对比度。还有使用差异形式定义局部对比度的，即使用图像中的某局部中心以及邻域之间的差异结果作为局部对比度[38]。

基于背景特征的弱小目标检测方法是从图像背景角度出发，采用相应方法抑制图像的背景，从而实现弱小目标的检测。根据背景抑制方式的不同，主要分为基于空域滤波的方法和基于变换域滤波方法两类。基于空域滤波的方法首先通过估计图像的背景信号，然后利用原始图像与估计得到的图像背景进行差分运算，最后在差分图像中使用阈值分割方法实现弱小目标的检测。传统基于空域滤波的方法有最大中值/最大均值滤波器的方法[39]、二维最小均方滤波器的方法[40]、数学形态学方法[41]、双边滤波器[42]、高通模板滤波方法[43]、中值滤波方法[44]等。基于变换域滤波的方法首先使用相应的变换方法获取红外图像的变换域信息，然后在变换域中处理获取的信息，最后使用逆变换的方法将变换域中的图像变换至空间域，从而得到相应的结果。包括经典的频域滤波方法和小波变换滤波方法。相比于具有较低计算复杂度的空域滤波的方法，变换域方法计算复杂度较高。

基于图像数据结构的弱小目标检测方法主要是通过查找低维子空间结构以及使用预设的超完整字典来显示数据结构，从而实现小目标的检测。它主要是根据红外图像中目标的稀疏性和背景的低秩性等不同的结构特点，实现目标图像和背景图像的分离。近来，这些基于图像数据结构的方法引起了越来越多的关注[45-46]。

TBD 方法在每一帧并不宣布检测结果，不设检测门限，而是将每一帧的信息数字化、并存储起来，然后在帧与帧之间对假设路径包含的点做几乎没有信息损失的相关处理，经过多帧的积累，在目标的轨迹被估计出来后，检测结果与目标的航迹同时宣布。该方法对于图像的信噪比要求不是很高，但是通常计算量较大，实时性差。TBD 方法包括基于动态规划的方法、基于极大似然的方法、基于 Hough 变换的方法、三维匹配滤波器算法、多级假设检验方法以及高阶相关等算法。这类方法先对图像中较多的可能轨迹同时进行跟踪，用某种判据对每条轨迹的真实性做出软判断，逐步剔除由噪声构成的虚假轨迹，维持真实轨迹，当软判断超过某门限时，做出该轨迹为目标航迹的硬判断，这就避免了因信噪比低而造成的航迹漏检，提高了检测概率。因此，该类算法适用于低信噪比时的弱小目标检测[47]。

4.3.4　红外成像目标识别

对于应用在"发射后不管"型导弹中的红外成像制导技术，目标的自动识别是一个最重要，但也是最困难的环节，该部分内容属于模式识别范畴。

要识别目标，首先要找出目标和背景的差异，对目标进行特征提取；其次是比较，选取最佳结果特征，并进行决策分类处理[48]。在目标识别中，目标特征提取是关键。归纳起来，可供提取的目标物理特征主要有：目标温差和目标灰度分布特征；目标形状特征（外形、面积、周长、长宽比、圆度、大小等）；目标运动特征（相对位置、相对角速度、相对角加速度等）；目标统计分布特征；图像序列特征及变化特征。

对导弹导引系统而言，红外成像导引头的识别软件还必须解决点目标段（远距目标）和成像段（近距目标）衔接的问题以及远距离目标很小，提供的像素很少时的识别问题。

目标识别的主要任务是要确定图像中是否存在感兴趣的目标，并给目标合理的解释[35]。目前常用的目标识别算法有两种：一种称为由下而上的数据驱动型；另一种是由上而下的知识驱动型。数据驱动型不管识别目标属于何种类型，先对原始图像进行一般性的分割、标记和特征提取等低层处理，然后将每个带标记的已分割区域的特征矢量集与目标模型相匹配。目标识别过程包括低层处理和高层匹配、解释等两个互不相关的过程；其优点是适用面广，对单目标识别及复杂景物分析系统均适用，具有较强的代换性。缺点是在分割、标记、特征提取等低层处理过程中缺乏知识指导，盲目性大，工作量大，匹配算法比较复杂。

知识驱动型需要根据识别目标的模型，先对图像中可能存在的特征提出假设，根据假设有目的地进行分割、标记、特征提取，在此基础上和目标模型进行精匹配，以进行目标识别。由于其底层处理是在知识指导下的粗匹配过程，可避免抽取过多不必要的特征集，提高算法的效率，其精匹配过程也因此变得简单和有针对性。其缺点是代换性和兼容性差，待识别目标改变，知识和假设要随之改变。

目标识别的方法有统计模式识别法、神经网络法和模糊理论等，统计模式识别法是最经典的模式识别方法，目前应用也最为广泛，而神经网络法和模糊理论近年来的研究非常活跃，但在实际系统中的使用还比较少。

4.3.5 红外成像目标跟踪

目标跟踪是在一段连续的视频图像序列中标注出目标所在的物理位置，最终将连续帧中目标物体连接起来形成目标运动轨迹路径。跟踪算法的设计要考虑跟踪精度、抗干扰性能、实时性和可靠性等重要指标，其工作过程大致有下述几步。

（1）在捕捉目标后，给出目标所在位置（x_0，y_0）及目标的大小信息。

（2）根据（x_0，y_0）值建立第一个跟踪窗，并在窗内计算下列数值：

① 目标本帧位置（x_1，y_1）；

② 下帧窗口中心位置（$x\omega_2$，$y\omega_2$）；

③ 下帧窗口大小值（$L\omega_2$，$H\omega_2$）。

（3）在第 i 帧（$i \geqslant 2$）窗口内计算：

① 目标本帧位置（x_i，y_i）；

② 根据前 k 帧目标位置信息（x_i，y_i）、（x_{i-1}，y_{i-1}）、…、（x_{i-k-1}，y_{-k-1i}）及各帧相应的"置信度"η_i、…、η_{i-k}，计算下帧窗口中心位置 $x\omega_{i+1}$，$y\omega_{i+1}$；

③ 求窗口大小（$L\omega_{i+1}$，$H\omega_{i+1}$）。

目标跟踪本质上是根据给出的目标图像，利用特征提取和特征关联技术将不同帧图像中最可能属于同一目标的特征进行匹配，然后将连续视频帧中匹配上的目标进行连接，从而得到目标的运动轨迹，最终实现目标跟踪这一任务[49]。

一般的目标跟踪算法主要包含表观模型、运动模型、观测模型和模型更新策略 4 个基本部分。表观模型是用来提取图像特征的算法。运动模型主要用于描述待跟踪目标在连续图像序列中的运动趋势和运动状态信息。观测模型是用来对特征提取后的候选框内图像进行匹配，再通过一定策略得出最终的目标框来作为跟踪算法的最后结果。大多数目标跟踪算法的研究人员也将重点放在了这一部分策略的设计上。模型更新主要是针对表观模型和运动模型的更新，因为跟踪过程中目标位置不断移动和变化，导致其速度、形状、大小、姿态等特征都会发生变化，需要在跟踪过程中采用自适应的模型更新方式以适应目标的表观特征变化，防止跟踪过程中出现跟踪框漂移的情况。

根据应用场景的不同，分为单目标跟踪和多目标跟踪。近年来，单目标跟踪算法发展主要可以划分为 4 个阶段：第 1 阶段主要是基于粒子滤波的相关算法；第 2 阶段模型大多是基于稀疏表示理论的跟踪方法；第 3 阶段则是相关滤波类跟踪算法；第 4 阶段主要是基于深度学习的跟踪方法。多目标跟踪应用场景更为复杂，跟踪目标的数量和类别往往是不确定的。除了需要解决与单目标跟踪共性的问题外，还需要考虑目标的数据关联问题。下面分别介绍不同阶段的典型的跟踪方法和多目标跟踪的数据关联技术。

1. 基于粒子滤波的算法

粒子滤波（particle filter，PF）[50]是一种贝叶斯序列重要性采样方法，有效解决了非线性和非高斯性问题，成为目标跟踪的基本框架。其核心思想是通过蒙特卡罗仿真方法随机采样粒子，将所有粒子赋予权值，利用粒子集分布逼近目标状态的后验概率分布，使用贝叶斯准则更新粒子权值，从而估计出目标的状态。

基于粒子滤波的目标跟踪是将目标跟踪问题转换为在贝叶斯理论框架下已知目标状态的先验概率，在获得新的观测值后求解目标状态的最大后验概率的过程。基于粒子滤波的目标跟踪，主要包括预测和更新两个步骤。假设 x_t 为 t 时刻目标的状态变量，已知 1 到 $t-1$ 时刻所有图像观测 $y_{1:t-1} = \{y_1, \cdots, y_{t-1}\}$，则预测过程为

$$p(x_t \mid y_{1:t-1}) = \int p(x_t \mid x_{t-1}) p(x_{t-1} \mid y_{1:t-1}) \mathrm{d} x_{t-1} \tag{4-6}$$

式中：$p(x_t \mid y_{1:t-1})$ 为目标状态 x_t 的先验概率；$p(x_t \mid x_{t-1})$ 为状态转移模型。t 时刻，当图像观测 y_t 可用时，则进行更新过程为

$$p(x_t \mid y_{1:t}) = \frac{p(y_t \mid x_t) \, p(x_t \mid y_{1:t-1})}{p(y_t \mid y_{1:t-1})} \tag{4-7}$$

式中：$p(x_t \mid y_{1:t})$ 为目标状态 x_t 的后验概率；$p(y_t \mid x_t)$ 为观测似然。在目标跟踪中，目标状态是随机变化的，很难使用一个积分函数来描述目标状态的变化关系。根据蒙特卡罗思想，当目标状态的采样样本数（粒子个数）足够大时，能够使用这些离散粒子样本的累加无限逼近目标状态的后验概率。据此，在粒子滤波中，使用 N 个由序列重要性采样所得的粒子 $\{x_t^i\}_{i=1,\cdots,N}$ 及相应重要性权值 $\{\omega_t^i\}_{i=1,\cdots,N}$ 近似拟合后验概率 $p(x_t \mid y_{1:t})$，如下式所示：

$$p(x_t \mid y_{1:t}) \approx \sum_{i=1}^{N} \omega_t^i \delta(x_t - x_t^i) \tag{4-8}$$

其中，重要性权值满足归一化原则，$\sum_{i=1}^{N} \omega_t^i = 1$。在实际应用中，后验概率分布是不能够预先获知的。通常情况下，粒子会从一个建议分布 $q(x_t \mid x_{1:t-1}, y_{1:t})$（又称"重要性分布"）中随机采样得到，并且粒子的权值可以如下式所示更新：

$$\omega_t^i = \omega_{t-1}^i \frac{p(y_t^i \mid x_t^i)\ p(x_t^i \mid x_{t-1}^i)}{q(x_t \mid x_{1:t-1},\ y_{1:t})} \tag{4-9}$$

若选择贝叶斯自主滤波,则 $q(x_t \mid x_{1:t-1},\ y_{1:t}) = p(x_t \mid x_{t-1})$,式(4-9)将转化为

$$\omega_t^i = \omega_{t-1}^i p(y_t^i \mid x_t^i) \tag{4-10}$$

在得到所有图像观测 $y_{1:t} = \{y_1, \cdots, y_t\}$ 后,找出使后验概率分布最大的最优目标状态估计 $\hat{x}_t$,如下式所示:

$$\hat{x}_t = \mathrm{argmax}_{x_t^i} p(x_t^i \mid y_{1:t}) \tag{4-11}$$

针对粒子滤波算法中存在的重要性采样密度函数设计和选择、迭代过程中的粒子退化以及大量粒子采样带来的计算量爆炸等问题,研究者们采用如下方法进行改进:①基于多特征融合思想的目标跟踪算法;②基于多种算法的融合来提升模型效果;③基于自适应性调整的算法,其中包括粒子采样的自适应方法、特征权值的自适应调整方法等。

2. 基于稀疏表示理论的算法

稀疏表示的概念最早起源于信号处理领域的压缩感知(compressed sensing,CS)理论。在传统信号处理领域中,如果要无失真的恢复原信号,那么采样频率要高于原信号带宽的两倍,这也是著名的奈奎斯特采样定理。但是由于信号通常有较大的冗余性,因此可以使用远低于两倍带宽的频率进行采样,并能保证无失真的恢复原信号,这就是由 Candes 和 Donoho 提出的压缩感知理论[51],其基本数学模型如下:

$$\min_x \|x\|_0 \quad (\text{s.t.}\ Ax = y) \tag{4-12}$$

式中:$y \in \mathbb{R}^m$ 是观测信号;$x \in \mathbb{R}^n$ 是原始的信号;A 是 $m \times n$ 的矩阵且 $m \ll n$。$\|x\|_0$ 是 l_0 范数,也就是矢量 x 中的非零元素的个数,代表了 x 的稀疏性。该模型可以用图 4-22 来形象说明。

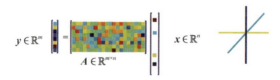

图 4-22 信号稀疏表示模型

图像稀疏表示是从过完备的特征基空间中选取少量合适的基元素重构图像。图像稀疏表示能够通过获得的稀疏解捕捉到图像的主要结构特性,忽略图像中的冗余数据,减小计算复杂度,提高对图像分析与理解的效率。

假设 $y \in \mathbb{R}^m$ 为一幅图像经过拉伸得到的列矢量,将给定图像 y 在过完备字典 $D=[d_1,\cdots,d_k] \in \mathbb{R}^{m \times k}$ 上的稀疏表示描述为字典原子的线性组合,如下式所示:

$$y = \sum_{i=1}^{k} x_i d_i + n = Dx + n \qquad (4\text{-}13)$$

式中:$x=[x_1,\cdots,x_k]^T \in \mathbb{R}^k$ 为编码系数矢量;$n \in \mathbb{R}^m$ 为噪声。当字典 D 是过完备的,即 $m<k$,式(4-13)存在无穷解。为了能够得到稀疏解,在系数矢量 x 上赋予稀疏约束,通过 l_0 范数最小化求解得到 x:

$$x = \operatorname{argmin}_x \|x\|_0 \quad (\text{s.t.} \ \|y-Dx\|_2^2 \leqslant \varepsilon) \qquad (4\text{-}14)$$

式中:$\|\cdot\|_0$ 为 l_0 范数,表示矢量中非零元素的个数;$\|\cdot\|_2$ 为 l_2 范数;ε 为噪声级。l_0 范数最小化是一个非确定性多项式困难问题(non-deterministic polynomial-hard,NP-hard),不易求解,因此,通常使用最接近 l_0 范数的 l_1 范数最小化替代它,将式(4-14)转化为一个凸优化问题,如下式所示:

$$x = \operatorname{argmin}_x \|x\|_1 \quad (\text{s.t.} \ \|y-Dx\|_2^2 \leqslant \varepsilon) \qquad (4\text{-}15)$$

将 l_1 范数最小化转化为如下式所示的无约束优化问题:

$$x = \operatorname{argmin}_x \frac{1}{2} \|y-Dx\|_2^2 + \lambda \|x\|_1 \qquad (4\text{-}16)$$

式中:λ 为正则化系数,用于平衡重构误差和稀疏度。综上所述,定义为式(4-13)的线性系统与其解式(4-16)构成稀疏表示,如图 4-23 所示,图中,x 中黑色表示非零元素,白色表示零元素。

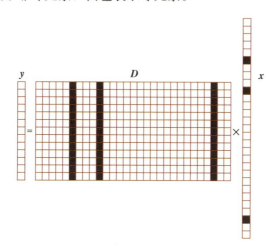

图 4-23 稀疏表示原理

基于稀疏表示的目标跟踪是以粒子滤波为框架,结合状态转移模型、观测似然和模板更新方法建立目标跟踪方法。对于视频图像序列的每一帧,首先需要对粒子的状态进行估计,预测出候选目标范围;然后求解候选目标在目标模板和小模板上的稀疏表示系数,结合观测似然找出与表观模型最为相似的候选目标作为跟踪结果;为了动态适应目标的表观变化,最后适时地更新目标模板,实现鲁棒跟踪。

下面对基于稀疏表示的视觉跟踪中初始化、状态转移模型和观测似然模型等三个方面进行详细说明和介绍。

1) 初始化

在目标跟踪过程中,跟踪目标会发生尺度变化、姿态变化等表观变化。为了克服目标区域大小、形状等变化对运算的不利影响,基于稀疏表示的视觉跟踪利用仿射变换将任意四边形区域转化为统一固定大小的四边形区域。假设固定四边形区域为 $m \times n$ 的矩形,将该矩形拉伸为 $mn \times 1$ 的高维列矢量,即此列矢量等价于一个任意图像块。以上仿射变换和拉伸处理统称为"图像标准化",在基于稀疏表示的视觉跟踪中,所有图像块在运算处理之前都要进行标准化。基于稀疏表示的视觉跟踪的初始化是在视频图像序列的第一帧时完成的。首先通过目标检测或手工标定这两种方法确定出目标对象,将目标对象区域进行微弱移动得到 9 个图像块,这 10 个图像块经过标准化后组成初始目标模板。

2) 状态转移模型

状态转移模型也称为运动模型,是目标状态在连续两帧图像之间的传送模型。基于稀疏表示的视觉跟踪是利用仿射变换对目标的运动建模。t 时刻,目标状态变量 x_t 由 6 个仿射变换参数组成,前 4 个参数表示目标的形变变化,后 2 个参数表示目标的位置变化,记作 $x_t = (a_t^1, a_t^2, a_t^3, a_t^4, x_t^1, y_t^1)$。假设状态变量 x_t 中参数分量是相互独立的,采用高斯分布建立状态转移模型,如下式:

$$p(x_t \mid x_{t-1}) = N(x_t; x_{t-1}, \Psi) \qquad (4\text{-}17)$$

式中:Ψ 为对角矩阵,其对角元素是相应状态的方差。

3) 观测似然

建立观测似然分为两个步骤。首先,对于任意粒子的图像观测 y_t^i,利用稀疏表示模型求解其 l_1 范数编码系数 a_t^i;然后,定义如式(4-18)所示观测似然

$$p(y_t^i \mid x_t^i) = \frac{1}{\Gamma}\exp(-\alpha \| T_t a_t^i - y_t^i \|_2^2) \tag{4-18}$$

式中：Γ 为归一化常量；α 为高斯核尺度参数。

综合以上三个方面，基于稀疏表示的目标跟踪方法的具体流程概括如表 4-3 所列。

表 4-3 基于稀疏表示的目标跟踪方法

步骤	算法
1	初始化：$t=1$ 时刻，手工标定目标 x_1，初始目标模板 T_1，初始粒子权值 $1/N$
2	for $t=2$ to T do
3	采样粒子：利用状态转移模型式（4-17）预测粒子状态 x_t^i，采样图像观测 y_t^i，$i=1,2,\cdots,N$
4	稀疏编码：对于所有 y_t^i，求解编码系数 c_t^i，$i=1,2,\cdots,N$
5	权值更新：首先利用式（4-18）计算观测似然 $p(y_t^i \mid x_t^i)$，再用 $w_t^i = w_{t-1}^i p(y_t^i \mid x_t^i)$ 更新权值 $i=1,2,\cdots,N$
6	权值归一化：$w_t^i = w_t^i / \sum_{i=1}^{N} w_t^i, i=1,2,\cdots,N$
7	目标状态估计：$\hat{x}_t = x_t^{\hat{i}}$，其中 $\hat{i} = \max_i (w_t^i)$
8	粒子重采样
9	如果达到模板更新条件，则更新目标模板
10	输出：跟踪结果 $\hat{x}_t$
11	end for

目前在该类型的目标跟踪方法中主要针对以下问题进行研究：①设计和构建一个动态自适应的模板图像集合以解决目标跟踪场景中目标图像不断变化的问题；②降低计算复杂度，提高跟踪算法的实时性；③构建自主学习方式的模板图像集合。

3. 基于相关滤波的算法

相关是描述两个信号之间的关系，基于相关滤波类算法首次被提出是在 2010 年，Bolme 等[52]在其 CVPR 的工作中首次将相关滤波类算法用于目标跟踪，提出了平方误差最小滤波器（minimum outputsum of squared error, MOSE）模型。基于相关滤波的目标跟踪方法是在频域上进行处理，利用循环矩阵可以在频域对角化的性质，大大减少了运算量，提高运算速度[53]。

相关滤波跟踪的基本思想是将目标跟踪问题构建成为一个目标模板特征匹配的问题，其一般流程如下[54]：①在第 1 帧给定的目标位置提取图像块，训练得到相关滤波器，在后续的每一帧中，根据前一帧位置提取新的图像块，用于目标检测；②提取图像块的特征，并用余弦窗口平滑边缘；③通过离散傅里叶变换执行相关滤波操作；④通过傅里叶逆变换得到置信图或响应图，置信图的最大值所对应的坐标位置即为目标的新位置，并由此估计位置训练、更新相关滤波器。相关滤波跟踪算法的执行过程如图 4-24 所示。

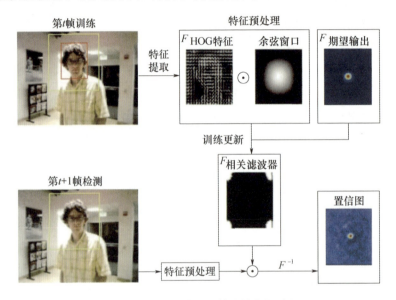

图 4-24 相关滤波跟踪算法的执行过程

传统方法采用固定大小的跟踪窗口，然而在跟踪过程中，目标尺度的变化不可避免。针对目标尺度的变化带来的信息丢失或包含背景信息的问题，解决方法主要包含以下几种：①基于尺度池（scaling pool）的方法，尺度估计采用搜索策略进行，对于每一帧视频图像，不同大小的跟踪窗在前一帧目标中心处采样得到；②基于分块（part / patch based）模型的方法，利用不同分块相对位置的改变来估计目标尺度的变化；③基于特征点检测（key-points based）的方法，利用局部显著特征，如尺度不变特征变换（SIFT），二进制鲁棒不变可扩展的特征点等，不仅可以有效地应对遮挡和变形问题，还能通过匹配前后两帧视频图像的特征点，计算其相对位置的改变估计目标尺度的变化。

4. 基于深度学习的算法

2012 年，以 AlexNet 网络为代表的深度学习方法在图像识别等领域取得巨大进展，随后在目标跟踪领域获得许多研究者的青睐[55]。深度学习跟踪模型的基本原理如下：利用训练样本集合拟合数据的分布特征，从而获得一个符合训练样本实际分布的特征提取模型，此模型相较于人工特征方法获得的数据特征更加有效。再对目标进行表观特征建模，然后利用目标模板的表观特征在每一帧中的搜索区域进行图像块的匹配，将与模板最匹配的部分对应的坐标作为目标在图像中出现的位置，实现目标跟踪任务。

基于深度学习的算法本质上是数据驱动型学习模型算法，具有强大的数据特征建模能力。适用于目标跟踪的深度学习模型可以分别从网络结构、网络功能以及网络训练这 3 个不同的角度进行分类。按照网络结构可分为基于卷积神经网络、基于递归神经网络、基于生成式对抗网络以及基于自编码器的深度目标跟踪方法。按照网络功能可分为基于相关滤波、基于分类网络、基于回归网络的深度目标跟踪方法。按照网络训练可分为基于预训练网络、基于在线微调网络、基于离线训练网络深度目标跟踪方法。

基于深度学习的跟踪算法研究成果众多，但是当前算法还不能同时满足鲁棒性、实时性和精准度的需要。为了更好地应用基于深度学习的跟踪算法，需要解决以下几方面的问题：①建立面向目标跟踪的有效数据库并将其应用于深度网络的训练，以解决训练样本缺乏及依赖于离线训练的问题；②平衡深度网络强大的表征能力所需要的计算量和跟踪问题的实时性要求；③突出目标搜索区域的中心位置，弱化背景对模型响应计算的干扰，以避免跟踪点漂移问题[56]。

5. 数据关联

数据关联是多目标跟踪过程中的核心，其本质是在目标检测的基础上寻找最优的关联目标对。如果把检测结果看作一种约束条件，那么数据关联算法可以理解为一种"约束优化"类问题，即在存在约束的条件下优化某些变量的目标函数。传统的数据关联算法包括最近邻关联算法（nearest neighbor data association，NNDA）、联合概率数据关联算法（joint probabilistic data association，JPDA）[57-58]。

1971 年 SINGGR 等提出 NNDA 算法，在某一时刻的所有量测中，距离与被跟踪目标预测位置最近的量测应该作为目标的真实量测，并预测目标在下一时刻的位置。该算法的基本思想是把跟踪波门看作搜索子空间，仅选取落入跟踪波门范围内且与门中心距离最近的检测点,其余检测点均被当作误检或认为是其他目标的检测结果。

概率数据关联(PDA)是一种经典的次优贝叶斯方法,其基本思想是:对于有效回波,都可能源于目标,且每个回波源于目标的概率不同,利用已有的先验信息对目标进行更新滤波。该方法能够对单目标进行有效的跟踪,但对于目标密集环境,容易产生误跟。对此,Bar-shalom等对其进行了推广,提出了一种多目标跟踪的数据关联算法,即联合概率数据关联算法。

JPDA算法是把落入关联门内的所有观测值做不同排列的联合假设,然后计算它们分别与各条轨迹的关联概率,利用关联概率对当前量测求加权和来更新轨迹,加权和的权值就是跟踪的点迹来自于目标的概率。

JPDA算法引入了确认矩阵的概念来对落入跟踪波门内的所有观测值进行不同排列的联合假设。其定义为

$$\Omega = \{\omega_{jt}\} \quad (j=1, 2, \cdots, m_k; t=0, 1, 2, \cdots, n) \quad (4\text{-}19)$$

式中:m_k 和 n 分别表示有效回波和目标的数量;ω_{jt} 表示量测 j 是否落入目标 t 的确认门内,其中 $j=0$ 表示没有目标,此时对应的确认矩阵 Ω 的列的元素都是1(这是因为任意量测都可能源于杂波或虚警,也就是误检)。JPDA算法基于两个假设对确认矩阵进行拆分,以得到可行矩阵。

JPDA算法的不足体现在:①无法处理旧目标的消失及新目标的出现,因此必须给出跟踪场景中目标的数量;②无法判断轨迹的起始和终止,必须单独处理;③计算量随着跟踪场景中目标数目的增加呈指数增长,在实际应用中,尤其是目标数目大且有实时性要求的场景中不太适合。因此,近年来发展了基于检测跟踪框架的多目标跟踪系统数据关联技术。

4.4 红外制导技术发展趋势

红外制导导弹自问世以来,已经经历了4代,目前新一代红外制导导弹一般称为"四代后"红外制导导弹,采用小型化和智能化的红外成像导引头,并由过去的单一红外制导向多模复合制导方向发展[13,59]。

1. 红外成像传感器的发展

红外成像制导技术的发展与它所依赖的红外成像传感器的发展息息相关,红外成像传感器直接决定着探测距离、灵敏度、体积、质量等系统性能,其

发展水平在一定程度上体现了红外制导技术的发展水平。

近年来，凝视焦平面器件实用化水平不断提高，以其为核心的凝视红外成像技术不断完善，美国将前视焦平面红外成像传感器作为发展重点。这种红外成像传感器具有灵敏度高、探测距离远、搜索速率快和动态跟踪范围大（可达150°～180°）等优点[60]，被广泛应用于新型高精度导弹的末制导系统中。

在器件材料上，长波波段焦平面阵列的材料多用碲镉汞（HgCdTe），中波波段焦平面阵列的材料有碲镉汞、锑化铟（InSb）和铂硅（PtSi）。目前用上述材料制造焦平面阵列的技术比较成熟，但是用这几种材料制导的焦平面阵列的性能还不太理想。人们仍在寻找更好的材料。目前主攻多量子阱（MQW）、高温超导焦平面阵列以及非制冷焦平面阵列等。

在发展代际上，目前前视红外成像传感器已经发展了两代，第一代是美国、德国等国家从 20 世纪 70 年代开始发展的光机扫描型红外成像传感器，成像质量较低。20 世纪 80 年代后期，国外开始发展第二代红外成像传感器，它是在红外焦平面器件和大规模集成电路的基础上发展的。其特点是采用多元面阵和用电子扫描代替光机扫描，因此被称为凝视红外成像系统，它在热灵敏度、稳定性、分辨率、精度、体积、成本等方面都更适应导弹的需求，是当前发展的重点。表 4-4 列出了美国采用第二代红外成像传感器导弹简况。

表 4-4 美国采用第二代红外成像传感器导弹简况

序号	导弹型号	传感器	工作波段/μm	特点
1	"坦克破坏者"中程反坦克导弹	128×128HgCdTe凝视型前视红外成像传感器	3～5	发射后不管，有多目标选择和瞄准点选择功能
2	"海尔法"AGM-130反坦克导弹	256×256HgCdTe凝视型前视红外成像传感器	3～5	锁定目标后采用多模跟踪器
3	防区外对地攻击导弹（SLAM-ER）	128×128HgCdTe凝视型前视红外成像传感器	8～12	发射前锁定目标，人在回路型半自动目标识别
4	"响尾蛇"AIM-9X空空导弹	128×128HgCdTe凝视型前视红外成像传感器	3～5	作用距离远，抗干扰能力强，可以高速处理多幅图像
5	末段高空区域防御系统拦截弹（THAAD）	640×640PtSi凝视型前视红外成像传感器	3～5	发射后不管，有多目标选择和瞄准点选择功能
6	中段导弹防御系统拦截弹（GBI）	256×256HgCdTe凝视型前视红外成像传感器	8～14	发射后不管，有多目标选择和瞄准点选择功能

在性能特点上，目前国外的反坦克导弹、空地导弹、空空导弹、导弹防御系统的拦截弹多采用第二代红外成像传感器，其中性能最先进的是 THAAD 系统拦截弹和中段导弹防御系统的拦截弹 GBI 等。

采用第二代红外成像制导的导弹不需要光机扫描装置，整个红外成像系统结构更简单，体积更小，耗电更少，质量更轻。凝视工作方式可增大积分时间，有利于探测器在远距离观测目标和消除图像的运动噪波[39]。它反应速度更快，对探测高速、高机动目标有利，具有更高的空间分辨率和热灵敏度（可探测到 0.01℃ 的温度变化），动态范围大，信息采集率高，对目标识别能力强，更适用于探测弱小信号目标和跟踪复杂背景中的目标。

以美国第二代红外成像制导的 THAAD 系统的拦截弹为例，其红外成像传感器系统包括三镜卡斯器（Korch）望远镜和一个陀螺稳定的二轴常平架、红外焦平面阵列（美国劳拉尔公司生产）、高速图像信息处理器等，整个传感器封装在快速制冷的杜瓦瓶内，全部质量约为 5kg。

由于红外传感器的探测距离有限，远程弹道导弹必须依靠惯性导航及全球导航卫星系统辅助制导飞抵目标附近区域，在进入探测范围后，激活红外传感器。这时导弹的飞行速度很快，而且传感器成像需要一定的视场角，因此，对导弹的飞行姿态和传感器工作时机有很高的要求。

2. 红外成像制导发展的多色化

人眼不响应红外辐射，因此红外成像没有"彩色"概念。红外图像多色化的"色"是一个广义的概念，既有波长不同形成的"彩色"红外图像，也有同一波长但因偏振态不同形成的"彩色"红外图像，还包括两个波段、两个波长、两个偏振态融合后形成的红外图像等。这样可以提高制导系统探测灵敏度和制导作用距离，改善武器对抗红外诱饵干扰和反隐身能力。

多/高光谱探测技术就是多色化发展的手段之一。传统红外成像是宽谱段内辐射强度的累积成像，在一些光谱上本来可以区分的两个目标，因为累积成像变得特征差异不明显，难以区分。多/高光谱成像可以在谱段内对光谱进行细分，将信息维度从空间维的辐射强度特性拓展至"空间维＋光谱维"，从而增强目标与背景、干扰的可区分性，提升抗干扰和识别能力。多光谱成像的光谱分辨一般为 3~10 个谱段，高光谱的分辨能力更强可以达到数百个谱段，超光谱则可达到 1000 个以上谱段。通过多光谱探测进行谱段细分，能够获得不同的目标特征对比度，增强目标与背景环境、干扰的可区分性[61]。

偏振成像探测技术是多色化发展的另一技术手段。自然界的红外辐射、目标自身的红外辐射的相干性很差，不同的物质发射和反射红外辐射的偏振态有差别，不能用其获得景物的红外全息照片。特别是人造物体与自然物体有相当大的差别。通常人造物体反射的红外辐射的偏振态是线偏光，而自然界的物体反射的是圆偏光，通过偏振的红外图像就容易把人造物体从自然景物中提取出来。于是，利用红外辐射的偏振态的特性可以获得景物的"彩色"红外图像。一个红外波长可以有4个偏振态，用不同的偏振态代表不同的颜色即可形成"彩色"红外图像。如果再把波长作为一个自变量，则可以构成丰富多彩的红外图像，既可以是同一波长不同偏振态的构成的"彩色"热图像，又可以是同一偏振态、不同波长构成的"彩色"红外图像。随着红外偏振成像技术不断地发展成熟，对红外成像制导目标探测具有重要意义。

3. 红外成像制导发展的多模化

多模制导技术之所以能得到发展，从物理原理方面来看，是因为在比较恶劣的气候条件下和复杂的战场环境中，一般的导引头难以完全正常工作。同时，要实现武器系统的自动化，即自动捕获、跟踪、选择命中点和火控交接等功能，复合寻的制导手段是实现这些要求的有效途径。

多模制导是在一种制导武器中的采用两种或两种以上模式的制导方式，双色寻的制导实际上也是一种多模制导方式。在技术上，目前各国使用的与红外制导有关的多模寻的制导可概括如下：

（1）紫外-红外，如"尾刺"-POST；

（2）红外-红外，如"西北风"；

（3）激光-红外，如"铜斑蛇"改进型；

（4）射频-红外，如SLAM、RAM；

（5）毫米波-红外，如美国和西欧的155制导炮弹。

复合制导并不一定指的是仅用两种制导方式，也有的武器装备为提高战斗性能，同时采用几种不同的制导方式。例如，美国研制并装备的"海尔法"和"幼畜"导弹就采用了红外、电视和激光3种制导方式，从而大大提高了抗干扰的能力。

4. 红外成像制导发展的智能化

实现红外制导系统的在复杂情况下的自动目标捕获、识别、决策能力，是制导武器发展的终极目标。目前，结合模式识别、人工智能技术开发智能探测器以及智能化信息处理技术是研究的热点与难点。自动目标识别（automatic target recognition，ATR）技术是智能化信息处理技术的一个重要方面，是实现导弹武器"发射后不管"能力的关键技术之一，也是用导弹打击移动目标和时间敏感目标时必须解决的技术问题。它和多传感器信息融合技术相辅相成。根据传感器获取的目标图像序列，利用模式识别、人工智能方法对战区的众多目标进行跟踪、分类、识别，为火控系统进行多目标跟踪、威胁判断、攻击点选择提供决策依据的过程。

随着红外成像导引头向着高分辨凝视、多光谱化、多模化、智能化、轻型化和通用化的发展，目前越来越多的导弹、制导弹药和空间武器都开始大量使用红外成像制导方式。

参考文献

［1］张红梅，柳红伟．红外制导系统原理［M］．北京：国防工业出版社，2015．

［2］于鲲，段雨晗，丛明煜，等．飞行器红外物理成像仿真优化计算方法［J/OL］．红外与激光工程：1-15［2020-12-30］．http：//kns.cnki.net/kcms/detail/12.1261.TN.20200903.1038.004.html．

［3］申卫江．常用红外光学材料及其加工技术［J］．科技视界，2019（15）：147-149．

［4］韩涛，等．光电材料与器件［M］．北京：科学出版社，2017．

［5］王岭雪，蔡毅．红外成像光学系统进展与展望［J］．红外技术，2019，41（01）：1-12．

［6］ANTONI ROGALSKI．红外探测器［M］．周海宪，程云芳，译．北京：机械工业出版社，2014．

［7］林继刚．红外探测器技术指标的建模与仿真［D］．长春：长春理工大学，2011．

［8］朱牧．旋转导弹红外/紫外双色玫瑰扫描准成像末端制导技术［D］．上海：上海交通大学，2014．

［9］刘剑．飞行器红外隐身性能评估系统研究［D］．南京：南京理工大学，2017．

［10］田维．复杂背景下红外小目标检测算法研究［D］．长春：东北大学，2012．

［11］刘文好．复杂背景中红外微弱目标检测与识别［D］．上海：上海交通大学，2014．

［12］蔡熠．H_2O、CO_2高温气体吸收带红外辐射与传输研究［D］．合肥：中国科学技术大学，2017．

［13］杨俊彦，吴建东，宋敏敏．红外成像制导技术发展展望［J］．红外，2016，37（08）：1-6，28．

［14］吴晗平．光电系统设计方法、实用技术及应用［M］．北京：清华大学出版社，2019．

［15］蒙源愿，宋锦武．便携式红外寻的防空导弹抗干扰技术［J］．弹道学报，2007

(01): 86-91.

[16] 佟岐. 红外压缩成像关键技术研究 [D]. 哈尔滨: 哈尔滨工程大学, 2018.

[17] 张磊, 裘雪红. 一种新的确定"玫瑰线"扫描中瞬时视场的方法 [J]. 红外技术, 2003, 25 (1): 44-46.

[18] 王茜蒨, 刘敬海, 林幼娜. 多元探测器在玫瑰扫描红外亚成像系统中的应用 [J]. 光学技术, 2002, 28 (2): 179-180.

[19] 宋晓东, 张大鹏, 孙静. 一种红外玫瑰扫描亚图像分辨率提升算法 [J]. 上海航天, 2014, 31 (2): 13-18.

[20] YI L J, QI T, LI-PENG G, et al. Infrared image reconstruction based on compressed sensing and infrared rosette scanning [J]. J. Infrared Millim. Waves, 2017, 36 (3): 283-288.

[21] 黄义, 汪德虎, 王连柱, 等. 红外制导技术在舰炮制导炮弹中的应用分析 [J]. 红外技术, 2010, 32 (07): 424-427.

[22] 李永, 姜萍, 赵非玉. 红外成像制导的烟火干扰技术研究 [J]. 光电技术应用, 2018, 33 (06): 19-23, 28.

[23] 张旗. 红外成像制导技术的应用研究 [D]. 北京: 北京理工大学, 2015.

[24] 李煜, 白丕绩, 陶禹, 袁名松. 应用于红外成像导引头的非制冷焦平面探测器 [J]. 红外技术, 2016, 38 (04): 280-289.

[25] SCDUSA. PRODUCTS [EB/OL]. [2015-09-19]. http://www.scdusa-ir.com/bird-640-ve.

[26] Black S, Ray M, Sessler T. RVS Uncooled Sensor Development for Tactical Applications [C] //Proc. of SPIE Infrared Technology and Applications XXXIV, 2008, 6940: 694022.

[27] MURPHY D, RAY M, WYLES J, et al. 640×512 $17\mu m$ microbolometer FPA and sensor development [C] //Proc. Of SPIE Infrared Technology and Applications XXXIII, 2007, 6542: 65421Z.

[28] JIM FRANCISCOVICH, MARGARET KOHIN. Uncooled IR Seekers for Missile and Munitions Applications [R]. BAE SYSTEMS, 2004.

[29] BAESYSTEMS. PRODUCTS [EB/OL]. [2015-09-19]. http://www.baesystems.com/en/product/mim500-series-of-uncooled-infrared-camera-cores.

[30] 刘刚, 张丹. 红外成像制导图像处理技术 [M]. 北京: 科学出版社, 2018.

[31] 孙梅, 许乐. 基于 Munsell-HLC 颜色空间的彩色图像分割 [J]. 信息技术, 2009, 33 (11): 12-14.

[32] 沙俊名, 刘泽乾, 庞帅. 多尺度 Retinex 算法在空地导弹红外图像增强中的应用 [J]. 弹箭与制导学报, 2012, 32 (01): 3-6.

[33] 赵峰. 复杂背景中红外弱小目标检测技术研究 [J]. 上海航天, 2012, 29 (01): 56-59.

[34] 杨丹. 红外弱小运动目标的检测算法研究 [D]. 西安: 西安理工大学, 2018.

[35] 王志虎, 沈小青, 桂伟龙. 光学成像小目标检测技术综述 [J]. 现代防御技术, 2020, 48 (05): 67-73.

[36] 任向阳, 王杰, 马天磊, 等. 红外弱小目标检测技术综述 [J]. 郑州大学学报 (理学版), 2020, 52 (02): 1-21.

[37] CHEN C L P, LI H, WEI Y, et al. A local contrast method for small infrared target detection [J]. IEEE Transactions on Geosci-ence and Remote Sensing, 2014, 52 (1): 574-581.

[38] KIM S, YANG Y, LEE J, et al. Small target detection utilizing robust methods of the human visual system for IRST [J]. Journal of Infraredmillimeter and Terahertz Waves, 2009, 30 (9): 994-1011.

[39] DESHPANDE S D, ER M H, VENKATESWARLU R, et al. Max-mean and max-median filters for detection of small targets [J]. Processing of Small Targets International Society for Optics and Photonics, 1999, 38 (09): 74-83.

[40] HADHOUD M M, THOMAS D W. The two-dimensional adaptive LMS (TDLMS) algorithm [J]. IEEE Transactions on Circuitsand systems, 1988, 35 (5): 485-494.

[41] BAI X Z, ZHOU F G. Analysis of new top-hat transformation and the application for infrared dim small target detection [J]. Pattern Recognition, 2010, 43 (6): 2145-2156.

[42] BAE T W, SOHNG K I. Small target detection using bilateral filter based on edge component [J]. Journal of Infraredmillimeterand Terahertz waves, 2010, 31 (6): 735-743.

[43] 侯旺, 孙晓亮, 尚洋. 红外弱小目标检测技术研究现状与发展趋势 [J]. 红外技术, 2015, 37 (01): 1-10.

[44] 王好贤, 董衡, 周志权. 红外单帧图像弱小目标检测技术综述 [J]. 激光与光电子学进展, 2019, 56 (08): 1-14.

[45] CHEN Y, NASRABADI N M, TRAN T D. Sparse representation for target detection in hyperspectral imagery [J]. IEEE Journalof Selected Topics in Signal Processing, 2011, 5 (03): 629-640.

[46] WANG X Y, PENG Z M, KONG D H, et al. Infrared dim target detection based on total variation regularization and principalcomponent pursuit [J]. Image and Vision Computing, 2017, 63: 1-9.

[47] 延淼, 王宏艳. 红外序列图像点目标检测前跟踪算法研究综述 [J]. 兵器装备工程

学报，2020，41（02）：111-116.

[48] 刁兆师. 导弹精确高效末制导与控制若干关键技术研究［D］. 北京：北京理工大学，2015.

[49] 傅杰，徐常胜. 关于单目标跟踪方法的研究综述［J］. 南京信息工程大学学报（自然科学版），2019，11（06）：638-650.

[50] ULAM N M. The Monte Carlo method［J］. Journal of the American Statistical Association，1949，44（247）：335-341.

[51] DONOHO D. Compressed sensing［J］. IEEE Transactions Information Theory，2006，52（4）：1289-1306.

[52] BOLME D，BEVERIDGE J R，DRAPER B A，et al. Visual objecttracking using adaptive correlation filters［C］// IEEE Computer Society Conference on Computer Vision and Pattern Recognition，2010，DOI：10.1109 / CVPR.2010.539960.

[53] 孟琭，杨旭. 目标跟踪算法综述［J］. 自动化学报，2019，45（07）：1244-1260.

[54] 张微，康宝生. 相关滤波目标跟踪进展综述［J］. 中国图象图形学报，2017，22（08）：1017-1033.

[55] 李玺，查宇飞，张天柱，等. 深度学习的目标跟踪算法综述［J］. 中国图象图形学报，2019，24（12）：2057-2080.

[56] 罗海波，许凌云，惠斌，等. 基于深度学习的目标跟踪方法研究现状与展望［J］. 红外与激光工程，2017，46（05）：14-20.

[57] 冯洋. 多目标跟踪的数据关联算法研究［D］. 西安：西安电子科技大学，2008.

[58] 龚轩，乐孜纯，王慧，等. 多目标跟踪中的数据关联技术综述［J］. 计算机科学，2020，47（10）：136-144.

[59] FAN J，WANG F. Analysis of the development of missile-borne IR imaging detecting technologies［C］// Society of Photo-optical Instrumentation Engineers. Society of Photo-Optical Instrumentation Engineers（SPIE）Conference Series，2017.

[60] 刘刚，梁晓庚. 遗传重采样粒子滤波的目标跟踪研究［J］. 计算机工程与应用，2010，46（19）：196-199.

[61] 宋闯，姜鹏，段磊，等. 新型光电探测技术在精确制导武器上的应用研究（特约）［J］. 红外与激光工程，2020，49（06）：218-227.

第5章 电视制导技术

电视制导技术是利用自然光或其他人工光源照射目标,通过接收目标反射或辐射的能量,并转换为电信号形成制导指令,控制导弹飞向目标的制导技术。按目标反射或辐射光的波长,可分为可见光电视制导、红外电视制导及激光电视制导[1]。本章所讨论的电视制导特指可见光电视制导。

电视制导具有以下优点:①分辨率高,可以提供清晰的目标影像,便于真假目标的鉴别,可信度高;②制导精度高,电视制导的炸弹的圆概率误差可达2m左右;③隐蔽性好,由于采用被动方式工作,因此制导系统本身不发射电磁信号;④抗干扰性强,由于工作于可见光波段,因此不受电磁干扰影响[2]。但电视制导武器同时存在以下缺点:只能在白天工作,受气象条件影响较大,在有烟、云、雾等能见度低的情况下,制导精度降低、制导系统成本较高等[3]。

5.1 电视制导技术的基础

电视制导系统的基本原理是由电视摄像机获取目标的可见光图像或图像序列,并利用图像处理技术实现对目标的搜索、发现、识别和跟踪。因此,电视成像制导系统通常包含电视摄像机、信号转换与信息处理、平台伺服系统、视频信号发送与接收装置、视频显示器及指令形成和发送装置等,如图5-1所示。

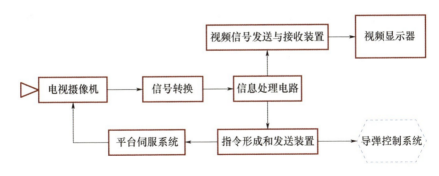

图 5-1 电视成像制导系统的组成

由图 5-1 可知，电视制导系统利用电视摄像机将目标与背景的可见光辐射信息经光-电转换后形成可见光图像。可见光图像或图像序列经过信息处理后，一方面通过视频信号发送与接收装置传给视频显示器，供武器操作员观察；另一方面经过图像处理和目标识别获得目标位置偏差信号，并利用此信号控制平台伺服系统。同时，将偏差信息按照一定的制导规律形成制导指令，发给导弹控制系统改变导弹的飞行。

5.1.1 电视成像的基本原理

电视制导系统的核心器件是可见光电视摄像机，分类方式较多[4]，依据采用技术分类有：①模拟式摄像机；②具有数字处理功能的 DSP 摄像机；③DV 格式的数字摄像机。按照摄像机成像清晰度分类有：①彩色高分辨率型，如 752 像素×582 像素，480 线；②彩色标准分辨率型，542 像素×582 像素，420 线；③黑白标准分辨率型，795 像素×596 像素，600 线；④黑白低照度型，537 像素×596 像素，420 线。依摄像机成像光源分类有：①正常照度可见光摄像机；②低照度摄像机等。

可见光电视摄像机通常由光学系统、光电转换器件和信号处理电路等组成。光学系统的作用是将目标和背景的可见光辐射信息会聚并清晰地投射到成像靶面上，其通常由透镜、光阑、滤光片和快门等构成。光学系统能够根据光强自动控制投向摄像管靶面的通光量，这样既能保证获取层次清晰的图像，同时能保护靶面不会被强光所烧坏。

光电转换器件的作用是将可见光图像转换为电信号以便后期形成图像或图像序列，目前常用的光电转换器件分为真空摄像器件和固体摄像器件两种。真空摄像器件包括光电导摄像管、硅靶摄像管、硅靶电子倍增摄像管。固体摄像器件主要包括电荷耦合器件（charge coupled device，CCD）、互补金属-氧化物-半导体（complementary metal oxide semiconductor，CMOS）和电荷注入器件（charge injection device，CID）。真空摄像器件存在体积大、质量大、机械强度差、功耗高、动态范围小等不足。而CCD在方位测量、遥感遥测、图像制导、图像识别、数字化检测等方面呈现出高分辨率、高准确度、高可靠性等突出优点。近年来，随着半导体器件制备技术的快速发展，互补金属-氧化物-半导体也成功地用于光电成像领域，且大有与CCD平分天下之势[5-6]。当前，基于真空摄像器件的光电摄像系统基本已经被基于CCD和CMOS的摄像系统所取代。随着电视技术和成像芯片的发展，已经出现直接接入网络的数字化摄像机，借助编解码芯片完成对图像及声音的压缩和动态录像的回放，拍摄的视频可直接传输至指定数据存储介质上。

5.1.2 电视制导的分类

电视制导系统通常可以分为电视遥控制导和电视寻的制导两类。

电视遥控制导通常是在导弹上仅安装摄像机采集图像，而制导指令形成装置一定是在制导站（如载机、发射车等）上。导弹上的电视摄像机将目标图像采集后通过数据链传回制导站，制导站的武器操作员通过人工参与方式从图像中识别和锁定目标，进而操纵手柄控制导弹飞行。这种系统的优点在于导弹上制导设备简单，人员全程参与导弹跟踪目标的过程，这样能充分发挥人对目标的极强识别能力，提高系统抗伪装干扰和分辨假目标的能力。电视遥控制导的缺点是必须人工全程参与控制，导弹不能实现自主攻击；同时制导站必须全程与导弹建立数据链路，这对数据链的安全性和制导站的生存能力有很高要求；此外导弹的飞行控制完全由武器操作员决定，这对操作员的操纵水平要求很高。

电视寻的制导系统的电视摄像机和制导指令形成均在导弹上。一旦电视导引头锁定目标，导弹将自行完成跟踪和控制功能。电视自动寻的制导系统按照导引头锁定方式可以分为"发射前锁定"和"发射后锁定"两种。

"发射前锁定"是导弹在发射前将导引头图像传回制导站，操作员锁定目标后发射导弹，发射后导弹根据锁定目标位置实现自寻的制导。因此，在电视寻的制导系统中"发射前锁定"方式具有"发射后不管"的能力。"发射后锁定"是指导弹发射后导引头并不工作，待导弹飞临目标后导引头开机搜索目标，同时将导引头拍摄的图像通过数据链传回制导站；操作员通过显示器发现目标后下达停止搜索指令，并使用跟踪框锁定目标；随后导弹导引头自动跟踪目标并实现自寻的制导。"发射后锁定"方式只有在锁定目标后才能不管,即"锁定后不管"。当然从两者的不同之处可以看出,"发射后锁定"主要用于超视距或作用距离较远的导弹,其通过人工参与实现发射后的目标搜索、识别和锁定;而"发射前锁定"主要用于视距内或作用距离较近的导弹,其通过人工参与方式进行发射前锁定,从而实现"发射后不管"。

需要说明的是,目前常见的电视制导导弹都是采用人工进行目标识别和锁定,很少用计算机进行自动识别,这是因为目标的可见光图像易受光照、遮挡、目标反射率和伪装等因素的影响,使目标图像的特征较为复杂且容易变化。为了降低图像处理的难度,电视制导大多利用人工参与实现目标识别和锁定,而自动寻的制导系统利用锁定窗内的信号特征进行自动跟踪,所以电视制导的信号处理关键是目标跟踪技术。

5.2 电视寻的制导

电视寻的制导技术是由装载在导弹头部的电视导引头获取目标图像,经过弹载计算机处理后形成导引指令,传送给弹上控制系统控制导弹飞行状态。导弹自主完成目标信息的获取、处理和自身飞行姿态的调整等一系列工作,实现自动搜寻被攻击目标,具有"发射后不管"的能力[7]。

5.2.1 电视寻的制导原理

1. 电视寻的制导系统的组成与工作过程

电视寻的制导系统一般由电视摄像机、光电转换器、误差信号处理器、伺服机构、导弹控制系统等组成[8],如图 5-2 所示。

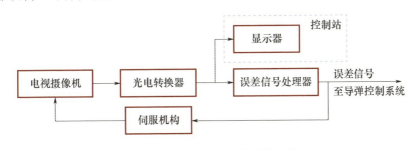

图 5-2 电视寻的制导系统的组成

操作员在导弹发射前对目标进行搜索、截获,利用电视 CCD 作为制导系统的敏感元件获得目标图像信息,将被跟踪的目标光学图像投射到摄像管靶面上,并用光电敏感元件把投影在靶面上的目标图像转换为视频信号。误差信号处理器从视频信号中提取目标位置信息,并输出驱动伺服机构的信号,使摄像机光轴始终对准目标,同时控制导弹飞向目标[7]。

电视寻的制导技术主要应用于空地导弹、空对舰制导炸弹、导弹和巡航导弹。例如,美国的"白星眼"系列制导炸弹、GBU-15 制导炸弹、AGM-65"幼畜"空地导弹、AGM-130 空射巡航导弹;俄罗斯的 Kh-59 系列空地导弹;英国的 Bristol RP 8 空地导弹;我国的 YJ-63、KD-63、KD-88 等型号空地导弹及红箭 12 反坦克导弹,均采用了电视寻的制导系统[9]。

2. 电视寻的导引头及其分类

电视寻的制导的核心是电视导引头,它在导弹飞行末段发现、提取、捕获目标,同时计算目标距光轴位置的偏差,该偏差量送入伺服系统,进行负反馈控制,使光轴瞬时对准目标;同时,当光轴与弹轴不重合时,给出与偏差角成比例的控制电压,送给自动驾驶仪,使两者重合[10]。

电视导引头的跟踪原理如图 5-3 所示。

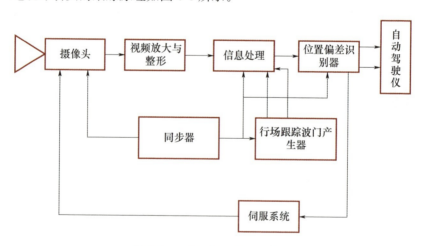

图 5-3 电视导引头的跟踪原理

电视导引头应在规定的工作环境(目标背景、光照、振动、冲击、温度、湿度及干扰条件)下,完成如下功能。

(1)在导弹飞行末段,在武器系统指令机构控制下开机,并按预定程序进行搜索。

(2) 对满足规定条件下的目标进行捕获，并发出捕获指令。

(3) 对目标进行稳定跟踪，使光轴实时对准目标，并向驾驶仪提供光轴与弹轴的角偏差值。

(4) 当被跟踪的目标丢失后，应具有记忆功能。在记忆时间内出现目标，系统应正常工作，当目标丢失超过记忆时间后，电视导引头重新搜索并再次捕获跟踪目标。

(5) 根据导弹武器系统对电视导引头的要求，还应具有其他相关功能。

电视导引头按照不同分类标准可以有多种不同的分类方法。

从其功能上可分为：自动搜索、捕获和跟踪的电视导引头，人工装定的电视导引头和捕控指令电视导引头[11]。

(1) 自动搜索、捕获和跟踪的电视导引头的工作过程：电视导引头开机后自动搜索，当视场范围内有目标时，该目标的视频信号幅度应超过一定的门限、连续扫过预先装订的行数；在两行和两场之间，目标信号位置的偏移在设置的范围内，系统自动捕获，并转入自动跟踪，当然系统内还可以设定其他参量。

(2) 人工装订的电视导引头的工作过程：导弹从载体发射前，人工参与，用系统产生的十字线（波门）将目标套住，发射后自动跟踪和攻击预先套住的目标。

(3) 捕控指令电视导引头的工作过程：载弹飞机抵达战区，驾驶员将导弹发出去后飞机回避，导弹飞临目标区，电视导引头开机并搜索目标；此时，弹上图像发射机将图像信号传给机载图像接收机，接收机输出的信号加到监视器，驾驶员从监视器上发现要攻击的目标时，发出停止搜索指令，经机载指令发射机发出指令；弹载指令接收机接到指令后，控制电视导引头伺服系统停止搜索；此时驾驶员移动波门（或十字线）套住目标，同时发出捕获指令和跟踪指令，之后，由弹载电视导引头对目标进行跟踪[12]。

此外，从跟踪体制上可分为点跟踪、边缘跟踪、形心跟踪（含质心跟踪）、相关跟踪等电视导引头；从提取电视视频信号的种类上可分为模拟量信号、模拟和数字信号并存、数字信号等电视导引头[13]；从装载对象上可分为地空型、空地型、空空型、岸舰型、舰舰型、空舰型、舰空型、潜舰型等电视导引头等。

3. 电视寻的导引头的组成

电视导引头一般由光学系统、稳像系统、信号提取电路、电视图像跟踪器、控制器等部分组成。通过对图像信息的处理或人工参与搜索、捕获、识别和跟踪目标,实时为导弹提供导引信息。

电视导引头的光学系统主要由光学镜头、CCD探测器、控制电路及与其功能相匹配的稳像伺服系统组成。它是电视导引头第一个工作部分,它的设计合理性、工作可靠性、成像质量、图像清晰度和失真大小,将直接影响后面的工作过程。光学系统技术参数的确定,如视场角、相对孔径、分辨率等,主要由CCD探测器的参数决定。

CCD探测器位于光学系统的像面上,它是将光学系统接收并成像在探测器上的光信号转换为电信号,电信号在积分时间存储并输出,最终显示在显示屏上。CCD探测器相比于其他类型的探测器具有诸多优点,体积小、灵敏度高、功耗低、动态范围大、寿命长、性能稳定可靠和环境适应能力强等,因此在光电成像系统中应用广泛。

CCD探测器质量的好坏决定着电视图像成像的质量,直接影响导弹的命中率,属于光学系统中的关键部件。CCD探测器件的选取一般考虑以下几个方面[14-15]。

(1) 光谱响应。CCD探测器的光谱响应范围应与设计的光学系统相匹配,才能提高响应度,与电视导引头配套使用的探测器的光谱范围至少为380~780nm。

(2) 靶面尺寸大小。CCD靶面成像尺寸由光学系统的焦距和视场角决定,因此靶面对角线视场应与光学视场匹配,根据视场角的大小选取合适尺寸的探测器。

(3) 靶面的最低照度。靶面的最低照度和目标的辐射特性决定了光学系统的相对孔径,在对光学系统设定相应的技术指标时,应该充分考虑探测器实际情况和目标的特性。

(4) 信噪比。信噪比越高越好。

(5) 分辨力。CCD探测器的分辨能力与像元尺寸的大小相关,探测器的像素越高,像元尺寸越小,分辨力越高,成像质量越好。CCD探测器的分辨力也称奈奎斯特频率,为2倍像元大小的倒数,单位为lp/mm。探测器的分辨力也应该和光学系统的分辨力相匹配。

根据需要光学系统可以是固定视场,也可以是变视场。变视场有两种方式:一种是连续变焦方式;另一种是双视场。由于导弹飞行速度的原因,通常要求光学系统视场切换时间要非常快,一般要求切换时间为100~300ms,

尽量减少切换过程对射手识别的影响。现在一般采用新型的电磁切换方式取代传统的电动机伺服传动方式[2]。

5.2.2 信号提取技术

电视导引头信号处理的特点是信息量大、实时性强。由于电视导引头战技指标不同，使用环境不同，被攻击的目标种类不同，其信号提取的方法也不尽相同。如何对全电视信号进行处理和变换，从干扰和噪声中提取有用信号，必须紧密联系工程实际[16-17]。

1. 模拟信号提取技术

在电视导引头发展的初始阶段，广泛采用模拟信号提取方法。例如：波门跟踪法、背景电平抵消法、抑制低频干扰法、门限电平切割法、信号增强处理法等。

1）波门跟踪法

波门跟踪法也称为空间滤波法，其原理如图 5-4 所示。电视导引头产生一个行、场合成波门，将目标套住，并随目标运动而运动。在这种方法中，信号处理系统只处理波门内的信号和背景，而波门外的背景和干扰的影响被排除。由于这种方法处理的信息量大大减少，从而使系统的快速性明显提高。该方法的关键是波门自动搜索和自动跟踪问题。

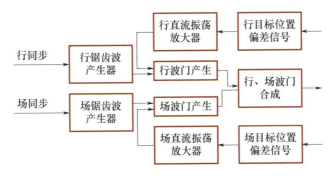

图 5-4 波门跟踪法的原理

由图 5-4 可知，行直流振荡放大器在行锯齿波的正程时，产生一随时间变化的直流电压，此直流电压与行锯齿波的正程进行比较，时间不同则比较的位置也不同，输出的比较电压大小也不同。把比较点的信号进行微分，并用微分脉冲去触发一个单稳态电路，形成一个固定宽度的脉冲，这就是行波门。同理，可形成一个场波门。行、场波门合成后，形成一个行、场复合波门，加入系统中即形成搜索波门。当系统处于跟踪状态时，行、场直流振荡放大器成为直流积分放大器，放大器输入的直流电压不同，积分出来的直流电压也就不同，这样形成的行、场波门随目标的位置变化而变化，使波门始终套住目标[18]。

2) 背景电平抵消法（低通滤波法）

通常在全电视信号中，反映背景平均亮度的电平称为背景电平。目标信号和干扰信号都在其电平上变化。假如规定暗目标产生的视频信号为负值（下跳），则亮目标产生的视频信号为正值（上升）。由于目标信号叠加在背景电平之上，因此背景电平的起伏变化，直接影响到信号的提取。为消除上述影响，通常采用背景电平抵消法。

将全电视信号分为两路：一路送放大器并延迟一个时间后送相减电路；另一路经放大器低通滤波器，把背景电平取出来，送入相减电路，相减后把背景电平抵消，其原理如图5-5所示。背景电平抵消法在电视信号的提取中应用广泛，若处理得法，则可起到信号增强的效果。使用背景电平抵消法应注意以下两点。

(1) 二级放大器的增益要一致。

(2) 延迟时间与背景跟踪的延迟相一致，才能收到良好的抵消效果。

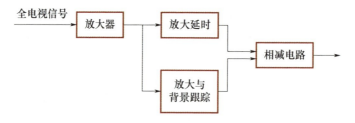

图 5-5　背景电平抵消原理

3) 抑制低频干扰法（钳位法）

抑制低频干扰法较多，通常采用以下两种方法。

(1) 以背景为基准对目标信号进行钳位。

(2) 以目标为基准对背景进行钳位处理。

抑制低频干扰原理如图 5-6 所示。

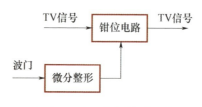

图 5-6　抑制低频干扰原理

由图 5-6 中可知，该电路是以选择波门前沿脉冲作为钳位脉冲，实现以背景为基准对视频信号进行钳位。由于波门是跟踪波门，以前沿为基点，保证钳位的基准选在目标区的周围，可以消除远处背景不均匀对信号提取产生的影响。上述抑制低频干扰的原理不仅抑制了干扰，而且能消除背景不均匀产生的影响。

4）门限电平切割法

图 5-7 给出了自适应门限电平切割法的原理。此方法是在信号提取单元设立一门限电压，当目标信号幅度值超过门限电压时，信号通过；当目标信号幅度值低于门限电压时，信号通不过，用此方式反映目标信号的有无。门限电平切割法包括固定门限电压切割法和自适应门限电平切割法。固定门限电压切割法是早期电视导引头常采用的方法，该方法通过大量试验，从统计数据中找出电压值，作为门限电压。它的缺点是不能同时兼顾目标远信号幅度值小及目标近信号幅度值大这两种情况的要求，为了解决这一问题，人们提出了自适应门限电平切割法。该方法通过选取目标信号的峰值作为门限电平，来保证门限电平随目标信号幅值大小而变化，从而达到自适应的目的。

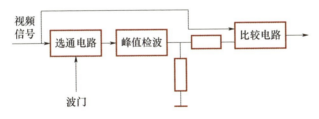

图 5-7　自适应门限电平切割的原理

由图 5-7 可知，经选通门输出的视频信号，再经峰值检波后，把信号检测出来，经分压降至一定比例后加到比较器输入端，比较器的另一端输入视频信号，峰值电压与视频信号相比较，输出一信号电压，该电压就是所要提取的目标信号电压或是干扰电压。

5）信号增强处理法

当目标位于远距离时，目标形成的视频信号幅度、边缘不清，使提取信号产生困难。对信号采取增强处理和勾边处理可以提高目标信号的幅度和边缘的清晰度。信号增强处理法有对比度增强处理法和微分增强处理法两种，此处不做详细叙述。

2. 数字图像信号提取技术

全电视信号经平移、放大和取样处理后，转换成数字图像阵列。在电视导引头中,数字图像提取的目的是抑制噪声干扰,将目标图像从其所在背景中分离出来,以便于识别、捕获和跟踪。数字图像信号处理的内容包括数字平滑、灰度门限训练及分割、目标图像边缘检测等[19]。

1) 数字图像平滑

取样后数字图像阵列有可能存在噪声干扰,其表现形式常为孤立像素的离散性变化,不是空间相关的,这种现象是许多清除噪声干扰的基础。邻域平均法对数字图像平滑来说是一种简单的空域技术。

设图像 $R(x,y)$ 的灰度像素阵列为 $M×N$,邻域平均法时图像 $R(x,y)$ 平滑处理后,产生一幅平滑图像 $G(x,y)$。在平滑图像 $G(x,y)$ 中,每个 (x,y) 点的灰度值是由以 (x,y) 为中心的 n 个邻域像素灰度值的平均值来确定的。平滑图像表示为

$$G(x,y) = \frac{1}{M} \sum_{(n,m) \in s} R(n,m) \qquad (5-1)$$

式中:x 为 0,1,2,…,$N-1$;y 为 0,1,2,…,$N-1$;s 为 (x,y) 点邻域中点的坐标(不包括 (x,y) 点)的集合;M 为集合 s 内坐标点的总数。

2) 灰度门限训练及分割处理法

电视导引头图像跟踪器要想识别、捕获和跟踪不同类型的目标,首先应将目标图像完整地从背景中分离出来。其方法可用灰度门限训练及分割处理来实现。灰度门限训练是确定灰度门限阈值,图像分割的基本依据是灰度直方图。

确定灰度门限的方法有很多,如对于图 5-8 所示的双峰形状直方图而言就有贝叶斯统计法、内插法、灰度门限极值法等。图 5-9 所示为灰度门限训练窗口,训练窗口应尽可能地包含场图像中背景区域的变化范围。以训练出来的灰度值作为灰度图像分割的门限,分割原则遵循凡是灰度小于灰度门限的诸像素灰度值均变成 1 值,反之,则变成 0 值。此后就可以利用目标图像判别器将目标从背景中完整分离出来。

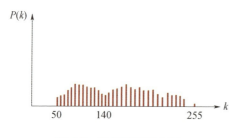

图 5-8 双峰形状直方图

图 5-9 灰度门限训练窗口

3) 目标图像边缘检测

灰度图像的边缘点检测算法较多，经常使用的检测算法是拉普拉斯算法、罗伯茨算法、索贝尔算法及沃尔斯算法等。对于二值图像来说，其边缘检测算法较为简单。二值图像的特点是背景区域像素灰度全为 0 值，目标图像区域像素灰度全为 1 值。于是，在二值图像阵列的每一行两相邻像素若其值全为 0 或全为 1，则表明无边缘点存在，这可用连续的差分运算求得。

检测水平方向边缘点的差分算式为

$$G(j, k) = R(j, k) - R(j, k+1) \tag{5-2}$$

检测垂直方向边缘点的差分算式为

$$G(j, k) = R(j, k) - R(j+1, k) \tag{5-3}$$

依据二值目标图像区域边缘点的坐标位置，可逐行逐列计算出目标区域的投影形状。行（列）投影是指同一行（列）上，灰度值为 1 的像素个数。设二值目标图像区域为 $k \times l$ 布尔矩阵 s，则矩阵 s 的行列投影分别为

$$r_i = \sum_{i=1}^{l} s_{ij} \tag{5-4}$$

$$c_j = \sum_{j=1}^{k} s_{ij} \tag{5-5}$$

5.2.3 电视图像跟踪技术

电视自动寻的系统具有人工依赖性少，能实现"锁定后不管"的能力，因此是目前电视成像制导系统应用较多的方式。这种制导模式通常由人工发现、识别和锁定目标，对制导系统的自动识别能力要求较低，其制导性能主要取决于目标锁定后的自动跟踪能力。下面主要介绍电视自动寻的制导中使用的目标跟踪方法。

1. 对比度（波门）跟踪

在光照良好的条件下，人眼能看清和分辨目标是由于目标与背景的亮度和色彩有差别；而在光照不足的黑暗环境中，人眼的颜色分辨能力下降，因此只能利用目标与背景的亮度差异进行区分。对于电视成像导引头来说，彩色图像的数据量过大且对光照条件要求较高，因此通常利用目标和背景之间的亮度（辐亮度）分布灰度图像进行制导。对比度是灰度图像中目标与背景之间差异较为明显的特征，因此对比度跟踪是电视跟踪最早发展起来的一种方法。波门是由系统产生的一个跟踪窗口，又称为跟踪窗。用波门套住目标

图像,图像处理系统只对波门内的视频信号进行处理,所以大大压缩了无用的信息处理量,提高了跟踪速度,还可以排除部分背景干扰,在波门内利用目标的形状提取目标的位置信息。至今仍然在许多电视跟踪系统中作为基本的跟踪模式被采用。

关于对比度的定义,有以下两种。

(1) 第一种定义为

$$C=|L_T-L_b|/L_b \tag{5-6}$$

式中:C 为对比度;L_T 为目标亮度(cd/m^2);L_b 为背景亮度(cd/m^2)。

这样定义的对比度,也称为反衬对比度或反衬度。当目标较小,且有 $|L_T-L_b|<L_b$ 时用这种定义。

(2) 第二种定义为

$$C=(L_T-L_b)/(L_T+L_b) \tag{5-7}$$

这样定义的对比度称为调制对比度。当以黑白栅格图形对摄像机测试时,常采用这一定义。这时 L_T 对应白线条输出的信号峰值,L_b 对应黑线条输出的信号谷值。

在制导系统中通常使用第一种对比度定义,电视成像导引头形成的可见光图像对比度主要取决于目标和背景反射率不同,同时与大气透过率和观测距离有关。通常用 C_0 表示在很近距离上观察物体时看到的对比度,称为目标的固有对比度或零距离对比度;用 C_R 表示在距离 R 处观察目标时看到的对比度,称为目标的视在对比度。

对比度跟踪方法依据跟踪参考点的不同可分为边缘跟踪、形心跟踪、矩心(质心、重心)跟踪、峰值跟踪等。对比度跟踪法的优势在于可跟踪快速运动的目标,对目标姿态变化和尺寸变化适应性强。其缺点是对目标的识别能力差,难以跟踪复杂背景中的目标,所以对比度跟踪法多用于空中或水面目标的跟踪[20-21]。

2. 图像相关跟踪

对比度跟踪实现简单,特别适用于早期的模拟电视成像制导,但其本质是利用目标与背景的辐亮度差异进行跟踪,因此容易受到目标自身亮度变化、背景亮度变化和外界光照条件变化的影响。此外,如果跟踪过程中目标出现其他物体遮挡,而该遮挡物体与背景也有较大亮度差异,此时对比度跟踪的方法就会很容易跟踪遮挡物体,而丢失对目标的跟踪[22-23]。

为了提高电视成像制导系统的跟踪能力和抗干扰能力,人们提出了利用图像匹配的跟踪方法,通常简称相关跟踪。相关跟踪的核心思想就是利用导弹上预存的目标图像(即模板图像),在导引头拍摄的图像中寻找与其最为匹配的图像位置。下面以数字电视成像为例简单介绍相关匹配的基本技术途径。

1) 模板图像和拍摄图像

电视成像制导系统中利用图像匹配跟踪的前提是获取目标的模板图像,模板图像的获取有两种方法。

(1) 事先准备好目标典型图像,如事先存储好敌方某型坦克的图像,将导弹飞行中拍摄的图像与目标典型图像匹配。这种方法的缺点是导引头拍摄的目标图像易受拍摄距离、目标姿态和环境光照条件的影响,往往很难与预先存好的图像进行匹配;同时预存的目标图像限定了武器的使用范围。因此这种方法在电视成像相关跟踪中应用极少。

(2) 由武器操作员在发现目标后,使用跟踪框套取目标图像并锁定,此时锁定的跟踪框图像就称为模板图像。在随后的目标跟踪过程中,跟踪系统就是在导引头拍摄的图像(信号)中不断搜索和匹配与模板图像最相似的跟踪框位置。这种导引头即时获取模板图像的方法不受拍摄距离、目标姿态和环境光照的影响,并且可以适用于多种类型的目标,因此是目前电视成像相关跟踪中使用最多的方法。

不妨假设目标的模板图像大小为 K 像素 $\times L$ 像素,拍摄图像的尺寸为 M 像素 $\times N$ 像素。拍摄图像的实际图像灰度分布函数用 $f(x, y)$ 表示,(x, y) 为图像的横纵像素坐标。用 $S(u, v)$ 代表其左上角坐标为 $(x=u, y=v)$ 的一个待匹配子图像,用 $s(u, v, j, i)$ 代表 $S(u, v)$ 子图像中第 i 行、第 j 列处像素点的灰度。待匹配子图像从拍摄图像的左上角自左向右,自上而下逐个像素点偏移,总共可以产生 $(M-K-1) \times (N-L-1)$ 个待匹配子图像。而目标模板图像灰度分布函数用 $q(j, i)$ 表示,(j, i) 为模板图像中像素的横纵坐标,如图 5-10 所示。

很显然,待匹配的子图像是拍摄图像的一部分,两者之间具有以下关系:

$$s(u, v, j, i) = f(x=u+j-1, y=v+i-1) \tag{5-8}$$

有时为了简便,用 S 代表任意一个待匹配子图像,那么规定

$$s_{ji} = s(u, v, j, i) \tag{5-9}$$

式中:(u, v) 为约定的子图像位置。用 Q 代表目标模板,那么规定

$$q_{ji} = q(j, i) \tag{5-10}$$

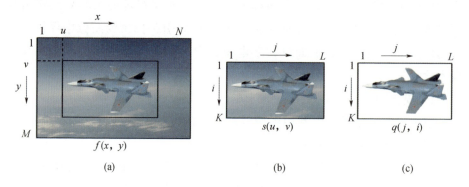

图 5-10 拍摄图像、待匹配图像与模板图像

图像匹配的目标是找出待匹配子图像 S 中与模板图像 Q 最相似的位置，而这个位置可以认为是跟踪框锁定目标后的左上角坐标。

2) 相似度的距离度量

待匹配子图像与模板图像的相似是一个定性的表述，为了便于计算机计算需要建立一个描述相似程度定量概念。描述相似性的定量有很多种，这里仅介绍常见的距离度量和相关度量。

(1) 距离度量。距离度量是一种最直观的相似比较方法，即直接差异比较。把一个子图像 S 上的各点与模板图像 Q 上的各对应点进行逐点比较，求出两者所有点灰度差的平方和，即欧式空间的距离定义。很显然，若待匹配子图像与模板图像完全一样，则距离值为零；若两者不一样，则距离增大。一般距离度量的表达式为

$$D(u,v) = \sqrt{\sum_{i=1}^{K}\sum_{j=1}^{L}[s(u,v,j,i)-q(j,i)]^2} \qquad (5\text{-}11)$$

若最佳匹配的子图像（左上角）的起始坐标为 (u^*, v^*)，则

$$D(u^*, v^*) = \min_{u,v} D(u,v) \qquad (5\text{-}12)$$

即对所有的 (u,v) 而言，$D(u^*, v^*)$ 是 $D(u,v)$ 中的最小者。距离度量除了可以比较灰度，对于图像的其他属性或统计参数也可以进行相似性衡量。

如图 5-11 所示，采用距离度量进行目标匹配，当待匹配子图像与目标所在图像不重合时（图 5-11 (a)），距离度量 $D(1,1)=3$；当待匹配子图像与目标所在图像重合时（图 5-11 (c)），距离度量 $D^*(2,4)=0$ 为最小，即找到最佳匹配子图像。距离度量方法计算简单且易于实现，但是其最大缺点是如果匹配过程中光照条件发生变化，就会引起拍摄图像的灰度快速变化，从

而造成灰度距离度量增大,引起匹配误差。为了解决随光照变化的缺点,人们又提出了相关度量。

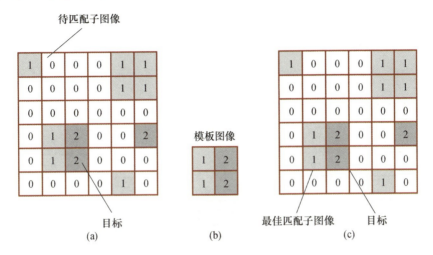

图 5-11　距离度量的模板匹配

(2) 相关度量。随机过程和数理统计中常用相关函数评价两个随机过程之间相关程度,而待匹配子图像和模板图像的灰度分布函数可以看作两个随机过程,两者之间的相似性自然可以使用相关函数来描述。

为了避免相关度量受拍摄图像光照变化的影响,通常定义归一化互相关函数度量为

$$R(u,v) = \frac{\sum_{i=1}^{K}\sum_{j=1}^{L}[s(u,v,j,i) \cdot q(j,i)]}{\{\sum_{i=1}^{K}\sum_{j=1}^{L}[s(u,v,j,i)]^2\}^{1/2}\{\sum_{i=1}^{K}\sum_{j=1}^{L}[q(j,i)]^2\}^{1/2}} \quad (5\text{-}13)$$

从式 (5-13) 中可看出,若待匹配图像 $S(u, v)$ 与模板图像 Q 完全相同,则 $R(u, v) = 1$;若 $S(u, v)$ 与 Q 不全相同,则 $R(u, v) \leqslant 1$。因此,归一化相关函数 $R(u, v)$ 也可作为图像相似性的一种度量。

显然用相关函数做相似度度量时,在最佳匹配点 (u^*, v^*) 上的归一化相关函数值为最大,即

$$R(u^*, v^*) = \max_{u,v} R(u, v) \quad (5\text{-}14)$$

如图 5-12 所示,模板图像与图 5-11 中一样,但是拍摄图像的亮度整体上增大了一倍。此时如果仍然使用距离度量,那么在实际两者不匹配的图 5-12 (a) 中,距离度量 $D(5, 1) = \sqrt{2}$,而在实际两者匹配的图 5-11 (c) 位置上,

距离度量 $D^*(2,4)=\sqrt{10}$，这显然出现了匹配错误。如果使用归一化相关度量，那么实际不匹配的图 5-12（a）中 $R(5,1)=0.3\sqrt{10}\approx0.949$，而在实际匹配的图 5-12（c）中 $R^*(2,4)=1$，显然使用相关度量的匹配是正确的。这也说明了相关匹配是不受拍摄图像光照变化影响的。

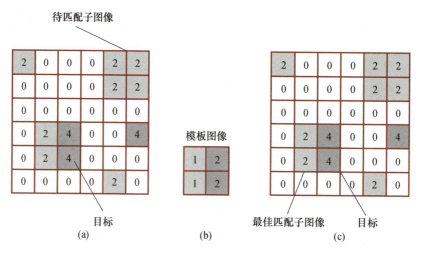

图 5-12 相关度量的模板匹配

实际上，相关跟踪算法除了使用距离度量和相关度量，还有很多准则方法，如最小绝对差值法（MAD）、最小均方误差法（MSE）、序贯相似性检测算法（SSDA）、归一化积相关法、最多邻近点距离法（MCD）等。不同的方法有着各自的优缺点和适用性，因此在使用中需要根据实际情况进行方法的选取和组合。

3）跟踪稳定性

跟踪稳定性是指在目标运动和环境发生变化的情况下或当目标被短时间遮挡后，跟踪框能始终跟踪目标或者重新捕获目标的特性。实际上，跟踪的稳定性受到相似准则、模板更新和跟踪预测 3 个方面的影响。

相似准则主要受定义不同、跟踪敏感度不同的影响，由于任何相似准则都有其不足和局限性，因此为提高跟踪稳定性，实际中通常使用多种方法共同跟踪，但这会使得计算量大大增加。

在目标的跟踪过程中，由于目标的姿态变化、光照变化和遮挡等因素，被跟踪目标的图像灰度函数分布会不断发生变化。如果模板在跟踪过程中一直保持不变，就很可能出现模板与图像中目标严重不匹配的现象。所以合理选择模板的更新策略，可以在一定程度上克服这些变化对跟踪效果的影响。

但是如果在图像跟踪过程中，每次都单纯地将当前图像的最佳匹配位置处的子图像作为模板进行下一帧图像的匹配，那么跟踪很容易受到某一帧图像突变的影响。因此需要考虑旧模板和当前图像目标的匹配度来确定是否更新模板，常采用的模板更新策略有以下几种[24]：

(1) 采用间隔固帧更新模板。这种模板刷新完全依赖图像帧数的推进，无法反映目标图像的变化情况，因此适应性较差。

(2) 由相关大小更新模板。这种方法判断最佳匹配时的相关度是否低于更新阈值，如果低于阈值说明目标图像已经有较大变化，需要用最佳匹配处的子图作为新的模板。

(3) 加权滤波实现模板刷新。这种方法将与当前最佳匹配点处的子图、当前的模板、过去曾经使用过的模板系列之间的相关性进行关联加权，从而确定新的模板如下：

$$T=\alpha T^+ +\beta_0 T^0 +\beta_{-1} T^{-1} +\cdots+\beta_{-n+1} T^{-n+1} \quad (5\text{-}15)$$

式中：T 为新模板；T^+ 为当前最佳匹配点处的子图；T^0 为当前模板；T^{-1}，…，T^{-n+1} 为过去曾使用过的模板，各个权重系数代表对应模板对新模板的贡献，且权重系数和为 1。当 $n=1$ 时，式（5-15）可表示为

$$T=\alpha T^+ +(1-\alpha) T^0 \quad (5\text{-}16)$$

式中：α 为当前最佳匹配点处子图的置信度。

当然模板更新并不能完全应对跟踪过程中目标完全被物体短暂遮挡的情况。为了解决遮挡问题，目前通常用跟踪预测的方法，即当目标被全部遮挡时，跟踪算法根据目标之前的运动状态预测出目标随后可能出现的位置，这样能保证跟踪框出现在目标最可能出现的位置上。常用的预测跟踪算法有记忆外推跟踪算法、N 点线性逼近预测算法、N 点二次多项式预测算法和卡尔曼滤波等[24]。

3. 其他跟踪算法

1) 差分跟踪

差分跟踪是利用相邻两帧间背景图像近似不变，而运动目标位置会发生变化的特点，对两帧或多帧图像进行差分，以确定运动目标位置的经典跟踪算法。差分方法的基础是假定背景图像短时间不变，目标图像在相邻两帧图像中的位置有明显变化，这样通过帧间差可以确定运动目标的位置。但是实

际上由于噪声和成像质量的影响，即使画面完全相同的两帧图像差分也会出现许多差分区域，这些差分区域属于干扰需要去除[25]。

差分法的优点是适应性强（可用于复杂背景）、简单易行，运算量小，速度快。但是其缺点也很明显，即只能跟踪运动目标，且定位精度较差；此外其要求短时间内背景基本不变，而在实际运用中由于摄像机多安装在飞行的导弹或者运动的载体上，背景不可能保持静止。为了抑制背景往往需要对相机的运动进行测量，从而消除由于相机运动所引起的背景变化。在背景抑制完成后，才能对运动目标进行差分跟踪。

2) 多模态跟踪

由于导弹所面对的目标、背景和相对运动环境等在飞行过程中变化比较复杂，因此任何一种单一跟踪模式都无法满足实战跟踪的苛刻要求。所以在实际使用中，电视成像跟踪算法都是采用两种或多种跟踪算法，即多模态跟踪。多模态跟踪分为并行多模和串行多模，并行多模是在同一阶段采用不同的跟踪算法进行跟踪，而最佳跟踪点由各模态的结果融合得到；串行跟踪则是在导弹攻击过程的不同阶段采用不同的跟踪算法。并行多模跟踪的精度和稳定性较好，但是运算量过大；串行多模跟踪的计算量小、具有一定的阶段适应性，但抗干扰能力与单一算法相当。

3) 自适应与智能跟踪

实际战场环境中目标和背景受到多种因素的影响和干扰，常规的跟踪算法无法完全适用于战场的复杂环境。随着智能计算技术的发展，如自适应、神经网络、遗传算法、蚁群算法等新方法被广泛地应用于跟踪算法，这使得跟踪过程能够根据环境条件、目标状态、遮挡情况和跟踪要求等变化做出相应调整，以达到对目标的可靠跟踪[26-28]。

4) 记忆外推跟踪

记忆外推跟踪方法的基本思想是存储记忆前帧和本帧的目标信息，利用预测算法外推目标下一帧的参数[29]。预测外推法的基本思路是认为目标的运动可看作是惯性受限的非平稳过程，记忆算法在目标遮挡丢失后根据拟合外推来预测目标的下一个位置，依次循环，直至目标重新出现后再被捕获跟踪。

当然，关于目标跟踪的方法还有很多，它们有着各自不同的特点和适用范围，因此目标跟踪技术仍然是当今比较活跃的研究领域。

目前正在发展的新一代跟踪系统是智能跟踪系统。其主要标志是采用高速数字信号处理器（digital signal processor，DSP）直接对图像目标进行实时处理，具备自动目标识别和跟踪能力及多目标跟踪等能力[26]。智能跟踪系统具有以下一些特性：能对视场中的多个目标进行探测、定位、识别和分类，并对潜在的目标进行评价和优先加权确定它们的优先权；在复杂背景条件下，跟踪系统可以预测目标受到遮挡，预测目标受到遮挡后的特征变化，并为此采取措施，减少目标丢失的概率。在发现新目标时，可以更新其记忆单元或重新确定原有目标的位置和运动，增强记忆能力。目标在整个跟踪过程中，进入、离开、再进入视场，系统都能自动地重新获得目标。能记忆消失在视场外的目标信息；系统性价比高。由于图像处理方法是建立在二维数据处理和随机信号分析的基础上，其特点是信息量大，因此计算量大，存储量也大。另外，目标跟踪系统必须实时、快速、可靠，所以大容量的信息存储和高速信息处理始终是实时目标跟踪的技术关键。

5.3 电视遥控制导

电视遥控制导系统的特征是制导指令形成装置不在导弹上，而是在制导站上；而电视摄像机可以在导弹或制导站上。通常，电视摄像机拍摄的可见光图像显示在制导站的显示屏上；武器操作员通过观察显示屏上的目标信息，根据相应的制导规律给飞行中的导弹发出制导指令；导弹上的接收装置收到制导指令后，由弹上控制系统根据指令驱动执行机构动作，控制导弹飞向目标[3]。

电视遥控制导系统有两种实现方式。一种称为电视指令遥控制导，其主要特征是将电视摄像机安装在导弹头部，由电视导引头测定导弹与目标的相对运动参数，传给制导站，形成制导指令。采用这种制导方式的导弹有英、法联合研制的"玛特尔"空地导弹、美国的 AGM-53A "秃鹰"空地导弹、以色列的"蝮蛇"反坦克导弹等。另一种称为电视跟踪遥控制导，其特征是电视摄像机安装在制导站而不是导弹上，由制导站测定导弹与目标的相对运动参数，形成制导指令后传给导弹。采用这种制导方式的导弹有法国的"新一代响尾蛇"地空导弹和我国的"红箭"-8 反坦克导弹。以上两种制导方式的指令均在导弹外的制导站上形成，以指令遥控修正导弹飞行弹道。

电视遥控制导实时性、直观性强，便于识别和选择目标，制导精度较高。但制导距离近，隐蔽性差，受气象条件影响较大，采用无线电信道传输制导指令时易受干扰。

5.3.1 电视指令遥控制导

电视指令遥控制导系统由弹上设备和制导站两部分组成，主要用于射程较远的非视线瞄准导弹，如图 5-13 所示。弹上设备包括摄像机、电视信号发射机、指令接收机和弹上控制系统等。制导站上有电视信号接收机、指令形成装置和指令发射机等[30]。

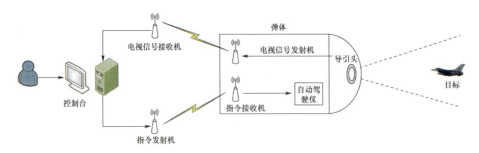

图 5-13 电视指令遥控制导的组成

导弹发射以后，电视摄像机不断地拍摄目标及其周围的图像，通过电视信号发射机发送给制导站，操作员从电视信号接收机的屏幕上可以看到目标及其周围的景象。操作员根据目标影像偏离情况控制操作杆形成制导指令，由指令发射装置将制导指令发送给导弹，纠正导弹的飞行方向。这是早期发展的手动电视指令遥控制导方式，主要用于攻击固定目标或大型慢速目标。这种制导方式包含两条信息传输线路：一条是从导弹到制导站的目标图像传输线路；另一条是从制导站到导弹的遥控线路。传输线路可以采用无线传输方式，也可以采用有线传输方式，如法、德联合研制"独眼巨人"（Triform）采用光纤有线传输双向传输图像和指令（图 5-14）。

图 5-14 "独眼巨人"光纤传输电视指令遥控制导

电视指令遥控制导系统的优点在于随着导弹上的摄像机与目标距离逐渐减小，成像逐渐清晰，此外人工识别目标可靠性好，制导精度高。但是其缺点也很明显，首先无线传输信道易受敌方电子干扰，而有线传输线限制了导弹的射程、速度和机动性等；其次制导过程人工参与，多采用追踪法制导，操作人员负担较大。后期电视指令遥控制导在指令形成方面也进行了改进，即目标一旦由人工锁定后，对目标的跟踪和制导指令的形成交由制导站的计算机自动完成，这样就大大降低操作员的工作负担。

5.3.2 电视跟踪遥控制导

电视跟踪遥控制导系统将电视摄像机安装在制导站上，导弹尾部装有曳光管，由制导站测量导弹和目标偏差，其主要用于射程较近的导弹。当目标和导弹同时出现在电视摄影机的视场内时，电视摄像机探测导弹尾部曳光管的闪光，并自动测量导弹位置与电视瞄准轴的偏差信息。这些偏差信息送给制导计算机，经过计算形成制导指令，并由指令发射机发给飞行中的导弹，从而使导弹沿着瞄准光轴飞行。电视跟踪遥控制导系统的组成如图 5-15 所示。

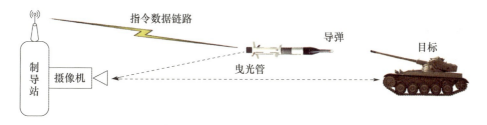

图 5-15 电视跟踪遥控制导系统的组成

电视跟踪遥控制导系统通常与雷达跟踪系统联合使用，电视摄像机光轴与雷达天线瞄准轴保持一致，在制导中相互补充。在夜间或能见度差时使用雷达跟踪系统，当雷达受干扰时使用电视跟踪系统，这样可以大大提高制导系统的综合作战性能。

我国的"红箭"-8L 反坦克导弹采用了电视跟踪遥控制导系统，如图 5-16 所示。其通过电视或热成像仪测量导弹（尾部曳光管）的角度并形成制导指令，然后由导线传输制导指令到飞行中的导弹。该系统白天射程为 100～4000m，夜间射程为 100～2000m，命中概率大于 90%。导弹采用潜望镜瞄准、卧姿发射，便于射手隐蔽发射，战场生存率高，昼夜使用同一目镜即可完成瞄准发射动作。

图 5-16 "红箭"-8L 反坦克导弹武器系统

电视跟踪遥控制导系统的优点是弹上不需要安装任何制导装置,只需执行制导站发送的制导指令,因此其结构简单、成本低廉。其缺点是通常采用三点法制导,制导误差随着距离增加而增大,只适用于近距离制导。此外,导弹尾部安装曳光管作为导弹位置指示信标,如果敌方获知曳光管发射频率和编码,就可在目标上安装干扰曳光管,从而造成电视测角偏差以致导弹脱靶,这一缺陷已经在 20 世纪 80 年代的两伊战争中暴露出来。

5.3.3 电视测角仪

测角仪是具有测量坐标系并可用来测定空间运动体(目标或导弹)在该坐标系中所处位置的仪器,又称为瞄准及测角装置,是采用光学瞄准、自动测角的遥控制导系统的重要组成部分。测角仪的输入量为被测量的目标(导弹)坐标变化的信息,它将输入量与测量坐标系的基准信号进行比较,并产生误差信号,经放大与转换之后,生成与角误差信号相对应的电信号[31]。

测角仪的主要功能如下:

(1) 供射手观察和瞄准目标。射手通过瞄准镜观察和搜索目标,并通过分划瞄准目标,概略估计目标的距离范围。

(2) 测量导弹偏离瞄准线的角偏差。根据弹上辐射源的位置,自动、实时地测量导弹偏离瞄准线的角偏差,并以电信号的形式传输给控制电路,供其编制控制指令。

对于使用测角仪的导弹武器系统,导弹上带有示踪物——辐射源,它用来指示导弹的空间位置。测角仪实现对辐射源的位置探测,也就是实现了对导弹的位置探测。由于导弹的飞行距离较远,因此光学设计上把辐射源当作"无穷远"的物体来看待[32-33]。

根据几何光学成像原理，对于一个比较完善的光学系统，物空间某位置的一个点状物，在像空间相应位置有唯一的一个像点与之对应。根据角度对应关系，要探测物空间的导弹相对于光轴的角度偏差，只需要在像空间探知像点相对于光轴的偏差就可以了。

空间中导弹与光轴的位置关系如图 5-17 所示。图 5-17 中 O' 为光学系统物镜的中心点，$O'x$ 为光轴，A 为某一瞬间导弹在空间的位置，yOz 平面为过 A 点且与光轴 $O'x$ 垂直的坐标平面，Oz 轴与瞄准镜分划板十字线的水平线平行，Oy 轴与垂直线平行，O 为坐标原点，把这个坐标系定义为光轴坐标系。导弹在这一坐标系中的角坐标是 (φ, θ)。其中 $\varphi = \angle AO'O$，反映了导弹偏离光轴的远近，$\theta = \angle AOz$，反映了导弹偏离光轴的方位。电视测角仪所要测量的正是这两个角。在平面 yOz 中，过 A 点分别作 Oy 和 Oz 的垂线，得到俯仰偏差角 ε 和偏航偏差角 β，ε 和 β 表征的信息与 φ 和 θ 表征的信息是完全相同的。

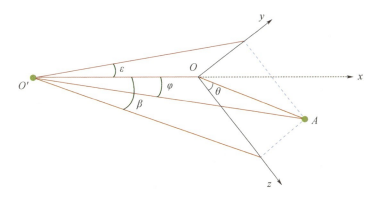

图 5-17　空间中导弹与光轴的位置关系

电视测角仪采用 CCD 作为接收器件，在像空间探测像点距视场中心的偏差为 $\Delta X'$、$\Delta Y'$。导弹及其飞行空间的景物通过光学系统在电视摄像机 CCD 靶面上形成一个光学图像。它是一个随着时间 T 和波长 λ 变化的光强分布，可以表示为 $F(X', Y', T, \lambda)$。由于 CCD 的光电转换特性和扫描作用，靶面上的光学图像被转变成按时间顺序传送的电视信号 $F(T)$，并与行场同步脉冲和消隐脉冲混合形成全视频信号输出。

设导弹 A 通过电视测角系统物镜成像于 CCD 靶面上 A'，其成像关系如图 5-18 所示。如果在靶面上设置一个 X'、Y' 坐标系，坐标原点位于光学系统视轴穿过靶面的一点 O，该点一般位于靶面中心。靶面上 A' 偏离坐标原点的

偏差 $\Delta X'$ 和 $\Delta Y'$，可以由信号处理计算得出。将 $\Delta X'$ 和 $\Delta Y'$ 分别除以电视测角系统的焦距 f'，就可以计算出导弹像点在两个相互垂直平面内偏离于光轴的角度。根据对顶角相等，就得到导弹相对于光轴的偏差角。

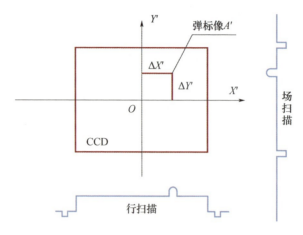

图 5-18　电视测角示意图

导弹与瞄准线在水平方向的角偏差为

$$\beta=\arctan(X'/f')$$

导弹与瞄准线在垂直方向的角偏差为

$$\varepsilon=\arctan(Y'/f')$$

5.4　电视制导技术发展趋势

电视制导在鱼雷武器中首次成功应用[16]。在第二次世界大战后期，美军采用了带电视摄像头的"Colombo"-4 型制导鱼雷攻击日军舰队。但这种电视成像制导系统是在采集图像后人工操作鱼雷航行方向，不属于电视自动跟踪系统，只能算是电视遥控制导系统。

20 世纪 70 年代以后，随着电视摄像机的小型化、批量化和低成本化，电视成像制导开始大量应用于空地导弹，这个时期典型的产品是美国 AGM-65AB "幼畜"空地导弹。另外，可见光电视图像与人眼所见的景象完全一致，这非常适合人在回路中或者人工锁定目标，因此电视成像制导系统的目标识别和锁定过程通常由人工完成。电视成像制导属于被动制导方式，具有极好的隐蔽性，但是电视成像制导的最大缺点是只能在白天或能见度较好的情况下使用,且容易受到强光和烟尘雾的干扰,无法全天候和在复杂作战环境中使用,因此电视成像制导在 21 世纪后主要用于低成本便携式导弹[28]。

电视制导技术是集光、机、电于一体的高科技项目,支撑它的关键技术,如光电转换技术、信号处理、图像跟踪、控制等技术的发展,将带动国防和民用技术的发展。另外,电视制导与杀伤性武器的结合,将大大提高武器的作战效能,精度和抗干扰能力成倍提高,从而使战场中杀伤性武器命中率大幅度提高,加之电视制导装置体积小、重量轻、价格低,使其成为全世界争相发展的高技术之一。可以预见,电视制导技术在未来的高技术常规战争中的地位会越来越重要。

当前电视制导技术发展中需要进一步解决的关键技术有[34-35]以下几个:

(1)光电转换器件:需要开发灵敏度更高、功耗更小、抗震性更强的电荷耦合器件(CCD),特别是和电视扫描体制兼容的红外 CCD 的研制,可以使电视制导从可见光波段发展到红外波段,为电视制导技术的进一步发展创造条件。

(2)光导纤维:光导纤维传输信号损耗小、噪声低,可以使摄像头结构发生根本变化。

(3)高速数字信号处理芯片:只有高速、高性能的图像处理器才能满足电视导引头实时处理的需求。

(4)跟踪体制:发展相关、对比度等检测手段,便于提取目标,发展自适应跟踪体制。

(5)多目标跟踪:实现对多个目标跟踪和分别引导导弹打击不同目标。

(6)人工智能:将人的经验和判断力赋予跟踪器,提高截获和跟踪目标的能力。

参考文献

[1] 张自发,孙建楠,孙勇,等.电视制导技术应用研究[C]//中国航天科工集团公司.第九届全国光电技术学术交流会论文集(下册).中国宇航学会光电技术专业委员会,2010:3.

[2] 邹汝平.多用途导弹系统设计[M].北京:国防工业出版社,2018.

[3] 卢晓东,等.导弹制导系统原理[M].北京:国防工业出版社,2015.

[4] 陈龙.从产品看摄像机技术的进展[J].中国安防产品信息,2001(04):18-21.

[5] 林祖伦, 等. 光电成像导论 [M]. 北京: 国防工业出版社, 2016.

[6] 韩涛, 等. 光电材料与器件 [M]. 北京: 科学出版社, 2017.

[7] 罗华. 电视导引头中目标识别技术的研究 [D]. 西安: 西北工业大学, 2007.

[8] 刘琳, 顾文灿, 王凯, 等. 激光干扰电视制导炸弹效果评估与仿真 [J]. 弹箭与制导学报, 2010, 30 (03): 93-95.

[9] 殷希梅, 张航. 浅谈制导技术的应用与发展 [C] //中国兵工学会、重庆市科学技术协会. OSEC首届兵器工程大会论文集. 兵器装备工程学报编辑部, 2017: 3.

[10] 薛连莉. 多导弹协同搜索技术研究 [D]. 北京: 北京理工大学, 2016.

[11] 李欣, 郑志强, 李鹏, 等. 时间延迟对电视指令制导系统稳定回路的影响 [J]. 航空兵器, 2010 (05): 30-32, 38.

[12] 顾潮琪. 巡航导弹作战效能分析 [D]. 西安: 西北工业大学, 2006.

[13] 沈冠军. 轻型图像制导多用途导弹总体技术研究 [D]. 太原: 中北大学, 2013.

[14] 宋岩峰, 孙卫平, 王国力. 一种高分辨率电视制导连续变焦光学系统 [J]. 应用光学, 2013, 34 (02): 203-208.

[15] 刘建高. 电视观瞄/跟踪系统的设计与实现 [D]. 成都: 电子科技大学, 2010.

[16] 刘梦达. 弹箭电视制导图像处理技术研究 [D]. 南京: 南京理工大学, 2017.

[17] 夏婷. 图像制导系统的运动目标检测和跟踪研究 [D]. 南京: 南京理工大学, 2019.

[18] 鲍学良, 范惠林, 刘成亮, 等. 电视制导武器系统图像跟踪方法研究 [J]. 吉林大学学报 (信息科学版), 2012, 30 (04): 355-360.

[19] 杨传栋, 刘桢, 石胜斌. 基于CNN的弹载图像目标检测方法研究 [J]. 战术导弹技术, 2019 (04): 85-92.

[20] 章丽萍. 电视跟踪系统的架构及其实现 [D]. 武汉: 武汉科技大学, 2008.

[21] 苏世彬. 基于TMS320C80的某武器系统电视跟踪器应用研究 [D]. 西安: 西安电子科技大学, 2017.

[22] 刘桢, 任梦洁, 姜万里. 基于改进SIFT算法的弹载电视制导技术研究 [J]. 红外技术, 2018, 40 (03): 280-288.

[23] 王曙光, 石胜斌, 杨传栋. 尺度自适应弹载目标跟踪方法对比研究 [J]. 弹箭与制导学报, 2020, 40 (01): 73-76.

[24] 鲍学良, 范惠林, 刘成亮, 等. 电视制导武器系统图像跟踪方法研究 [J]. 吉林大学学报 (信息科学版), 2012, 30 (04): 355-360.

[25] 陈小林. 运动目标捕获跟踪方法研究 [J]. 仪器仪表学报, 2014, 35 (S1): 49-53.

[26] 陈金令, 苗东, 康博, 等. 基于Kalman滤波和模板匹配的目标跟踪技术研究 [J]. 光学与光电技术, 2014, 12 (06): 9-12.

[27] 张宝亮. 粒子滤波目标成像跟踪算法研究 [D]. 西安: 西安电子科技大学, 2008.

[28] 王海涛, 等. 目标跟踪综述 [J]. 计算机测量与控制, 2020, 28 (04): 1-6, 21.

[29] 杨立宾. 基于多特征融合的运动目标检测与跟踪方法研究[D]. 合肥：合肥工业大学，2010.
[30] 刘鹏. 电视遥控制导指令传输系统研究及实现[D]. 南京：南京理工大学，2013.
[31] 付秀华，熊仕富，刘冬梅，等. 电视测角仪光学系统复合薄膜的研制[J]. 光子学报，2015，44（11）：77-82.
[32] 朱延博，王竹林，张自宾. 基于图像插值的电视测角仪视场变换系统设计[J]. 电子技术应用，2014，40（02）：85-87，90.
[33] 朱延博，王竹林，张自宾. 基于FPGA电视测角仪视频信号发生器设计[J]. 计算机测量与控制，2013，21（11）：3145-3147.
[34] 薛连莉. 多导弹协同搜索技术研究[D]. 北京：北京理工大学，2016.
[35] 宋闯，姜鹏，段磊，等. 新型光电探测技术在精确制导武器上的应用研究（特约）[J]. 红外与激光工程，2020，49（06）：218-227.

第6章
偏振制导技术

偏振成像探测是在获取目标偏振信息的基础上进行目标重构增强的过程，可提供更多维度的目标信息，是一项具有巨大应用价值的前沿技术[1]，特别适用于隐身、伪装、虚假目标的探测识别，在雾霾、烟尘等恶劣环境下能提高光电探测装备的目标探测识别能力[2-4]。

现有光学成像制导技术主要利用所探测的目标反射、辐射、折射的光强度信息，生成导引信号，实现目标的准确探测存在一定的困难。与常见的光谱成像、强度成像、红外辐射成像等技术相比，偏振成像探测获取的目标偏振特性决定了其具有一定的独特优势：①基于人造目标与自然背景偏振特性差异明显的特性，偏振成像在从复杂背景中凸显人造目标方面具有独特优势；②基于偏振独立于强度和光谱的光学信息维度的特性，偏振成像具有在隐藏、伪装、隐身、暗弱目标发现方面的优势；③基于偏振信息具有在散射介质中特性保持能力比强度散射更强的特点，偏振成像具有可增加雾霾、烟尘中的作用距离的优势[1,5]。

偏振光成像探测技术是当前研究一个热点，国内外在不同领域、不同方向、不同层次都开展了相对广泛的研究[6]，涵盖了光学遥感和地球物理[7]、大气及云层探测[8-9]、水下探测[10]、军事目标探测[11]等方面。

国内很多研究所和高校投入人力和精力开始研究，但目前研究更多的是偏振光成像机理和零星的偏振成像试验[5]。国外对偏振成像探测技术研究的国家主要有美国、英国、瑞士、以色列、瑞典等，围绕物质偏振特性、偏振传输特性、偏振探测技术、偏振信息处理4个方面展开，其中突出了偏振成像在军事的应用方面[12]，对偏振成像探测具体的研究有不同外部条件下地雷探测[13]、军用车辆的探测[14]、军用帐篷探测[15]、军用防水布[16]、榴弹炮探测[17]、坦克的探测及仿真[18]、飞机模型的探测[19]、水下目标的探测[20]、金属表面涂料的偏振特性等[21-22]及外部环境（温度、天气等）对偏振成像影响[23]的研究等。

鉴于偏振光成像探测技术独特优势及偏振成像器件和设备、偏振信息处理方法的飞速发展，探索利用除光强之外的光信息，将光偏振信息与强度信息融合用于复杂条件下的目标精确探测并进而生成制导信息成为一种新型的技术手段[24]。将其应用到导引头上，可以提高导引头在雾霾等不良气象条件下的探测能力和精确打击能力。

需要特别说明的是，将偏振成像探测技术应用于具体的精确制导武器尚未见报道，往往作为一种复合加持手段进行介入，但作为一个有潜力的发展方向，本书描述的"偏振制导技术"指的是利用偏振成像探测目标的相关信息并转换形成制导指令。这一技术的提出旨在突出偏振探测作用和统一书中各章节描述。

6.1 偏振成像的基础理论

自 20 世纪八九十年代以来，偏振光成像探测技术逐步被世界各国重视，并逐渐成为研究的热点技术领域。尤其是进入 21 世纪以来，制约偏振光成像探测技术发展的机理、方法、器件等关键问题逐步被解决，运用偏振成像探测技术，可有效地获取目标偏振信息，这是偏振成像相对于可见光成像和红外成像的独特优势。有效利用偏振矢量信息，可以增强图像对比度，提高信噪比[12]，从而在军事应用上改善目标探测成像的质量、提高探测精度，为及时发现敌方目标提供有效的手段，使偏振光成像探测技术应用于精确制导的可能性大大增加。下面首先介绍偏振成像的基础理论。

6.1.1 可见光与红外辐射的偏振特性

6.1.1.1 可见光的偏振特性

依据麦克斯韦方程，光波是一种同时含有电场分量和磁场分量的横波，即光矢量垂直于传播方向，因此要完全描述光波，还必须指明光场中任一点、任一时刻光矢量的方向，光的偏振现象就是光矢量性质的表现。

偏振光是指光矢量的方向和大小有规律变化的光。根据电磁波的偏振性质,偏振有椭圆偏振、圆偏振和线偏振3种偏振状态[25]。自然光是由振动方向不同的多重光波叠加而成,表现为振动方向的无规则性,从统计角度看,其振动方向对称于传播方向,也就是说在与传播方向垂直的平面上,无论哪一个方向的振动都不比其他方向强度大。

如果自然光在传播过程中受到外界作用,导致某一振动方向比其他方向占优,则会产生部分偏振光。人们改变光波偏振特征的常见方法有4种:利用反射和折射、利用二向色性、利用晶体的双折射、利用散射。部分偏振光也可视为一个线偏振光和自然光的合成,其中线偏振光的强度为 $I_p = I_{max} - I_{min}$,其中 I_{max} 表示占优势方向的光矢量的强度,I_{min} 表示处于劣势方向的光矢量的强度。I_p 在总光强中所占的比率称为偏振度[5],即

$$P = \frac{I_p}{I_t} = \frac{I_{max} - I_{min}}{I_{max} + I_{min}} \quad (6\text{-}1)$$

由式(6-1)可知,对于自然光,各方向的强度相等,$I_{max} = I_{min}$,$P = 0$;对于线偏振光,$I_p = I_t$,$P = 1$;部分偏振光的值介于0与1之间。偏振度的数值越接近1,光束的偏振程度越高。

6.1.1.2 红外辐射的偏振特性

目标的红外辐射由自身的辐射和对环境辐射的反射两部分组成,它们都会对目标的红外偏振特性产生影响。目标反射辐射的偏振特性可以由菲涅尔反射定律进行分析,目标自身辐射的偏振特性通过基尔霍夫辐射理论和普朗克黑体辐射定律进行分析[26]。

热辐射的菲涅尔公式为

$$r_s = \frac{n_1 \cos\theta_1 - n_2 \cos\theta_2}{n_1 \cos\theta_1 + n_2 \cos\theta_2} \quad (6\text{-}2)$$

$$r_p = \frac{n_2 \cos\theta_1 - n_1 \cos\theta_2}{n_2 \cos\theta_1 + n_1 \cos\theta_2} \quad (6\text{-}3)$$

式中:r_s 和 r_p 分别为光波的 s 波和 p 波的反射比率;n_1 和 n_2 为介质的折射比率;θ_1 和 θ_2 分别为光的入射角和折射角。

考虑到辐射物体大部分都不能被光束穿透,因此一般物体的热辐射公式为

$$\alpha_\lambda + \rho_\lambda = 1 \quad (6\text{-}4)$$

式中:α_λ 为物体的吸收比;ρ_λ 为物体的反射比。依据基尔霍夫定律知,物体的辐射量 M 与吸收比 α 的比值是一个固定值 M_0,这个固定值等于温度相同的

绝对黑体辐射出来的辐射量 $f(T)$，物体本身的温度决定了 $f(T)$ 的大小。因此，物体的辐射出射度与物体的吸收比 α 成正比例关系，即 $M=\alpha f(T)$。

为了计算和公式的简便，令辐射率为 ε（$\varepsilon=\alpha$），则有

$$\rho_s(\lambda,\theta)+\varepsilon_s(\lambda,\theta)=1 \qquad (6\text{-}5)$$

$$\rho_p(\lambda,\theta)+\varepsilon_p(\lambda,\theta)=1 \qquad (6\text{-}6)$$

式中：λ 为辐射出来的波长；θ 为入射波长。将公式综合起来化简再结合理想的黑体辐射的普朗克函数，则物体在两个垂直的偏振方向上的辐射强度可表示为

$$I_p(\theta,\lambda)=\varepsilon_p(\theta)P(T_m,\lambda)+\rho_p(\theta)I_{bgd}(\theta) \qquad (6\text{-}7)$$

$$I_s(\theta,\lambda)=\varepsilon_s(\theta)P(T_m,\lambda)+\rho_s(\theta)I_{bgd}(\theta) \qquad (6\text{-}8)$$

式中：I 为代表物体表面辐射出来的总能量；$P(T_m,\lambda)$ 为物体单色波辐射出来的能量，大小取决于物体自身的温度 T_m；$I_{bgd}(\theta)$ 是背景辐射能量；$\varepsilon_s(\theta)$ 是辐射率；$\rho_s(\theta)$ 是反射率。物体辐射出来的总能量 I 是身辐射出来的能量与背景反射的能量的总和。$I_p(\theta,\lambda)$ 和 $I_s(\theta,\lambda)$ 是红外热辐射在相互垂直的两个偏振方向上的表达式。

依据基尔霍夫定律，物体的辐射比与其反射比相关联的，由于反射辐射中含有部分偏振特性，所以物体自身辐射中同样也存在部分偏振特性，因此红外热辐射也具有偏振特性[27]。

6.1.2 偏振的斯托克斯矢量描述

1852 年，斯托克斯（Stokes）创新性地用斯托克斯矢量来表示光的偏振状态，斯托克斯矢量易测量，计算简洁。在偏振测量技术应用中，一般采用矢量来描述部分偏振光、完全偏振光和完全非偏振光[5,12]。

斯托克斯矢量可表示为

$$\mathbf{S}=[I \quad Q \quad U \quad V]^T \qquad (6\text{-}9)$$

其中，

$$I=\frac{2}{3}[I(0°)+I(60°)+I(120°)]$$

$$Q=\frac{4}{3}\left[I(0°)-\frac{1}{2}I(60°)-\frac{1}{2}I(120°)\right]$$

$$U=\frac{2}{\sqrt{3}}[I(60°)-I(120°)]$$

其中：I 与光的入射的强度有关，Q 与 0°、60°、120°方向上的线偏振有关，U

与60°、120°方向上的线偏振有关，V与左右旋的圆偏振有关。因为自然界中圆偏振非常少，所以一般$V=0$。

偏振度（degree of polarization，DoP）表示完全偏振光强度在整个光强度中所占的比例，可以利用它来表示偏振光强度的大小[5]，偏振度的表达式为

$$\mathrm{DoP}=\frac{\sqrt{Q^2+U^2}}{I} \tag{6-10}$$

当DoP=1时，光波为完全偏振光；当DoP=0时，光波为非偏振光，即自然光。

偏振角（angle of polarization，AoP）表示偏振光振动的方向与所选择的参考方向间的夹角，其表达式为

$$\mathrm{AoP}=\frac{1}{2}\arctan\frac{U}{Q} \tag{6-11}$$

其中偏振度和偏振角是人们关注的重要测量指标。斯托克斯矢量中各参数和偏振度和偏振角在图像中代表的含义如下[28]：

（1）参数I在图像中代表了物体的强度信息，不同的强度信息表示不同的物体的反射比是不同的。

（2）参数Q在图像中反映了物体的材质特征，不同的参数表示不同的物体的材质特征是不同的。

（3）参数U在图像中代表了边缘和轮廓信息。

（4）AoP图像体现了物体的表面边缘信息，是从自然背景中较好地凸显出人造目标特征的方法。

（5）DoP图像偏含有许多物体的偏振信息，因此偏振度图像能较好地突出人造物，提高人造物的对比度，凸显人造物区别于自然物体，便于探测与识别。

6.1.3 红外辐射的全方向偏振特性反演模型

由于目标偏振特性反演精度直接影响到目标探测与识别，因此我们重点研究了目标偏振特性反演方法，构建了全方向偏振特性反演模型[5,29-33]。

1. 模型构建

当在偏振光前设置偏振分析器，出射光的斯托克斯矢量为

$$S_{out} = M_P * S = \frac{1}{2} \begin{bmatrix} 1 & \cos(2\alpha) & \sin(2\alpha) & 0 \\ \cos(2\alpha) & \cos^2(2\alpha) & \sin(2\alpha)\cos(2\alpha) & 0 \\ \sin(2\alpha) & \sin(2\alpha)\cos(2\alpha) & \sin^2(2\alpha) & 0 \\ 0 & 0 & 0 & 1 \end{bmatrix} \begin{bmatrix} I \\ Q \\ U \\ V \end{bmatrix}$$

(6-12)

式中：M_P 为偏振分析器的米勒（Mueller）矩阵；α 为偏振分析器的偏振方向角度。出射光的强度 I_{out} 为

$$I_{out}(\alpha) = \frac{1}{2}[I + Q\cos(2\alpha) + U\sin(2\alpha)] \tag{6-13}$$

假设选取 α_1、α_2 和 α_3 为 3 个检测方向，偏振光成像探测系统得到 3 个方向出射光的强度分别为 $I(\alpha_1)$、$I(\alpha_2)$、$I(\alpha_3)$，根据下面公式，可以解算出 Q、U 和 I 为

$$\begin{cases} Q = \dfrac{2\{[I(\alpha_1)-I(\alpha_2)][\sin(2\alpha_3)-\sin(2\alpha_2)] - [I(\alpha_3)-I(\alpha_2)][\sin(2\alpha_1)-\sin(2\alpha_2)]\}}{\{[\cos(2\alpha_1)-\cos(2\alpha_2)][\sin(2\alpha_3)-\sin(2\alpha_2)] - [\cos(2\alpha_3)-\cos(2\alpha_2)][\sin(2\alpha_1)-\sin(2\alpha_2)]\}} \\ U = \dfrac{2[I(\alpha_1)-I(\alpha_2)] - Q[\cos(2\alpha_1)-\cos(2\alpha_2)]}{[\sin(2\alpha_1)-\sin(2\alpha_2)]} \\ I = 2I(\alpha_1) - Q\cos(2\alpha_1) - U\sin(2\alpha_1) \end{cases}$$

(6-14)

由式（6-14）可以计算出 $[0, 2\pi]$ 范围内任意角度下的偏振光强，得到观测面上全方向偏振特性分布。但在系统加工和实际使用过程中，偏振光成像探测系统的偏振分析器透振实际方向和标定方向之间存在角度误差，这是影响探测系统偏振解析精度的一个重要原因。因此，基于极化偏振方向间的互信息最小的原理，得到了角度误差。目标全方向偏振特性反演模型如图 6-1 所示。

图 6-1　目标全方向偏振特性反演模型

求解得到的参数 I_i、Q_i 和 U_i 代入式（6-13），可以得到任意角度的偏振方向图像。当探测系统偏振分析器的透振方向与所选参考坐标的夹角为 φ_1 和 φ_2 时，得到的出射光强度图像分别为 $I_1 = I(\varphi_1)$ 和 $I_2 = I(\varphi_2)$，当两幅图像的互信息越小时，则表示两幅图像的相关性就越小。利用最小互信息方法，

确定 I_{max} 和 I_{min} 分别对应的最强偏振方向 φ_{max} 和最弱偏振方向 φ_{min}。

利用最强方向 φ_{max} 和最弱方向 φ_{min} 计算出角度误差 θ，即

$$\theta = [(\varphi_{max}-0)+(\varphi_{min}-90)]/2 \tag{6-15}$$

得到修正后的探测偏振图像 I^*、Q^* 和 U^*，即

$$\begin{cases} I^* = \dfrac{2}{3}[I(0°+\theta)+I(60°+\theta)+I(120°+\theta)] \\ Q^* = \dfrac{2}{3}[2I(0°+\theta)-I(60°+\theta)-I(120°+\theta)] \\ U^* = \dfrac{2}{\sqrt{3}}[I(60°+\theta)-I(120°+\theta)] \end{cases} \tag{6-16}$$

再解析出高精度的偏振度 P^*、偏振角 A^*、电矢量 $\boldsymbol{E}_x^*$ 和 $\boldsymbol{E}_y^*$、方位角 β^*：

$$P^* = \frac{\sqrt{Q^{*2}+U^{*2}}}{I^*} \tag{6-17}$$

$$A^* = \frac{1}{2}\arctan(U^*/Q^*) \tag{6-18}$$

$$\boldsymbol{E}_x^* = \sqrt{I^*P^*+Q^*} \tag{6-19}$$

$$\boldsymbol{E}_y^* = \sqrt{I^*P^*-Q^*} \tag{6-20}$$

$$\beta^* = \arctan(E_y^*/E_x^*) \tag{6-21}$$

2. 模型验证

为检验全方向偏振特性反演模型精度，利用偏振分析仪对伪装漆板等多类目标的偏振特性进行测量，并以其为标准，比较了传统模型和本模型的反演精度。表 6-1 给出了军绿色伪装涂层材料在入射角度从 45°～65°变化时偏振度测量与模型反演结果。

表 6-1 偏振度测量与模型反演结果

方法	入射角				
	45°	50°	55°	60°	65°
偏振分析仪测量	0.65	0.79	0.92	0.81	0.68
传统模型	0.60	0.73	0.87	0.73	0.64
本模型	0.63	0.78	0.90	0.80	0.67

由于偏振分析仪的精度为 0.5%，精度很高，因此，以偏振分析仪测量的

偏振度为标准，计算传统模型和全方向偏振特性反演模型解析得到的偏振度相对偏振分析仪测量的偏振度的相对误差。对于光源为45°入射时，传统模型解析精度为92.3%，全方向偏振特性反演模型解析精度为96.9%，反演精度提高了4.6%；对于光源为50°入射时，传统模型解析精度为92.4%，全方向偏振特性反演模型解析精度为98.7%，反演精度提高了6.3%；对于光源为55°入射时，传统模型解析精度为94.6%，全方向偏振特性反演模型解析精度为97.8%，反演精度提高了3.2%；对于光源为60°入射时，传统模型解析精度为90.1%，全方向偏振特性反演模型解析精度为98.8%，反演精度提高了8.7%；对于光源为65°入射时，传统模型解析精度为94.1%，全方向偏振特性反演模型解析精度为98.5%，反演精度提高了4.4%。反演精度平均提高了5.4%。因此，采用全方向偏振特性反演模型能够提高目标偏振信息的反演精度。

6.2 偏振制导的关键技术

偏振光成像探测在末制导平台上的成功应用，主要涉及典型目标全偏振特性及检测、弹载偏振光同时成像、弹载偏振光图像信息解析等关键技术。

6.2.1 典型目标全偏振参量特性及检测技术

为了确定偏振光成像末制导系统针对不同目标精确制导时所需的最优偏振参量（I、Q、U、V、P、θ）、成像角度及波段，需检测目标的全偏振参量。由于可见光/近红外波段目标偏振特性主要来自反射偏振光，而远红外波段目标偏振特性来自目标自身辐射，因此对于这两个波段其全偏振参量测量方法和装置差别很大，需要对其分别进行研究。

1. 可见光/近红外波段目标全偏振参量测量与分析

全偏振参量检测需要获取散射光斯托克斯矢量的四个分量。散射光的斯托克斯矢量等于入射光的斯托克斯矢量乘以目标的米勒矩阵 M。因此，当入射光斯托克斯矢量和目标的米勒矩阵 M 都已知时，很容易计算出散射光的斯托克斯矢量。可见，测量目标的米勒矩阵是一种最常见的全偏振参量检测方法。

米勒矩阵是4×4的矩阵，共16个分量。斯托克斯矢量是1×4的矢量，共

4个分量。由米勒矩阵和斯托克斯矢量的关系式 $M=S_{out}/S_{in}$，可知通过 4 次独立的测量，可联立列出 16 个方程，就能计算出目标的米勒矩阵。为方便运算，这 4 次独立的测量，分别将入射光调制成水平线偏振光、垂直线偏振光、45°线偏振光和右旋圆偏振光，散射光的斯托克斯矢量分别为 $[S_0^0 \ S_1^0 \ S_2^0 \ S_3^0]^T$、$[S_0^{90} \ S_1^{90} \ S_2^{90} \ S_3^{90}]^T$、$[S_0^{45} \ S_1^{45} \ S_2^{45} \ S_3^{45}]^T$ 和 $[S_0^r \ S_1^r \ S_2^r \ S_3^r]^T$，则目标的米勒矩阵为

$$M = \begin{bmatrix} S_0^0 & S_0^{90} & S_0^{45} & S_0^r \\ S_1^0 & S_1^{90} & S_1^{45} & S_1^r \\ S_2^0 & S_2^{90} & S_2^{45} & S_2^r \\ S_3^0 & S_3^{90} & S_3^{45} & S_3^r \end{bmatrix} / \begin{bmatrix} 1 & 1 & 1 & 1 \\ 1 & -1 & 0 & 0 \\ 0 & 0 & 1 & 0 \\ 0 & 0 & 0 & 1 \end{bmatrix} \tag{6-22}$$

目标全偏振参量检测装置如图 6-2 所示。光源、光阑、1/4 波片放置在入射臂上，样品固定在载物台上，探测器放置在探测臂上。测量时，入射臂和探测臂可绕载物台在水平面内转动。试验装置实物图如图 6-3 所示。

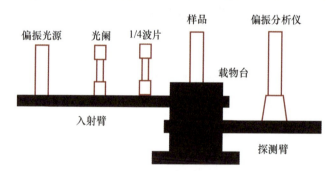

图 6-2　目标全偏参量检测装置

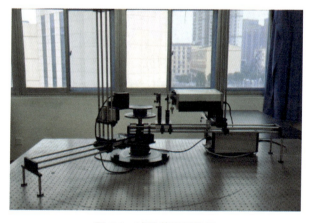

图 6-3　试验装置实物图

其中，光源选用美国 OZ 光学有限公司生产的高稳定度偏振光源，光源光谱波段覆盖了可见光到近红外波段。1/4 波片采用消色差 1/4 波片，工作波段是可见光到近红外波段，相位延迟精度为 $\lambda/100$，通光孔径大于 90%，通过调整偏振光源的偏振方向和 1/4 波片的快轴方向，则可以调制出试验所需要的 4 种不同偏振状态光源。探测器选用 THORLABS 公司生产的 PAX5710 型偏振分析仪，该分析仪可以同时探测偏振光斯托克斯矢量的 4 个分量，测量精度达 99.5%。

由于所要探测的目标为重点装备、机场跑道、大型建筑物等导弹重点打击目标，因此以装甲伪装材料、模拟机场跑道材料、建筑物墙体材料等典型目标材料样品作为测试样品。试验样品实物图如图 6-4 所示。

图 6-4　试验样品实物图

其中，样品 A 是光面军绿色伪装漆板，样品 B 是哑光面浅绿色伪装漆板，样品 C 是哑光面深绿色伪装漆板，样品 D 是金黄色漆板，样品 E 是模拟跑道水泥材料，样品 F 是大理石墙体材料，样品 G 是绿色树叶面，样品 H 是黄沙。

试验结果表明，①样品 A、B、C、D、E、F 和 G 的米勒矩阵均呈现出较明显的镜向反射特征，样品 H 因为表面粗糙，所以其米勒矩阵没有明显的镜向反射特征。对于表面光滑的样品,米勒矩阵的 m_{12} 和 m_{21} 分量在入射角小于布鲁斯特角时,其绝对值随入射角度的增大而增大,当入射角超过布鲁斯特角时,绝对值随入射角度的增大而减小。②除模拟机场跑道材料之外,其他表面光滑的样品,m_{22} 分量和理论值十分相近。③m_{33} 和 m_{44} 分量和 m_{12} 和 m_{21} 分量情况相反,当入射角小于布鲁斯特角时,其绝对值随入射角度的增大而减小;当入射角超过布鲁斯特角时,绝对值随入射角度的增大而增大。④表面光滑样品的其他米勒矩阵分量均在 0 值附近。

2. 远红外波段目标全偏振参量的测量与分析

现有的研究表明,目标红外辐射偏振度较低,对检测系统的信噪比要求非常高,因此,采用如图 6-5 所示的红外全偏振参量特性测试方案。

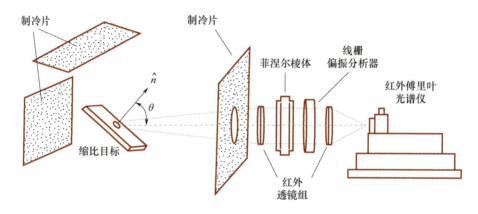

图 6-5　红外全偏振参量特性测试方案

红外全偏振参量检测系统主要由制冷片构成的低温背景仓、前置和后置的红外透镜组、菲涅尔棱体、线栅偏振分析器以及红外傅里叶光谱仪构成。其中,低温背景仓采用液氮制冷,可消除背景红外辐射对测试精度的影响。放置于低温背景仓内部的缩比目标表面红外辐射被前置红外透镜组准直;而后进入线栅偏振分析器和菲涅尔棱体;最后,红外辐射被后置红外透镜组汇聚并进入红外傅里叶光谱仪接收孔径内。当 Fresnel 棱体和线栅偏振分析器位于适当位置时,每个目标通过低温背景仓内部的旋转机构设置在给定的角度 θ,并依次分析 0°、60°和 120°三个方向(相对于垂直方向),以及左旋和右旋圆偏振态,最终获取缩比目标的多角度红外全偏振参量特性。

根据上述测量方案,对红外全偏振参量检测系统进行了设计,在光路设计中折射角小于 20°,保证目标辐射的红外偏振特性不变。选用消光比为

300∶1 的线栅偏振分析器，这样红外傅里叶光谱仪内部光学器件造成的偏振特性微弱变化可以忽略。采用低色散红外光学材料 ZnSe 来制作菲涅尔棱体，可以降低红外偏振器件的色散特性。远红外波段目标全偏振参量检测系统如图 6-6 所示。

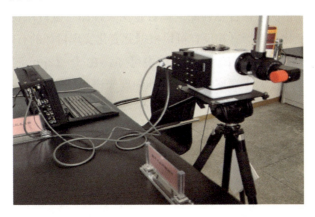

图 6-6 远红外波段目标全偏振参量检测系统

利用上述测量装置，对碳纤维样品及碳纤维伪装样品、钛（Ti）合金样品及钛合金伪装样品等几类典型材料样品进行了红外偏振光谱测量实验。首先在不加红外偏振分析器的情况下，通过转动样品平台，获取样品在不同探测角度下的红外强度谱曲线；然后在安装红外偏振分析器的情况下，通过偏振分析器的转动分别获取样品在每个探测角度下 3 个偏振方向 0°、60°和 120°上的红外强度光谱曲线，并计算出偏振度谱。从测试结果来看，有以下结论。

（1）从红外强度光谱中可知，未经伪装的碳纤维样品在 $3\sim5\mu m$ 的近红外波段和 $8\sim12\mu m$ 的远红外波段红外强度辐射都比较高，在背景红外辐射较低的情况下容易被红外强度探测所识别，并且 $8\sim12\mu m$ 波段的辐射强度更高，更有利于红外强度探测；而红外伪装涂料能有效降低碳纤维样品在上述两个波段的红外强度辐射，减小被探测概率。涂有红外伪装涂料的金属、表面抛光的金属红外发射率很低，能有效降低红外强度探测概率，这是由于表面抛光的金属红外发射率很低导致的。

（2）从红外偏振度光谱中可知，在 $3\sim5\mu m$ 波段和 $8\sim14\mu m$ 波段的若干奇异点处，可以利用偏振度参量的突变检测目标。

（3）从红外偏振角光谱中可知，不同材料的偏振角差异较大但不稳定，从而导致利用偏振角参量探测的效果也不稳定。

(4) 从红外偏振 Q 参量、U 参量、E_y-E_x 参量光谱中可知,在这些参量图中的 $8\sim12\mu m$ 波段,不同材料的参量值大小排列与其红外辐射强度值大小排列相反,在红外强度光谱中,辐射强度按照从大到小的顺序依次为碳纤维样品＞碳纤维伪装样品＞钛合金伪装样品＞钛合金样品,而上述 3 个偏振参量值按照从大到小的顺序依次为钛合金样品＞钛合金伪装样品＞碳纤维伪装样品＞碳纤维样品,两者变化规律恰好相反,可以根据此变化实现目标的有效检测。

(5) 从红外偏振 E_x、E_y 参量光谱中可知,在 $8\sim12\mu m$ 波段,不同材料样品的 E_x、E_y 参量大小顺序虽然与红外强度光谱相同,但其光谱分布以及数值大小却与红外强度光谱不同,因此,在一定的条件下,可以利用 E_x、E_y 参量提高目标与背景的对比度,从而实现对目标的有效检测。

6.2.2 弹载平台偏振光同时成像技术

目前,针对实时成像的偏振成像体制主要包括多路独立平行偏振成像和单路分光偏振成像体制。基于多路独立平行偏振成像体制的成像探测系统具有能够同时获取目标的不同偏振方向,既可以对静止类目标成像,又可以对动态类目标成像,但配准要求和系统成本较高;基于单路分光偏振成像体制的成像探测系统具有可以同时获取目标的不同偏振方向信息,既可以对静止类目标成像,又可以对动目标成像,体积小、图像配准要求低,比较适合在弹载平台上使用,但由于对能量进行均分,成像距离受到影响。

由于可见光/近红外波段的成像器件具有较高信噪比且目标偏振特性较强,对能量进行均分后,对成像影响较小,因此偏振光成像末制导探测采用了基于单路分光偏振成像体制,而在远红外波段,由于目标辐射偏振度低,偏振光成像末制导探测适合基于多路独立平行偏振成像体制。

1. 可见光/近红外波段弹载偏振光同时成像技术

偏振分光光路设计如下:

为满足一体化设计要求,在偏振分光光路设计中将光学系统、偏振分析器、CCD 探测器等各部件设计为一个整体,从光线进入的方向依次是滤光片、Ⅰ级光学系统、Ⅱ级光学系统、偏振分析器及 CCD 探测器。光学系统内部元件之间采用紧密连接（压圈、法兰盘等）,并且局部部件染黑,防止杂光进入,提高系统信噪比。

Ⅰ级光学系统（变焦系统）选用可变焦距、大 F 数的成像光学系统,镜头前端可配接滤光片。Ⅱ级光学系统（分光系统）将Ⅰ级光学系统入射的信号光分为 3 路,再在分光系统 3 路出光口各配接一个偏振分析器,而后通过 CCD 探测器测量各偏振方向的辐射分量。

由于系统要求可适应多类目标,因此在波段选择方面采用手动装定滤光片的方式,将滤光片安装于变焦镜头的前端,并采用压圈固定的方式,将滤光片嵌入到变焦镜头前端位置,达到方便更换滤光片的目的,并且滤光片之间还可用螺纹相互连接以得到更多的光谱波段,如图 6-7 所示。

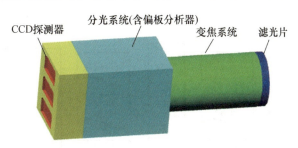

图 6-7　偏振分光成像探测系统示意图

2. 远红外波段弹载偏振光同时成像技术

远红外波段弹载偏振光同时成像技术方案,设计如下:由几个独立的成像单元形成阵列,通过平行一致的光学系统同时获取目标的多个偏振方向图像,实现远红外波段偏振光同时成像功能,如图 6-8 所示。

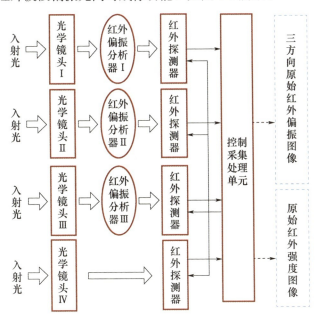

图 6-8　远红外波段偏振光同时成像技术方案

6.2.3 弹载偏振光图像信息解析技术

弹载偏振光图像信息解析是偏振光成像末制导技术的重要组成部分，是正确反演目标偏振特性的关键，提高不良气象条件下目标探测能力，其一般流程如图 6-9 所示。

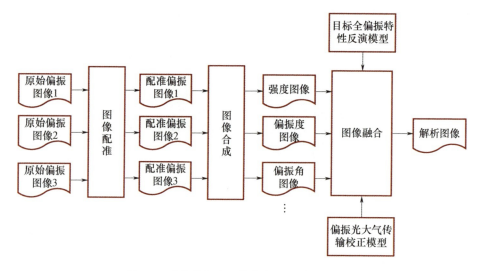

图 6-9 弹载偏振光图像信息解析的一般流程

弹载偏振光图像信息解析主要包括图像配准、图像合成、图像融合等步骤，由于成像波段和成像体制不同，可见光/近红外波段和远红外波段的偏振光图像信息解析方法也不同，主要体现如下。

（1）可见光/近红外波段采用单路分光同时偏振成像体制，对配准要求较低，而远红外波段采用多路平行同时偏振成像体制，对配准要求较高，需要研制专用的配准算法。

（2）研究表明，在可见光/近红外波段，目标偏振特性与目标、光源和角度具有较为密切的关系，不同目标和场景下，用于表征目标偏振信息的最佳偏振方向是变化的，因此，采用多偏振参量自适应融合解析方法比较合适。而在远红外波段偏振成像机理主要来自于目标本身热辐射，与目标温度、表面材质和能量关系密切，因此，采用基于能量的融合方法可以满足要求。

1. 可见光/近红外波段弹载偏振光图像信息解析

1) 图像配准

考虑到配准要求及多核 DSP 处理特点，采用基于傅里叶-梅林变换的图像自动配准方法，这种方法可归结为求互能量谱相位的傅里叶逆变换的峰值所在位置。相位差对所有频率作用相同，即使有窄带的噪声，也不会使峰值的位置发生变化。同样由于光照变换通常可被看成是一种变化缓慢的过程，主要反映在低频成分上，因此该方法对于在不同光照条件下拍摄的图像或不同传感器获得的图像之间的配准比较有效。基于傅里叶梅林变换的配准流程如图 6-10 所示。

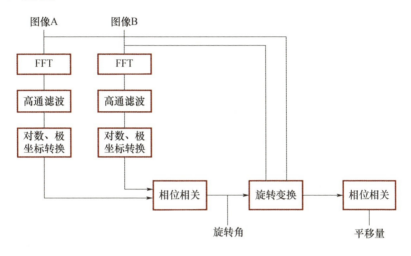

图 6-10　基于傅里叶-梅林变换的配准流程

2）图像合成

图像合成是将配准后的原始偏振方向图合成解析得到强度 I、偏振度 P、偏振角 A、线偏振度 Q 和 U、电矢量图像 E_x 和 E_y、方位角图像等多偏振参量图像。为了提高偏振参量图像解析精度，利用构建的全方向偏振特性反演模型，首先得到全方向偏振特性分布，然后利用最小互信息原则得到两个极化偏振方向图像，求出偏振方向定位误差，则可以得到修正的偏振参量图像。

3）多偏振参量自适应融合解析

由于表征或描述不同目标和场景的最佳偏振参量不同，为准确反演目标偏振特性，需要从众多偏振参量图像中自动选择最佳表征目标偏振特性的偏振参量图像，即偏振信息多参量自适应选择方法。课题组进行了基于 Choquet 模糊积分的多偏振参量自适应融合解析方法，其基本思想是：首先选用方差、信息熵和清晰度作为偏振参量图像评价指标，然后利用这 3 个指标构建模糊测定和信任函数，对每个偏振参量图像求其模糊积分值，模糊积分值越大说明其表达目标和场景能力最佳，最后选取最佳偏振参量图像和强度图像进行频域多尺度融合。

基于 SWT 的偏振图像融合算法的流程如图 6-11 所示。

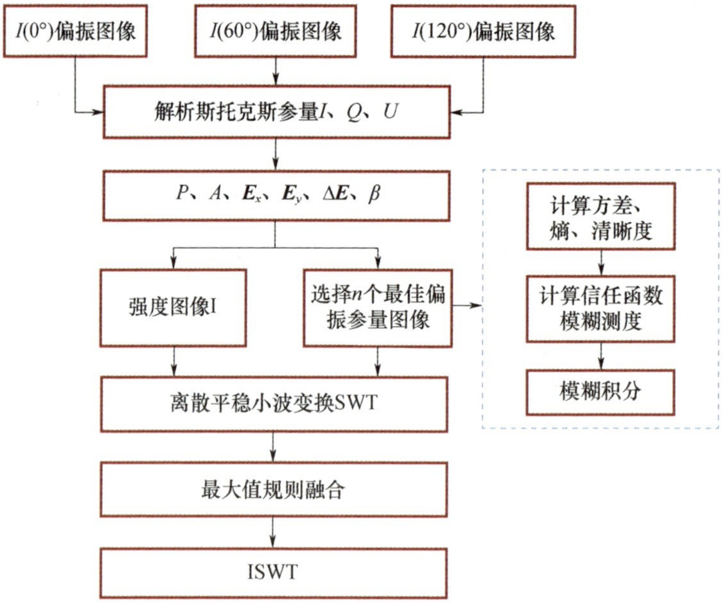

图 6-11 基于 SWT 的偏振图像融合算法的流程

图 6-12 为多偏振参量图像自适应融合解析方法与其他 4 种典型融合方法融合解析结果的比较，表 6-2 给出融合对象及算法耗费时间，各种融合算法对草地伪装漆板进行融合解析。

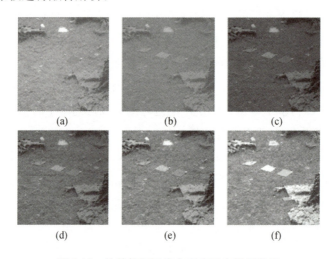

图 6-12 航拍偏振图像自适应融合解析结果

(a) 强度；(b) 小波融合；(c) CT 融合；(d) SWT 融合；(e) NSCT 融合；(f) 自适应融合。

表 6-2 融合对象及算法耗费时间

偏振融合方法	待融合的偏振参量图像	耗费时间/s
小波变换融合	θ	1.1
CT 变换融合	θ	2.5
SWT 变换融合	θ	3.2
NSCT 变换融合	θ	625
自适应融合	θ	4.1

由图 6-12 可知,全方向自适应融合方法的解析效果比较好,图像中目标较为清晰,而且融合速度较快。虽然 NSCT 变换融合效果也不错,但耗费时间太多,无法接受。因此,多偏振参量自适应融合解析方法可以从众多偏振参量图像中选择最能表征目标信息的偏振参量图像,同时还可以提高融合速度,这对于实时性要求较高的应用场合具有非常重要的意义。

2. 远红外波段弹载偏振光图像信息解析技术

远红外波段偏振光同时成像末制导探测原理样机采用多路独立平行偏振成像体制,通过多个探测器在相同场景下采集 3 幅不同偏振方向的原始红外偏振图像,合成解析得到目标的红外偏振信息。然而由于受到多个镜头之间的间距和主光轴夹角的影响,造成获得的 3 幅原始偏振图像之间存在一定的平移和旋转,无法准确地合成解析出偏振参量图像,影响了目标红外偏振信息获取的真实性。而现有基于傅里叶-梅林变换 FMT 的配准方法,其配准精度不满足这种情况下的要求,因此需要设计新的红外偏振图像配准算法。根据以上需求,项目研究了基于矩阵恢复的红外偏振图像配准方法以及基于能量特征的多尺度红外偏振图像融合增强方法,通过配准提高红外偏振目标解析精度,通过融合突出和强化图像中的目标细节信息,为目标检测奠定基础。

1)基于矩阵恢复的红外偏振图像配准方法

红外偏振图像配准方法的核心是矩阵恢复理论,将基准图像和待配准图像分成多个大小相同区域,每个区域作为向量构成一个新的矩阵。将其分解成一个包含图像子区域间相同灰度信息的低秩矩阵和一个包含图像子区域间灰度差别的稀疏矩阵。图像配准就是寻找待配准图像与基准图像的差别最小,

即求稀疏矩阵的最小值,从而将红外偏振图像分区配准转化成求解一个凸优化问题。其算法步骤如下:

(1) 压缩待配准图像灰度级,并将图像分块;
(2) 对各个图像块进行空间变换,组成新的矩阵;
(3) 对矩阵进行分解,得到稀疏矩阵;
(4) 利用内外层多方向替代更新方式,对目标函数进行最优化求解;
(5) 得到各个图像块配准变换系数,其加权平均的结果即为配准参数。

为了验证本方法的有效性,对同时获取的三幅原始偏振图像进行配准,并与基于傅里叶-梅林变换的图像配准方法进行比较。图 6-13 显示了红外偏振成像系统同时获取的三幅原始偏振图像和配准后结果,图 6-13(a)为 0°偏振图像,图 6-13(b)为 60°偏振图像,图 6-13(c)为 120°偏振图像,图 6-13(d)为配准后的三幅偏振图像。图 6-14 显示了配准后由图 6-13(d)三幅图像合成的强度图像、偏振度图像。精确配准得到的偏振度图像相对于红外强度图像,增强了目标与背景对比度,目标细节信息更加清晰,尤其是边缘部分。

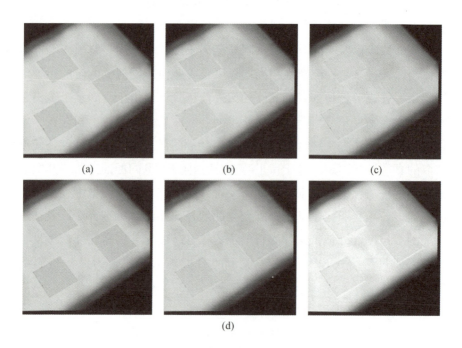

图 6-13　原始偏振图像和配准后结果

(a) 0°偏振图像;(b) 60°偏振图像;(c) 120°偏振图像;(d) 配准后的三幅偏振图像。

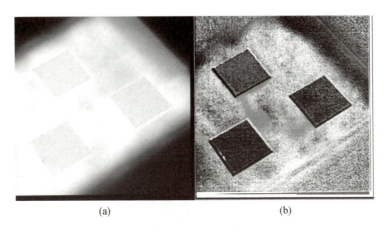

图 6-14 配准后的偏振图像

(a) 红外强度图;(b) 红外偏振度图。

2) 基于能量特征的多尺度红外偏振图像融合增强方法

对于红外偏振图像融合方法来说,由于参与运算的像素点较多,传统基于空间域调制的融合方法需要在频域中对两幅图像进行多尺度、多方向的超完备变换,运算速度较慢,影响了后续目标检测的效率。本方法采用两层多尺度融合规则,首先将待融合的图像进行多尺度变换,以得到各图像分解后的系数表示;然后将各系数按照一定的融合规则处理得到一个新的融合后系数;最后经过逆变换获得融合后的图像。该方法主要采用各种塔形结构处理和小波变换,在有效提高融合图像细节和空间分辨能力的基础上,明显提高了融合速度。图像融合过程如图 6-15 所示。

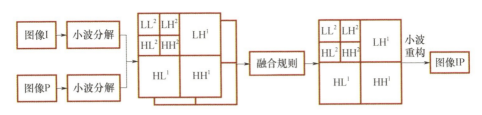

图 6-15 图像融合过程

为了验证本节提出方法的有效性,对隐藏在沙地中伪装坦克缩比模型进行红外偏振成像探测,通过对 3 幅原始偏振方向图像进行配准和合成,得到红外偏振度图像。使用本节方法(方法一)获得融合后的图像 F,与非下采样离散轮廓波变换(NSCT)融合方法(方法二)的融合结果进行比较,结果如图 6-16 所示。

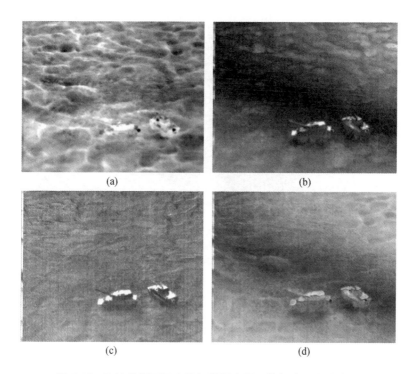

图 6-16 沙地背景下坦克的红外强度图、偏振度图和融合图
(a) 强度图；(b) 偏振度图；(c) 融合图（方法一）；(d) 融合图（方法二）。

该融合方法采用多尺度分解方法，降低了图像的维数和运算量，缩短了计算时间。非下采样离散轮廓波变换融合方法是在频域中对图像进行多尺度、多方向的超完备变换，运算量较大，计算时间较长。从图像评价结果可以发现有以下几种情况：

（1）融合结果图像相比强度图像、偏振度图像信息熵有一定提高，说明融合图像的信息量得到了增强，更利于人眼的观察；

（2）融合结果图像的平均梯度得到了较大的提高，说明其细节部分得到了增强；

（3）从清晰度上看，融合图像保留了强度图像中的场景信息，同时突出了偏振度图中伪装目标的细节信息；

（4）比较高斯三阶细节平均统计量可以得出，融合后的图像质量优于强度图像、偏振度图像。

综合运算时间和评价结果这两个因素，基于能量特征的多尺度融合方法是一种高效的偏振图像融合方法，融合效果满足目标检测的要求。

6.3 偏振制导系统技术

受限于偏振探测器件和成像技术的局限，偏振成像探测技术目前还不能单独作为一种技术应用于具体装备，往往作为电视（可见光）制导、红外制导、激光制导等技术的辅助手段进行研究和分析，以增强探测系统目标辨识、全天候作战和抗干扰能力。下面简述相关工作。

胡冬梅等搭建了双液晶相位可变延迟器（LCVR）的分时全偏振成像系统[34]，提出了基于最小 2-范数条件数的系统中两个 LCVR 相位延迟量控制的最优化组合方案，为实现低对比度、复杂背景下隐蔽目标的探测提供了技术方案。

李清灵等采用蒙特卡罗方法对水云下大气的偏振态分布进行了仿真分析，采用紫外-可见光偏振成像技术对同一视场下的楼房、云和天空进行了偏振成像试验，证明了大气偏振角较偏振度稳健，紫外光和可见光在对云目标的偏振观测中存在互补性，验证了大视场高分辨紫外-可见光偏振成像技术在大气探测中的可行性和有效性[35]。

杨洁等为降低实际偏振片的非理想性对偏振成像系统的测量精度产生的影响，对考虑偏振片非理想性的偏振成像模型进行研究[36]。以基于斯托克斯矢量的偏振成像模型为基础，提出了一种考虑偏振片非理想性的可见光偏振成像修正模型，给出了考虑实际偏振片性能及主方向误差的偏振度、偏振角修正公式。

刘征对可见光偏振成像技术在目标探测和场景识别领域中的应用进行研究[37]，提出了一种基于非下采样剪切波变换（NSST）的可见光偏振图像融合方法，利用引导滤波设计了一种基于双尺度引导滤波器的目标增强算法。

杨敏等为提高传统分时旋型红外偏振成像的速度，设计了适用于中波红外热像仪的检偏器组件，将红外热像仪改装成中波红外偏振成像装置[38]。该装置可输出待测目标的红外偏振度和偏振角图像，输出红外偏振图像的帧频为 45 帧/s，满足对变化场景实时红外偏振探测的需求。

宫剑等针对海天场景复杂干扰情况下多尺度检测红外偏振图像中舰船目标困难的问题，提出了一种基于引导滤波和自适应尺度局部对比度的舰船目标检测方法[39]。可抑制干扰并能够检测海天场景不同尺度舰船目标，检测率、虚警率分别为 95.0%、3.5%，为红外偏振图像目标检测提供了参考。

张哲开展了长波红外偏振成像问题研究工作[40]，主要从红外偏振特性出发，在长波红外范围内，针对分时和分焦面两种偏振探测方式，对长波红外实时偏振成像技术进行了研究，并开展了相关研究的实验。

姜民开展了激光偏振水下目标探测信息处理系统的研究工作[41]。利用 532nm 激光器作为发射源，通过控制电路系统来实时接收水下目标反射的激光回波信号并提取出偏振信息，利用 GPS 实时获取该探测点的定位信息，实现对激光偏振数据和 GPS 定位数据的同步采集、处理和保存，之后对采集到的数据进行整理与分析，为水下目标探测提供一种新颖的手段。

战俊彤等为获得可见光在雾霾环境的偏振特性规律，分析了环境湿度对偏振特性的影响，对不同湿度水雾环境下可见波段偏振光传输特性进行研究[42]。得出对于水雾这种受湿度影响较大的环境，在可见光波段，应该尽量选择较长波长的偏振光进行传输探测；在湿度较大的环境中，较长波长的圆偏振光是偏振特性保持最好的，应尽量选取波长较长的偏振光成像的实验结论。

激光偏振编码、解码技术是激光实现驾束制导的关键技术之一，张立媛等研究一种基于空间偏振编解码的制导方法[24]，用铌酸锂晶体的电光效应对偏振光进行分析，在此基础上采用琼斯矩阵对偏振光进行描述，将经过解码后的光信号进行分析处理，以达到最终制导的目的，并构建了相关装置开展实验。

鉴于红外偏振成像具有的"凸显目标、穿透烟雾、辨别真伪"的独特优势[43]，刘珂等分析了红外偏振成像技术在空空导弹上的应用前景，提出一种采用红外偏振成像技术的空空导弹导引头方案[44]，对提高空空导弹的探测和抗干扰性能具有较强的理论价值和实际参考。

下面介绍一下我们所做的相关工作。

6.3.1　可见光/近红外波段弹载平台偏振光实时成像技术

由于偏振成像机理要求同时获取 3 路以上不同偏振方向图像，通过合成算法才能生成多参量偏振图像，运算量至少是普通强度图像的 3 倍；同时由于一幅图像中各像元之间存在偏振相关性，不能像普通强度图像一样将各像元作为独立数据进行处理，又明显增加了运算量；另外又由于偏振成像探测技术在高速运动弹载平台的应用，对处理速度提出了更高要求。基于以上原因，一般采用多核 DSP 处理技术开展可见光/近红外波段弹载偏振光实时成像技术研究。

此外，还需要对算法进行并行优化设计。首先需对偏振信息解析算法任务进行分析，按照高内聚低耦合原则对任务进行平衡分配；然后对偏振图像处理算法进行优化设计，使其满足高速处理的要求。

1. 任务分配

以展开算法级的并行计算为原则，采用无环有向任务图模型设计了偏振图像处理任务图，列出了其包含的基本子任务模块，然后进行了耦合和内聚分析。耦合反映了一个子任务与其他子任务之间的依赖程度，耦合程度越低，越容易划分。内聚反映了一个子任务的内部相关性和不同责任的集中程度，内聚程度越高，越容易划分。如果任务间是完全低耦合和高内聚状态，即任务是并行支线的，能直接分给三片 DSP，如果任务间是串行关系，必须按先后顺序执行。相应地，任务划分及分配也是分层依序进行。如果处理器数量多于并行子任务数量的情况，必须合理进行任务分配，使所有 DSP 充分运行。

2. 算法优化

提高处理实时性需要对处理算法进行优化，主要进行以下三个方面的处理算法优化。

（1）以精度换时间。在运算类型相同的情况下，不同数据类型的运算时间是有差别的。因此，在能满足运算精度的前提下，为了提高运算速度，应该用单精度浮点运算取代双精度浮点运算，短整型运算取代长整型运算。

（2）运算结构调整。同等运算类型条件下，一次整数运算比一次浮点运算的时间少。因此，在不增加总运算次数的前提下，应当尽量通过增加整数运算次数来减少浮点运算次数。

（3）复杂运算的简化。DSP 中的硬件加法器和硬件乘法器分别有两个，具有能同时进行两次加法和两次乘法的优势，将算法中除法、反正切和开平方根等复杂运算尽量只用加法和乘法来实现运算，以适应 DSP 的硬件结构，提高运算速度。

6.3.2 偏振光成像组件与末制导系统集成技术

通过可见光/近红外/远红外波段偏振成像探测模块与导弹平台的集成设计，提高偏振探测模块的工作稳定性和平台适用性。在偏振成像探测模块设计与研制过程中，主要考虑偏振成像探测模块材料选型、体积、质量。除此之外，与导弹平台的集成设计还要考虑偏振成像探测模块与导弹平台的接口设计、抗冲击和振动设计、隔热设计、接地设计、抗干扰设计等内容。

偏振成像探测模块与导引头平台的接口设计，主要包括机械接口、电气接口、数据接口等。偏振成像探测模块一般安装在导弹的随动平台上，通常采用速率陀螺平台稳定式随动平台，它是一个两自由度运动平台，采用三框架式结构形式，最外面是外框，里面依次装有中框和内框。速率陀螺与偏振成像探测模块的光学成像部分捷联安装。偏振成像探测模块固定示意图如图 6-17 所示。

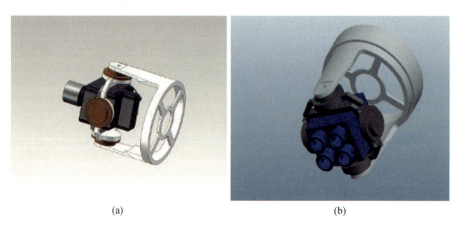

(a) (b)

图 6-17 偏振成像探测模块固定示意图

(a) 可见光/近红外波段探测模块；(b) 远红外波段探测模块。

偏振成像探测模块装于内框上，内框和中框分别由方位驱动电机和俯仰驱动电机驱动绕垂直轴和水平轴转动，这样偏振成像探测模块就可以做空间运动，控制电路根据偏差角信号生成控制电压送入驱动电机，使偏振成像探测模块实现对目标的检测与跟踪。

偏振成像探测模块中的光学成像部分和多核 DSP 处理板需要导弹平台提供 12V 供电，在接入偏振成像探测模块时都需要电源转换。因此，需要对电压进行转换，采用转换效率最高的线性稳压器，同时为了防止浪涌对电路的损坏，在输入端增加瞬态抑制二极管。可见光/近红外波段偏振探测模块和远红外波段偏振探测模块如图 6-18 所示。

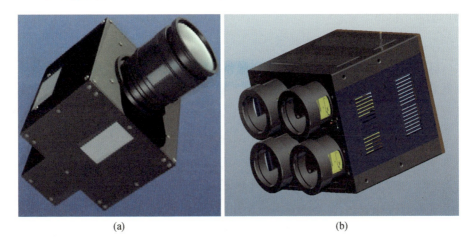

图 6-18　偏振探测模块
（a）可见光/近红外波段偏振探测模块；（b）远红外波段偏振探测模块。

6.4　偏振制导技术发展趋势

偏振光成像探测技术既可独立应用于光学成像制导平台，又可作为现有光学成像制导技术的有益补充。不但可以实现对常规条件下目标的探测制导，而且对复杂条件下的目标探测制导具有独特的优势。下面简要分析偏振制导技术的发展趋势。

6.4.1　偏振光成像探测技术发展趋势

目前，偏振光成像探测技术的研究在国外以美国陆军 CECOM 夜视及电子传感器理事会、美国哥伦比亚大学、美国亚利桑那大学、法国国家空间研究中心、瑞典防卫研究中心、荷兰 TNO 电子物理实验室、丹麦防卫研究中心、英国防卫评估研究署等研究机构为代表。其主要研究领域包括航空航天偏振探测、军事目标偏振探测、偏振信息解析、偏振光成像探测系统、目标偏振特性、偏振成像新机理等方面。

随着新型技术的发展和军事需求的增加，偏振光成像探测技术向着红外偏振成像、高光谱偏振成像和主动偏振成像方向发展，同时获取目标的光谱、偏振、成像等全偏振参量信息，准确反演目标特性，为目标的有效探测与准确识别提供依据[45]。

1. 红外偏振光成像探测技术

红外偏振光成像探测技术在目标探测领域表现优异，在一些特殊条件下，如低照度、复杂背景、强散射海杂波干扰等情况下，可增强目标探测能力，改善光电装备在复杂环境条件下的伪装、隐身、虚假目标的识别性能，增强烟雾、雾霾、扬尘等浑浊介质下的探测距离。因此，国内外非常重视红外偏振光成像探测技术研究。

2005 年，以色列对复杂背景中车辆进行偏振红外成像试验。试验结果表明，红外偏振成像可以提高图像信噪比近 30 倍，成像质量大大提高。2008 年，美国空军研究实验室对普通光照与阴影中黑色车辆两种成像结果进行对比。阴影中普通强度成像无法探测到的黑色车，红外偏振成像可以获得清晰的效果。2011 年，美军在白沙靶场开展对空红外偏振成像目标跟踪试验，跟踪目标是美国空军低空小型无人机。从试验结果来看，采用红外偏振光成像探测技术后，其最大虚警率由 0.52 降为 0.01，信噪比提高 3.4～35.6 倍。2019 年，美国陆军研究实验室（ARL）研制出军用热红外偏振成像技术，可用于探测隐藏的地雷和简易爆炸装置，提高伪装目标的检测能力、增强目标（如导弹、无人机、迫击炮等）定位与跟踪能力[46]。

西北工业大学研究团队研制出了长波红外分焦平面偏振成像系统和仿生多波段偏振视觉系统[47]，如图 6-19、图 6-20 所示。

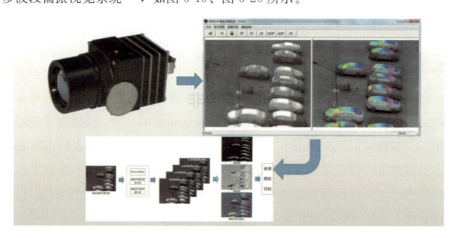

图 6-19　长波红外分焦平面偏振成像系统[48]

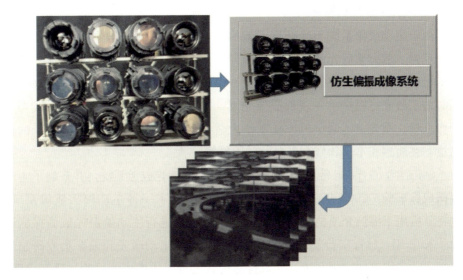

图 6-20 仿生多波段偏振视觉系统[48]

2. 高光谱偏振光成像探测技术

偏振探测作为强度探测的有益补充,能够将传统的强度探测获得的三维(光强、光谱和空间)信息量扩展到七维(光强、光谱、空间、偏振度、偏振方位角、偏振椭率和旋转的方向),利用目标和背景的偏振特性可以抑制复杂背景噪声,提取目标的信息,有助于提高目标识别和地物探测的准确度[5]。

中国科学院安徽光学机械研究的孙晓兵等研制的多波段单镜头 CCD 偏振相机,该偏振相机采用转轮式分时工作方式,包含 443nm、555nm 和 665nm 三个波段。

2009 年,陆军军官学院基于单路分时旋转偏振成像体制,研制了具有 16 个波段和 4 个偏振方向的光谱偏振成像系统。2014 年,为了获取目标和场景的高光谱偏振信息,陆军军官学院设计了一种基于声光可调滤波器(AOTF)的高光谱偏振光成像探测系统,该系统光谱波段为 400~900nm,光谱分辨率为 10nm,能够同时获取 0°、60° 和 120° 三个偏振方向的图像。

2011 年,美国亚利桑那大学 Jones 等研制了红外超光谱偏振成像仪,该设备光谱范围为 $1.5\sim5\mu m$,光谱分辨率为 $182cm^{-1}$,能够获取 4 个斯托克斯参量。

2019 年,贾镕等通过波片和液晶可调谐滤光器结合实现全偏振高光谱信息获取,同时开展了相关的实验验证工作[48-49]。

3. 主动偏振光成像探测技术

由于主动成像系统不受外界因素的影响，且米勒矩阵成像系统可以根据目标反射、散射前后光的状态变化得到目标的自身特性，主动照明偏振成像技术已成为国内外研究的重点。采用激光作为主动光源，可以增加成像距离，同时由于激光可提供单一波长成像光束，极大地提高了系统信噪比，改善了图像质量。激光雷达偏振成像技术作为新型遥感探测技术，增加了目标的信息量，在遥感和军事领域有重要的应用价值。

2003年，Gypson等研制出一套实时主动偏振光成像系统，并开展了主动偏振成像试验。2009年，以色列学者Yavo研制了一种主动偏振成像系统，并将其应用于混浊介质的偏振成像，对水下目标进行主动偏振光成像探测试验。2013年，林肯实验室的Nischan等将光谱、主动激光和偏振集成研制出一套主动光谱偏振成像系统，并对自然场景进行了成像探测试验。研究表明，当施加主动偏振光源后，获取的目标图像细节丰富，对比度高，成像效果较为明显。

从技术应用层面来看，偏振成像探测技术呈现出以下发展趋势[1]：①动态目标偏振探测方面，从"时序型"向"空间型"发展；②偏振遥感遥测方面，从"体积大、结构复杂"向"轻小型、集成化、模块化"发展；③暗弱目标偏振成像方面，从"窄波段"向"宽波段、全波段"发展；④目标特性研究方面，从"偏振成像""光谱成像"逐渐向"高光谱全偏振成像"成熟发展。

6.4.2 偏振成像导引头发展趋势

偏振成像导引头是一种新机理成像导引头，但尚未见到其应用于实际装备的相关报道。它的应用将是对现有导引头探测能力、导弹打击能力的重要补充，提高不良气象条件下战场典型目标探测、侦察和精确制导能力，主要体现在以下几个方面：一是提高了导弹对雾霾等不良气象目标探测能力；二是提高了导弹对伪装目标探测能力；三是提高了导弹对毁伤目标的探测能力。总之，使光学成像制导导弹的探测和制导能力得到了较大提高。

由于偏振探测具有探测大气气溶胶的能力，有利于导弹准确击中目标，其对卷云和其他云层的分布情况探测，可确保导弹飞行安全与准确命中目标，国外对此开展的研究很多。

美国军方自2002年就开始资助偏振成像制导系统的基础理论研究，如美国末端防御研究所在美国空军资助下（合同号：F30602-94-C-0152），对俄罗斯 Scud 地对空导弹模型进行了热红外偏振成像目标探测与识别技术研究。此外，在军方小商业革新项目（SBIR）资助下，美军于 2009 年年初开展了用于地空导弹系统的偏振传感器技术研究，指出在目标红外或可见强度图像对比度低的复杂战场环境下，偏振光成像探测技术可作为一种新型成像制导手段，并提出了若干关键技术，如偏振光成像探测系统小型化、偏振图像实时处理及目标跟踪算法等。

2012 年，美国空军研究室研究了像元耦合技术，进一步推动偏振成像导引头的小型化。将偏振光成像探测技术应用到偏振光成像末制导中，在获取目标反射、辐射、折射光偏振信息的同时，获取了雨、雾、烟尘及伪装材料的光偏振信息。由于光偏振信息既有能量的概念又有方向的概念。尽管在能量域上很难将目标与雨、雾、烟尘及伪装区分开来，但在方向域上可以将两者区分开来，从而实现对雨、雾、烟尘以及伪装条件下目标的准确探测和识别，提高在复杂条件下导弹对目标的远程精确打击能力。

本章最后还要说明一点，偏振成像探测技术存在着自身固有的局限性（如在天气晴好的情况下，偏振成像质量一般不如可见光成像效果；偏振信息处理所需偏振多维矢量有时不足；偏振成像设备的稳定性和小型化难以满足要求等），因此在未来的制导应用中需要加以考虑。

参考文献

[1] 李淑军，姜会林，朱京平，等. 偏振成像探测技术发展现状及关键技术 [J]. 中国光学，2013，6（06）：803-809.

[2] DUGGIN M J, LOE R S. Calibration and exploitation of a narrow-band imaging polarimeter [J]. Optical Eng., 2002, 41 (5): 1039-1047.

[3] DE M A, KIM Y K, GARCIA-CAUREL, et al. Optimized Mueller polarimeter with liquid crystals [J]. Optics Letters, 2003, 28 (8): 616-618.

[4] GENDREL, FOULONNEAU A, BIGUE L. Full Stokes polarimetric imaging using a single ferroelectric liquid crystal device [J]. Optical Eng., 2011, 50 (8): 081209.

[5] 薛模根. 偏振光反射成像探测技术及应用 [M]. 北京：电子工业出版社，2018.

[6] 段锦，付强，莫春和，等. 国外偏振成像军事应用的研究进展（上）[J]. 红外技术，2014，36（03）：190-195.

[7] 孙晓兵，乔延利，等. 可见和红外偏振遥感技术研究进展及相关应用综述 [J]. 大气

与环境光学学报,2010,5(3):175-189.

[8] 赵继芝,江月松,等.大气云层分布的偏振激光后向散射研究[J].应用光学,2011,32(5):1037-1043.

[9] 邹晓风,王霞,等.大气对红外偏振成像系统的影响[J].红外与激光工程,2012,41(2):304-308.

[10] 金伟其,王霞,曹峰梅,等.水下光电成像技术与装备研究进展[J].红外技术,2011,33(3):125-132.

[11] 陈亦望,曾钦银,潘育新,等.一种军事假目标识别的新方法[J].电子设计工程,2011,19(16):89-92.

[12] 莫春和,段锦,付强,等.国外偏振成像军事应用的研究进展(下)[J].红外技术,2014,36(04):265-270.

[13] GORAN FORSSELL. Test and analysis of the detectability of personnel mines in a realistic minefield by polarization in the infrared LW region[C]. Proceedings of SPIE,2004,54(15):187-195.

[14] MICHAEL G G. Polarimetric modeling of remotely sensed scenes in the thermal infrared[D]. New York: Wallace Memorial Library of Rochester Institute of Technology,2007.

[15] KRISTAN GURTON, MELVIN FELTON, ROBERT MACK, et al. MidIR and LWIR polarimetric sensor comparison study[C]//Proceedings of SPIE,2010,7664,76640L:1-14.

[16] MARK WOOLLEY, JACOB MICHALSON, JOAO ROMANO. Observations on the polarimetric imagery collection experiment database[C]//Proceedings of SPIE,2011,8160(81600P):1-16.

[17] ROY M MATCHKO, GRANT R GERHART. Rapid 4-Stokes parameter determination using amotorized rotating retarder[J]. Optical Engineering,2006,45(9):098002:1-8.

[18] GORAN FORSSELL. Model calculations of polarization scattering from 3-dimensional objects with rough surfaces in the IR wavelength region[C]//Proceedings of SPIE,2005,5888(588818):1-9.

[19] BRADLEY M R, DANIEL A L, ROBERT T M, et al. Detection and tracking of RC model aircraft in LWIR microgrid polarimeter data[C]//Proceedings of SPIE,2011,8160(816002):1-13.

[20] JAMES S TAYLOR, P S DAVIS, LAWRENCE B WOLFF. Underwater partial polarization signatures from the shallow water real-time imaging polarimeter[C]//Proceedings of SPIE,2003,5089:296-311.

[21] DENNIS H G. Polarimetric characterization of Federal Standard paints [C] //Proceedings of SPIE, 2000, 4133: 112-123.

[22] PUST N J, SHAW J A, DAHLBERG A. Visible-NIR imaging polarimetry of painted metal surfaces viewed under a variably cloudy atmosphere [C] //Proceedings of SPIE, 2008, 6972 (69720G): 1-9.

[23] J SCOTT TYO, BRADLEY M R, et al. The effects of thermal equilibrium and contrast in LWIR polarimetric images [J]. Optics Express, 2007, 15 (23): 15161-15167.

[24] 张立媛, 臧景峰, 刘鹏, 等. 一种空间偏振目标制导方法研究 [J]. 长春理工大学学报（自然科学版）, 2015, 38 (01): 65-69.

[25] 牛国成, 胡冬梅, 吴勇. Stokes 偏振成像技术的研究 [M]. 北京: 科学出版社, 2020.

[26] 李军伟. 红外偏振成像技术与应用 [M]. 北京: 科学出版社, 2017.

[27] 黄飞. 红外偏振探测关键技术研究 [D]. 上海: 中国科学院大学（中国科学院上海技术物理研究所）, 2018.

[28] 周浦城, 韩裕生, 薛模根, 等. 基于非负矩阵分解和 IHS 颜色模型的偏振图像融合方法 [J]. 光子学报, 2010, 39 (09): 1682-1687.

[29] 申慧彦, 周浦城, 王峰. 水面溢油污染的多角度多波段偏振特性研究 [J]. 海洋环境科学, 2012, 31 (2): 241-245.

[30] 申慧彦, 周浦城, 冯少茹. 石油污染土壤的偏振反射特性分析 [J]. 土壤通报, 2012, 43 (4): 949-955.

[31] 周浦城, 张洪坤, 薛模根. 基于颜色迁移和聚类分割的偏振图像融合方法 [J]. 光子学报, 2011, 40 (1): 149-153.

[32] 申慧彦, 周浦城. 一种基于人眼视觉特性的偏振图像融合方法 [J]. 光电工程, 2010, 37 (8): 76-80.

[33] 韩裕生, 周浦城, 乔延利, 等. 基于最小互信息的自适应偏振差分成像方法 [J]. 红外与激光工程, 2011, 40 (3): 487-491.

[34] 胡冬梅, 刘泉, 牛国成. 可见光偏振成像系统对低对比度目标的探测 [J]. 激光与光电子学进展, 2017, 54 (6): 112-117.

[35] 李清灵, 尹达一, 庾金涛, 等. 高分辨大视场紫外-可见光偏振成像融合处理技术 [J]. 光学学报, 2019, 39 (6): 119-126.

[36] 杨洁, 金伟其, 裘溯, 等. 考虑偏振片非理想性的可见光偏振成像修正模型 [J]. 光学精密工程, 2020, 28 (2): 334-339.

[37] 刘征. 基于可见光偏振成像的目标探测技术研究 [D]. 北京: 中国科学院大学, 2016.

[38] 杨敏,徐文斌,田禹泽,等.面向运动目标探测的分时型红外偏振成像系统[J].光学学报,2020,40(15):64-71.

[39] 宫剑,吕俊伟,刘亮,等.红外偏振舰船目标自适应尺度局部对比度检测[J].光学精密工程,2020,0(1):223-233.

[40] 张哲.长波红外偏振成像及实验研究[D].长春:中国科学院大学(中国科学院长春光学精密机械与物理研究所),2019.

[41] 姜民.激光偏振水下目标探测信息处理系统设计[D].南京:南京理工大学,2016.

[42] 战俊彤,张肃,付强,等.不同湿度环境下可见光波段激光偏振特性研究[J].红外与激光工程,2020,49(9):201-207.

[43] 姜会林,付强,段锦,等.红外偏振成像探测技术及应用研究[J].红外技术,2014,36(05):345-349.

[44] 刘珂,李丽娟,王军平.红外偏振成像技术在空空导弹上的应用展望[J].航空兵器,2016(04):47-51.

[45] 殷德奎.多角度偏振探测技术[J].红外,2019,40(01):1-6,23.

[46] 岳桢干.美国陆军研究实验室正在研发军用热红外偏振成像技术[J].红外,2019,40(04):39-41.

[47] 贾镕,王峰,尹璋堃,等.典型伪装材料高光谱偏振特性实验检测与分析[J].红外技术,2020,42(12):1170-1178.

[48] 赵永强,马位民,李磊磊.红外偏振成像进展[J].飞控与探测,2019,2(03):77-84.

[49] 贾镕,王峰,刘晓.分时型紫外偏振成像探测系统设计与实验[J].激光与光电子学进展,2020,57(02):220-228.

第 7 章
多模复合寻的制导技术

多模复合寻的制导是指由两种或两种以上模式的寻的导引头参与制导，共同完成导弹的寻的任务。多模复合寻的制导的优点是发挥各单一模式的优点，相互取长补短，形成制导系统寻的性能的综合优势。多模复合寻的制导系统可用于空空、地（舰）空、空地（舰）、岸（舰）舰和反导弹系统等导弹制导中，目前得到了广泛的发展，也是今后导引头技术的主要发展方向。

7.1 多模复合寻的制导技术基础

7.1.1 单一模式导引头存在的不足

目前各种单一模式的导引头都有其独特的特点，尚未出现一种十全十美的单一导引模式。单一模式寻的导引头的性能比较见表 7-1[1]。

表 7-1 单一模式寻的导引头的性能比较

模式	优点	缺陷与使用局限性
激光雷达寻的	具有一定的穿透雾、霾、尘的能力；对于距离图像特征具有较强的区别能力；分辨率高；信息维度多；采用激光多普勒雷达可提取目标的振动特征；对于运动目标具有识别能力	技术复杂；功率需求高，弹载应用作用距离可能受限；需要在目标上驻留较长时间，需要非常精确和稳定的跟踪；光束窄，一般需要和较宽视场的传感器复合

续表

模式	优点	缺陷与使用局限性
红外（点源）寻的	角精度高；隐蔽探测；抗电子干扰	无距离信息；不能全天候工作；易受红外诱饵欺骗
红外成像寻的	角精度高，抗各种电子干扰，目标背景对比度较高，昼夜全天时工作，具有一定的穿透雾、霾、尘的能力	受背景杂波、地形和植被影响造成虚警；距离的不确定性；地形和植被的遮掩；目标特性的变化性；对目标方位角的相关性
电视寻的	质量轻，成本低，分辨率高，可靠性高	目标与背景的对比度相对较低，不具备全天时和全天候能力
主动微波/毫米波雷达寻的	全天候、昼夜全天时工作；有距离信息，作用距离远；角精度高	受背景杂波、岩石、孤立的建筑物和金属结构影响造成虚警；地形遮掩；目标特性相对于为位角的变化性；主动式工作方式，可能被敌方电子侦察与对抗设备侦测、干扰
被动雷达寻的	对辐射射频信号的辐射源目标探测距离远；昼夜全天时工作	无距离信息，精度较低，辐射源关机后无法探测、跟踪目标

由表 7-1 可知，随着目标伪装、遮蔽及干扰手段的发展，单一制导模式的武器装备难以有效完成作战任务。具有不同频段、不同探测机理、不同探测体制优势的多模复合寻的制导，能够弥补各自单一模式的不足，提高对目标的探测、识别、跟踪能力，使制导武器适应不断恶化的战场环境和目标的变化，提高精确制导武器的突防能力。

7.1.2 多模复合寻的制导的关键技术

多模复合寻的制导的关键技术主要包括多模传感器技术、信号与图像处理技术、多波段透波头罩技术和多模信息融合技术[2-3]。

1. 多模传感器技术

多模传感器是多模导引头的关键部件。它的结构形式主要有三种[3-4]。

（1）分离式结构，即每个通道采用单独的光学/天线系统和探测器。

（2）共孔径结构，采用一个共用的光学/天线系统和分开设置的探测器。

（3）单孔径光学系统和夹层结构的双色（或多色）探测器。例如共形天线方式，以典型的微波/红外复合探测器为例，红外探测器中置，雷达天线以预埋/刻蚀等技术嵌入导引头头罩壳体内，不占用弹体头部空间，如图 7-1 所示。这种多模传感器结构设计加工难度较大，头罩本身存在光电透过性矛盾，此外还有天线共形、头罩加工一致性精度、天线指向角控制、扫描角精度等复杂问题亟待解决，因此，该方向是目前多模传感器技术创新研究的课题之一。

综合比较 3 种结构形式，第二、三种结构形式更适合导引头小型化和高性能要求，是多模传感器技术未来发展的方向。

图 7-1　共形天线

2. 信号与图像处理技术

从本质上讲，在信号处理方面多模寻的导引头具有一些与其他单一模式导引头不同的特点。例如，该类导引头要接收不同波段的传感器提供的大量目标信息，并对其进行综合分析后提取目标特征量，在建立判决理论的基础上，应用目标识别算法区分真假目标，确定目标航迹等。此类导引头的共同特点是信号处理和图像处理的信息量极大，弹载计算机的计算量巨大，因此，关键需要提高弹载计算机的性能。

目前，一般通过两种途径提高计算机性能：一是发展高密度和高速度的大规模集成电路技术，采用高速器件，提高器件的开关速度；二是在系统结构上采用并行处理技术，以提高系统的整体处理能力。目前常用的处理机架构采用的是 VPX 总线标准系统，该标准来源于美国国家标准化组织批准的 VITA46 标准，在美军 F-18 等战斗机处理系统中已成功应用，代表了新一代国防和航空综合信息处理平台系统的发展趋势。该系统融合了通用处理器的矢量并行计算、高速串行交换、复杂接口与算法的软硬件协同实现、算法软件中间件、实时操作系统与底层支持驱动软件、高速通信模块等一系列先进技术，是国际先进嵌入式处理机的发展方向[4-5]。

3. 多波段透波头罩技术

复合头罩是多模寻的导引头上最先进的部件之一，一般要求能透过包括雷达、光学等多个频段的信号，同时头罩材料必须具有均匀稳定的物理特性以及耐高温、高热传导率的能力。因为光学探测窗口长时间暴露在高温环境中工作，将产生热障效应，导致光学探测系统失效。根据介电常数、损耗角正切、吸收、散射和双折射等指标，一般可用于红外微波复合制导的天线罩材料有硫化锌、硒化锌、氟化镁、人工蓝宝石等[6]。

4. 多模信息融合技术

信息融合技术主要是在多传感器获取不同频段的特征信息的同时，处理器按一定准则对各种特征信息进行融合，以获取正确有效的制导信息。

7.1.3　多模复合寻的制导遵循的原则

各种模式复合的前提是要考虑作战目标和电子、光电干扰的状态，根据作战对象选择、优化模式的复合方案。除模块化寻的装置、可更换器件和弹体结构之外，从技术角度出发，优化多模复合方案还应遵循一些复合原则[7]。

（1）各模式的工作频率，在电磁频谱上相距越远越好。

多模复合是一种多频谱复合探测技术。使用什么频率、占据多宽频谱，主要依据探测目标的特征信息和抗电子、光电干扰的性能决定。参与复合的寻的模式工作频率在频谱上距离越大，敌方的干扰就越困难。同时，探测的目标特征信息越明显。当然，还应考虑不同频谱的电磁兼容性。合理的复合方式有：微波雷达（主动或被动辐射计）/红外、紫外的复合，毫米波雷达（主动或被动）/红外复合，微波雷达/毫米波雷达的复合等。

（2）参与复合的模式制导方式应尽量不同，尤其当探测的目标特征量为一种形式时，更应注意选用不同制导方式进行复合，如主动/被动复合、主动/半主动复合、被动/半主动复合等。

（3）参与复合模式的探测器口径应能兼容，便于实现共孔径复合结构。

由于导引头的空间、体积、质量等限制，目前应用较多的是毫米波/红外复合寻的制导系统。它利用毫米波/红外两种波段的目标信息进行综合探测，经探测信息提取目标特征量，应用目标识别算法和决策理论，确定逻辑选择条件、实现模式的转换、识别真假目标等。

共孔径复合结构如图7-2所示，一般有四种：

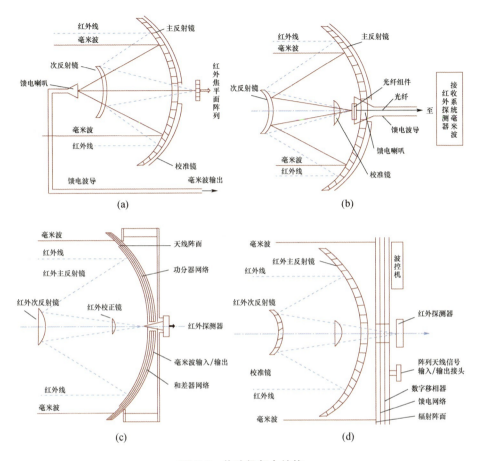

图 7-2 共孔径复合结构

（a）卡塞格伦光学系统/抛物面天线复合示意图；（b）卡塞格伦光学系统/卡塞格伦天线复合示意图；
（c）卡塞格伦光学系统/单脉冲阵列天线复合示意图；（d）卡塞格伦光学系统/相控阵天线复合示意图。

① 卡塞格伦光学系统/抛物面天线复合系统；

② 卡塞格伦光学系统/卡塞格伦天线复合系统；

③ 卡塞格伦光学系统/单脉冲阵列天线复合系统；

④ 卡塞格伦光学系统/相控阵天线复合系统等。

（4）参与复合的模式在探测功能和抗干扰功能上应互补。

该项原则是从提出多模复合寻的制导的根本目的角度考虑的。只有复合寻的模式功能互补，才能产生良好的综合效益，从而提高精确制导武器寻的系统的探测和抗干扰能力，实现在恶劣作战环境中提高精确制导武器突防能力的目的。

(5) 参与复合的各模式的器件固态化、小型化和集成化，能够满足导弹空间、体积和质量的要求。

经试验研究表明，在被动雷达参与复合的体制中，最适宜的结构体系是相位干涉仪。因为它的天线可以安装在导弹头部的边壁上，不占用导弹头部的中心部位，能为第二、第三模式留有最好的探测器安装位置，这是其他模式所不具备的。因此，在防空导弹的多模复合寻的中，多用相位干涉仪作为被动雷达。若保证导弹在飞行中的旋转，则可以有效消除干涉仪角数据的模糊性。

7.2 多模复合寻的转换逻辑

多模复合寻的制导系统中的转换逻辑，是根据总体设计中各模式的功能设计的。归纳起来基本形式有两种[8-9]：

(1) 各模式信息的并行处理和并联使用，即同步工作方式。

(2) 各模式信息的串行处理和串联使用。

1. 并联方式

此处给出各模式信息并联使用时的一种控制逻辑电路，能较好地完成多模同步工作时的逻辑转换。这里的并联使用是指参与复合的 N 个模式按同步方式工作，即各寻的导引头在导弹的末段都开锁工作，同时进行目标的搜索与跟踪，但只有一种寻的模式输出的目标位置数据送给自动驾驶仪，实施导弹的制导控制。当某种模式被干扰或发生故障时，逻辑电路可迅速转换到另一种模式实施导引。

多模复合寻的制导系统中各模式同步工作时的逻辑转换电路如图 7-3 所示。

根据寻的导引头的功能，设计转换电路时应考虑下述原则。

(1) 当无干扰或全部模式均未受干扰时，转换电路首先判断出哪些模式已经捕捉到目标，根据设计好的优先顺序转换到相应模式上；若各模式均未捕捉到目标，要按规定的优先次序转换到相应模式令其搜索。

(2) 当各模式全部受干扰时（此种状态是极少的），电路此时暂不发出模式转换指令，系统处于等待状态，直到其中有一模式干扰消失，再转换到该模式上工作。

（3）转换电路还应具备二次转换能力，即转换后，工作模式再受干扰时，还可以向未受干扰的模式上转换。

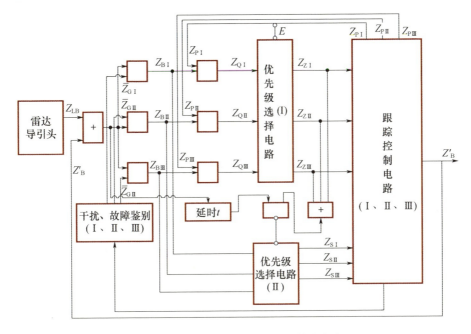

图 7-3　多模同步工作时的逻辑转换电路

图 7-3 是采用 3 种模式设计的，电路首先工作在微波雷达模式上。图 7-3 中，$\bar{Z}_G$ 为未受干扰或发生故障指令；Z_B 为报警指令；Z_P 为捕捉指令；Z_Z 为制导转换指令；Z_S 为搜索转换指令。

对于优先级选择电路，可按规定好的转换次序设计成组合逻辑电路。当使能端 E 为"0"电平时，才能选择优先级高的一路信号输出。由报警指令 Z_B 经一定时间延迟后为 Z'_B 与捕捉后发出的转换指令 Z_Z 相"与"，来控制选通优先级选择电路（Ⅱ）。当各模式未受干扰且捕获目标时，不能发出转换指令，只有当各模式捕获目标后又受干扰时，才转换为搜索，即发出搜索转换指令 Z_S。优先级选择逻辑关系如图 7-4 所示。

转换控制的逻辑关系为

$$Z_{ZⅠ} = Z_{QⅠ} \tag{7-1}$$

$$Z_{ZⅡ} = \bar{Z}_{QⅠ} \cdot Z_{QⅡ} \tag{7-2}$$

$$Z_{ZⅡ} = \bar{Z}_{QⅠ} \bar{Z}_{QⅡ} \cdot Z_{QⅢ} \tag{7-3}$$

式中：$Z_{QⅠ}$ 为转换请求指令。

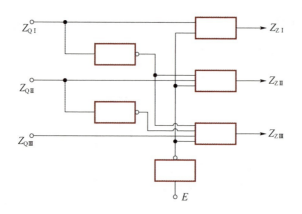

图 7-4 优先级选择逻辑关系

由分析可得,输出优先顺序为 Z_{QI}、Z_{QII}、Z_{QIII},对应的模式为Ⅰ、Ⅱ、Ⅲ。

为使该系统具有二次转换能力,将多模复合导引头的跟踪控制电路再次产生的报警信号 Z'_B 送至输入端,这样系统就可以进行二次转换控制了。

2. 串联方式

串联方式是指参与复合的各模式只有一种模式工作,其他模式均处于等待开锁工作状态,各模式形成链式工作结构,前一级发出的转换指令 Z_Z(或报警指令 Z_B)为后一级的开锁指令。其模式关系如图 7-5(a)所示,图中以 4 种模式为例。

参与复合的寻的模式内部也应有正确的指令转换逻辑,串联方式内部的转换逻辑如图 7-5(b)所示。

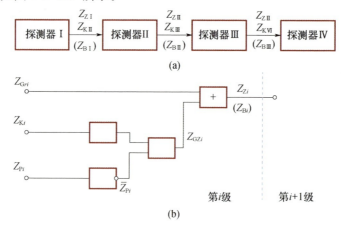

图 7-5 串联方式复合的逻辑关系

(a)模式关系图;(b)内部的转换逻辑。

图中，Z_{Gri} 为该级受干扰指令；Z_{GZi} 为该级发生故障指令；Z_{Pi} 为该级捕获目标指令。它们的逻辑关系为

$$Z_{K(i+1)} = Z_{Zi} = Z_{Gri} + Z_{GZi} = Z_{Gri} + Z_K \cdot \bar{Z}_{Pi} = Z_{Gri} + Z_{Gr(i-1)} Z_{Pi} + \cdots \\ + Z_{Gr1} Z_{P2} + Z_{Pi} Z_{P(i-1)} \cdots Z_{P1} \tag{7-4}$$

式中：$Z_{K(i+1)}$ 为第 $(i+1)$ 级的开锁指令。

上述串联、并联方式中都是一种模式的输出数据送给自动驾驶仪，进行制导控制，其他模式都处于等待状态。这主要为使控制系统结构简单，易于实现，且成本低。在多种制导方式串并联使用时，必须解决如何利用同时刻、多种寻的模式输出同一目标的多个数据并从中得到一个数据的问题。在以往的制导技术中，这一问题依靠优先选择电路以判决的形式来解决，这将不可避免地出现模式切换带来目标参数的抖动，甚至丢失目标；而在基于信息融合的多模复合制导系统中，在完成这一功能的同时，能很好地解决模式切换时的抖动，并且可提高目标位置参数的精度，更准确地判定目标的属性，实现智能化的导引跟踪技术。

7.3　多模复合导引头的信息融合技术

7.3.1　信息融合技术的定义与分类

多传感器信息融合技术是多模寻的制导基础技术之一，它对于提高在复杂的电子光电干扰环境下导引头对目标的探测、识别和跟踪能力及导弹武器系统自身的生存能力具有重要意义。根据美国国防部信息融合的定义，多传感器信息融合是指利用多种传感器获取目标的特征数据或信息进行融合处理，达到对目标的确切探测、定位、跟踪和特征识别，并实时完成对作战环境和威胁的判断及评估。由此可知，传感器系统是信息融合的硬件基础，多源信息是信息融合的加工对象，协调优化和综合处理是信息融合的核心[9]。

多传感器信息融合技术主要包括传感器对目标的检测、跟踪及位置估计、相关性判定、特征融合及目标判定、背景环境的威胁、估计、系统状态描述，以及传感器管理和数据库等内容。它是对多传感器数据信息进行多等级、多层面、多层次的综合处理，不同层次级别的处理反映的是对观测数据不同程度的抽象，包括整个上述流程。结果表现为：低等级的目标状态、属性估计；

高级别的态势、威胁估计。

由于信息融合所涉及的多传感器信息，其结构复杂，系统高度复杂，为了统一化设计开发，美国三军实验室（joint directors of the labs，JDL）提出了信息融合的模型，从检测到威胁的整个过程5级依次是：第一级——检测级融合；第二级——位置级融合；第三级——属性级融合；第四级——态势评估；第五级——威胁估计。信息融合结构框图如图7-6所示[10-11]。

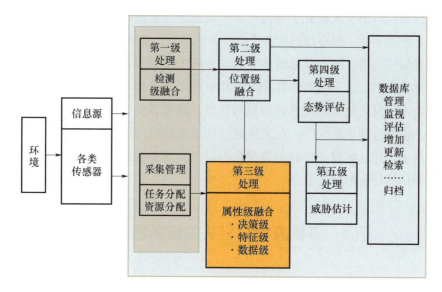

图7-6 信息融合结构框图

一般在5级结构模型中第一级进行分布检测，通过融合形成最优门限，进行门限检测；第二级获取目标速度、位置等信息；第三级对目标属性信息进行融合，进行目标识别；第四级与第五级用于军事系统评估[12]。多模复合导引头的信息融合为多传感器信息融合的特例应用。

根据不同的分类原则，信息融合系统可以划分为以下几种主要类型属性[13]。

（1）按信息的抽象程度来分，目标识别级信息融合结构分为数据级融合、特征级融合和决策级融合3类。

数据级融合是在数据的最底层进行的，即在各种传感器的原始数据预处理之前就进行数据的综合和分析。其优点是尽可能多地保留信息，但由于所要处理的数据量大，处理时间长，所以实时性较差。

特征级融合是在数据的中间层次进行，它是对预处理和特征提取后获得的景物特征信息轮廓、方向、区域、速度、距离等进行综合分析和处理。其优点是既保留足够数量的重要信息，又实现了可观的数据压缩，有利于实时处理。

决策级融合是在最高级进行的融合。在融合之前，每个传感器已相应独立地完成了决策或分类任务，融合过程完成的任务是根据一定的准则及每个决策的可信度做出最后的决策。这种方法具有良好的实时性和容错性。

（2）根据融合处理的数据种类，数据融合系统可以分为时间融合、空间融合和时空融合 3 种。

时间融合是指同一传感器对目标在不同时间的量测值进行融合。空间融合是指在同一时刻，对不同传感器的量测值进行融合。时空融合是指在一段时间内，对不同传感器的量测值不断地进行融合。

（3）按照位置级融合划分，融合系统可分为集中式、分布式、混合式及多级式[11]。

在集中式融合结构中，将多传感器的检测数据直接传入信息融合中心，待各传感器的数据均被接收到，再进行数据对准、点迹关联、航迹滤波、融合跟踪等处理。信息融合集中式结构示意图如图 7-7 所示。

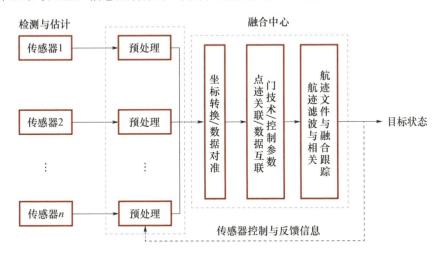

图 7-7　信息融合集中式结构示意图

集中式融合结构的优点是结构简易，不会造成数据的丢失，融合中心接收到的信息比较完整，但是对信息融合中心造成的计算压力大，数据关联难度增大，模块间的数据传输要求的带宽高，实时性不好。

在分布式融合结构中，各传感器先在各自的信息处理模块实现多目标跟踪，形成各自传感器探测到的目标航迹，此时送入信息融合中心的数据为目标航迹。在信息融合中心中，实现数据对准、航迹关联、特征融合、航迹融合等处理，形成最终的融合航迹。

分布式融合结构与集中式融合结构相比，虽然数据没有后者那么完整，但是降低了融合中心的运算量，信息融合中心关联融合速度快，与各传感器节点间通信压力小，整个系统受某单个传感器的影响小，具有较好的稳定性。信息融合分布式结构示意图如图7-8所示。

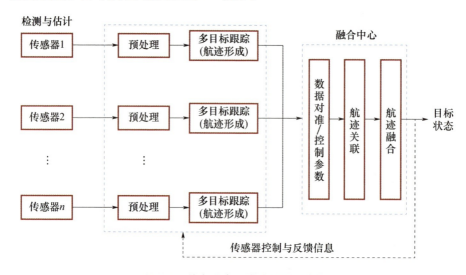

图 7-8　信息融合分布式结构示意图

在混合式融合结构中，有的传感器信息只经过简单的预处理就送入融合中心，目标检测与跟踪则由系统相应的处理单元完成；有的传感器信息经过自己的处理模块完成目标跟踪，形成目标航迹后传入融合中心。信息融合混合式结构示意图如图7-9所示。

混合式融合结构可以看作是集中式与分布式的一种综合，既具有集中式的数据完整性，又具备分布式的灵活稳定性，但是融合中心的数据处理比较复杂，对数据传输带宽要求高，成本代价高，适用于大型的信息融合系统。

在多级式融合结构中，信息融合中心的各分节点可能为某种结构的信息融合中心，各分节点分别对各自前端多个传感器的数据进行处理，并将结果传入最终的融合中心，再进行数据对准、航迹关联、航迹融合等处理，最后输出决策结果。各子节点可以接收来自融合中心的反馈，用以提高系统整体的检测、跟踪性。信息融合多级式结构示意图如图7-10所示。

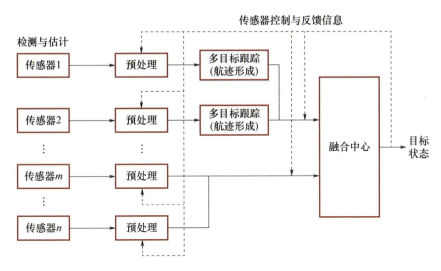

图 7-9　信息融合混合式结构示意图

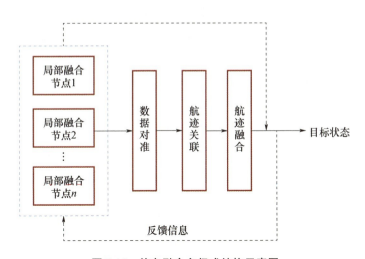

图 7-10　信息融合多级式结构示意图

为了提高数据融合的效果，对多传感器的数据融合有以下两点要求[17]。

（1）由于多传感器系统中所有单一模式传感器都是以其各自的时间和空间形式进行非同步工作的，因此，在实际处理中有必要把它们的独立坐标系转换成可以共用的坐标系，即进行"时间和空间的校准"，也就是在时间和空间上的同步。

（2）多传感器系统应是容错的，即当某个传感器出现故障时，不会影响整个系统的信息获取。因此，在多传感器系统中建立一个分布式的传感器子系统是适宜的。

7.3.2 信息融合技术的原理

信息融合的基本功能是相关、估计和识别。它涉及多方面的理论和技术，如模式识别、信息处理、估计理论、不确定性理论、优化理论、人工智能及神经网络信息。融合技术包含数据预处理、数据关联、多传感器数据融合等几个部分。

1. 数据预处理

数据预处理的目的是将各自独立参考框架内传感器提供的观测数据，变换到同一个参考框架中，以适应不同传感器测量的差异性。典型的预处理包括数据对准和剔除结果中野值。

数据对准是信息融合的必经阶段，又称为时空配准，主要包括时间配准和空间配准。

时间配准是指将不同步测量结果统一到同一时刻，这是由于在多模复合制导中，各种制导模式有其不同的检测、关联和跟踪方式，数据到达融合中心的时间延迟和重复周期都是有差异的。常用的方法有最小二乘准则配准法和内插外推法两种。其中内插外推法，不仅精度较高，而且工程实现起来比较简单，实时性较好。

假设需要对传感器1的点迹进行时间配准，具体方法为：X_1 为传感器1在 t_1 时刻的状态值，X_2 为传感器2在 t_2 时刻的状态值，X_3 为传感器3在 t_3 时刻的状态值，并且 $t_1 < t_2 < t_3$，根据拉格朗日线性外推准则，t 时刻的状态估计值 X 为

$$X = \frac{(t-t_2)(t-t_3)}{(t_1-t_2)(t_1-t_3)} X_1 + \frac{(t-t_1)(t-t_3)}{(t_2-t_1)(t_2-t_3)} X_2 + \frac{(t-t_1)(t-t_2)}{(t_3-t_1)(t_3-t_2)} X_3$$

(7-5)

空间配准是指选择一个基准坐标系，将来自不同传感器的数据统一到这个基准坐标系下，使得传感器数据在空间上达到统一。若复合导引头为共口径结构，即各传感器坐标一致，则不需要进行空间配准；而分口径结构则需要进行空间配准。

空间配准可以按照坐标平移、坐标旋转的步骤消除各传感器在不同的空间坐标系下的偏差；也可以借助多传感器对空间相对目标的测量，对测量偏差进行估计和补偿，如复合捷联去耦。

不同制导模式输出的目标状态信息可能会有不同，活动式跟踪导引头一

般给出角速度信息，而活动式非跟踪导引头则可能给出的是角度信息。对于前者，由于各制导模式的空间距离很小，对角速度测量的影响也很小，可以忽略，不需要进行数据对准。当各制导模式送来角度信息时，通过静态测试可以得出它们之间方位角、俯仰角的差，再进行误差校正[17]。

野值又称为异常值，是指测量数据集合中严重偏离大部分数据所呈现趋势的小部分数据点。融合处理对采样数据中包含的野值点反应较为敏感，因此需要剔除野值，改进处理结果的精度。常用的数据野值判别法主要有 χ^2 检验法、信息判别法、卡尔曼滤波方法等。

2. 数据关联

数据关联是判断来自不同局部节点的两组数据是否代表同一个目标的过程。在制导武器中，也称为航迹关联，是指判断来自不同制导模式的航迹是否代表同一个目标，它是多模复合导引头进行融合的前提和关键。当传感器的航迹间相距很远并且没有干扰、杂波的情况下，关联问题就比较简单。但在多目标、干扰、杂波、噪声和交叉、分岔航迹较多的场合下，航迹关联问题变得复杂。另外，传感器之间在距离或方位上的组合失配、传感器位置误差、目标高度误差、坐标变换误差等因素也会影响到有效关联[11,19]。

对各传感器的航迹做关联处理，使得来自同一目标的航迹得以匹配，形成有意义的关联对，同时可以滤除冗余的航迹，充分利用该环节的性能，可有效提升信息融合系统的抗干扰性能。

航迹关联算法有很多种，一般从数学角度可分为：①基于统计的航迹关联算法，如加权航迹关联算法、最近邻域法、修正 K 近邻域法等；②基于模糊数学的航迹关联算法，利用隶属度函数描述两组数据的相似程度，如模糊双门限法、模糊综合函数法等。

基于统计的航迹关联算法一般框架简约，算法运算压力小，有利于具体实现，并且具有较好的性能。但是在目标密集的环境下，该类方法的有效性会有所下降。基于模糊数学理论的模糊航迹关联算法突破了这个缺点，算法性能得到了有效的提高，数据通信量小，具有较好的发展前景，但是模糊算法的参数设置过于繁杂，工程实践难度大。因此，在工程实现上，人们还是广泛应用传统的统计航迹关联算法。

最近邻域算法是统计航迹关联算法中最基本的一种算法。假设 l 时刻，两传感器航迹 i,j 间的状态估计误差为

$$\widetilde{X}_{ij}\ (l) = X_i^1\ (l/l) - X_i^2\ (l/l)$$
$$= [u_{ij}\ (1,\ l),\ u_{ij}\ (2,\ l),\ \cdots,\ u_{ij}\ (n_x,\ l)]^{\mathrm{T}} \quad (i \in U_1,\ j \in U_2) \quad (7\text{-}6)$$

式中：n_x 为各传感器状态估计矢量的维度。假设阈值矢量为 $e=(e_1,\ e_2,\ \cdots,\ e_{n_x})^{\mathrm{T}}$，则该方法下的关联准则为

满足 $[|u_{ij}(1,l)|<e_1] \cap [|u_{ij}(2,l)|<e_2] \cap \cdots \cap [|u_{ij}(n_x,l)|<e_{n_x}]$，则判定两条航迹 i，j 是相关联的。如果有多条航迹与某一航迹满足上述准则，选定与其位置差范数最小的一条作为其关联航迹。

3. 多传感器数据融合

融合算法考虑的是如何利用多传感器测量数据对状态矢量进行估计，使该估计比单个传感器估计性能更优。典型的一类方法是基于决策融合，其中最常用的理论方法是 Dempster 于 1967 年提出的证据理论方法，后由 Shafer 加以扩展，形成 D-S 理论。它采用信任函数而不是概率作为度量，通过对事件的概率进行约束以构建信任函数，进而进行决策。另一类方法是基于特征层融合，即将多个传感器特征数据融合输出，以提高系统精度，包括卡尔曼滤波、最小二乘理论等。其中，前者在工程实现上性能优于后者，后者则较为适合特征级数据，可作为前者的前提。

1）基于决策融合

决策融合属于属性融合，它在多模复合导引头中的任务是组合由前端的各制导模式送来的数据，可通过算法提高目标属性的可信度。通过决策融合，导引头能更准确地判断目标的属性，以更大的置信度实现对指定目标的攻击。而且如果航迹关联中受噪声、干扰等因素影响而发生错误关联，在决策融合中会得到很低的置信度，从而检验、质疑前面的关联结果，必要时反馈给各制导模式进行重新关联的信号。因而，它能在一定程度上确定航迹关联的有效性，对航迹关联起辅助的作用，同时为后面的目标轨迹融合的精度提高奠定了必要的基础。

在信息融合系统中，实现这种融合的算法主要有基于贝叶斯推理的目标识别融合、基于证据理论（D-S 理论）的目标识别融合、基于模糊综合函数的目标识别融合及基于黑板模型的目标识别融合。在这些算法中，基于贝叶斯推理的目标识别融合和基于证据理论的目标识别融合，在目前的技术水平下有工程使用价值。

贝叶斯估计法首先是消除传感器可能出现的误差信息，然后计算贝叶斯

估计量。当某种假定给出后,就可以用这个估计量对合成的信息进行优化估计。这种算法能够确定给出证据情况下假设为真的概率;允许结合假设确实为真的似然性的先验知识;能够使用主观概率作为假设的先验概率和给出假设条件下证据的概率。这些特点能迅速地实现贝叶斯推理,特别是对于多传感器数据融合,因为不需要概率密度函数,算法较简单、计算量较小[20]。

假设有 n 个传感器用于获取未知目标的参数数据,基于观测和特定的分类算法,每一个传感器提供一个关于目标身份的说明。设 $O_1, O_2, \cdots, O_m$ 为所有可能的 m 个目标,D_i 表示第 i 个传感器关于目标身份的说明,则根据贝叶斯公式,有

$$\sum_{j=1}^{m} P(O_j) = 1 \tag{7-7}$$

$$P(O_j \mid D_i) = \frac{P(D_i \mid O_j)P(O_j)}{\sum_{j=1}^{m} P(D_i \mid O_j)P(O_j)} \quad (i=1,2,\cdots,n; j=1,2,\cdots,m)$$

$$\tag{7-8}$$

使用贝叶斯方法进行属性估计的过程,可分为以下 4 步[18]。

(1)传感器 1,2,$\cdots$,n 观测某一未知目标的参数数据(如雷达横截面、脉冲重复间隔、红外谱等),目标具有 m 个类型属性,可形成 m 个假设,而 m 个假设必须相互独立,并且构成一个完备集。

(2)基于观测结果,每个传感器均给出一个属性辨识,也就是做出关于该目标实体的一种假设,对每个传感器而言,先验数据给出了似然函数 $P(D_i \mid O_j)$,即实际为类型 j 而被判断为类型 i 的概率。

(3)融合各传感器的属性辨识,得到一个更新的联合概率 $P(O_j \mid D_1, D_2, \cdots, D_n)$,根据贝叶斯公式,有

$$P(O_j \mid D_1, D_2, \cdots, D_n) = \frac{P(D_1, D_2, \cdots, D_n \mid O_j) P(O_j)}{P(D_1, D_2, \cdots, D_n)} \tag{7-9}$$

由于各假设相互独立,因此有

$$P(D_1, D_2, \cdots, D_n) = P(D_1 \mid O_j) P(D_2 \mid O_j) \cdots P(D_n \mid O_j) \tag{7-10}$$

(4)采用最大后验概率(MAP)或 MAP 门限准则,判决为假设 H_r。

MAP 准则为

$$P(O_r \mid D_1, D_2, \cdots, D_n) = \max_{i \leqslant j \leqslant n} P(O_r \mid D_1, D_2, \cdots, D_n) \tag{7-11}$$

MAP 门限准则在判决最大后验概率之后还必须进行门限判决,$P(O_r \mid D_1, D_2, \cdots, D_n)$ 大于给定的门限 P_0,则接受 H_r;否则,不确定。

2)基于特征层融合

在整个信息融合系统结构中,特征级信息融合发生在航迹关联之后、航迹融合之前。航迹关联的结果是产生一个或多个关联航迹组,每组关联航迹即代表一个观测目标。特征级融合就是将这多个观测目标中的多探测器异类特征加以融合,利用融合后的多特征信息与模型库中待攻击目标的相应特征矢量进行匹配,根据匹配率的高低来判断是否为模板库中的待攻击目标[12,16]。

特征级融合的优点在于:与数据级融合相比,实现了数据压缩,降低了硬件平台的数据处理压力;比起决策级融合则多保留了目标的信息,减少了信息损失。如图 7-11 所示为特征级信息融合的处理流程。

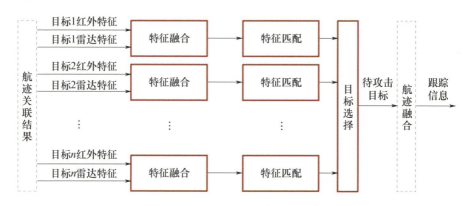

图 7-11 特征级信息融合的处理流程

特征级信息融合的 3 个关键步骤是特征提取、特征融合、目标鉴别。图 7-11 中需完成红外和雷达数据特征提取。良好的特征应满足以下 4 个条件:①可分性,不同类对象,特征值应具有差异性;②可靠性,同类的对象,特征值应具有相似性;③独立性,各个特征之间不相关;④数量少,特征数量的多少直接影响识别方案的实时性和可实现性。

从数学理论的角度分析,特征提取相当于用一个特征矢量表示一个物理模型。假定对一个实际物理目标抽取了 m 个特征,则该物理目标可用一个 m 维特征矢量描述,m 维特征矢量可以表示为

$$\boldsymbol{X} = [x_1, x_2, \cdots, x_m]^{\mathrm{T}} \tag{7-12}$$

对于目标辐射的红外能量信号,可以提取的特征主要有像素数、圆度、目标复杂度、均值对比度等;而从雷达目标能量可提取的特征包括目标长度、波形熵、中心距等。

特征融合是指将不同传感器获取的特征矢量通过一定算法合成一个统一

矢量。通常对目标特征信息没有任何先验知识时,可以采取平均加权法的融合算法。对传感器获取的特征采用归一化的平均加权,直接将其扩充为联合特征矢量。对应地,目标模板库中的特征矢量也按此顺序排列,然后按照一般的目标识别步骤进行识别。但是,由于融合的是两种异类传感器信息,考虑到两类探测器信息及多个不同特征之间的相对重要性对融合识别结果的影响,基于有序加权平均(ordered weighted averaging,OWA)的特征融合算法,可有效地融合多组模糊的和不确定的信息,融合算法效果较好。

目标鉴别的作用在于帮助导引头在复杂战场环境下将待攻击目标与不感兴趣目标区分开来。一般目标鉴别流程由训练和鉴别两个阶段组成。

在训练阶段,首先提取不同传感器对目标训练样本的特征,再利用实测数据对各个特征进行可分性分析,以找到感兴趣目标间的共性特征及感兴趣目标与不感兴趣目标之间的差异特征;然后利用基于 OWA 算子的特征融合算法对所选取的不同传感器特征进行融合,得到训练样本的融合特征矢量,进而利用支持矢量数据描述(support vector data description,SVDD)模型作为目标鉴别器模型进行训练,生成目标训练模板库。

在鉴别阶段,首先对不同传感器探测到的目标特征进行特征融合;然后利用 SVDD 模型,将融合后的特征矢量与训练模板库中感兴趣目标的特征信息进行匹配,根据匹配程度来判断该目标是否为感兴趣目标。

7.4 多模复合寻的导引头

复合制导是为了通过组合不同类型传感器,对其输出信息进行综合利用,以使得整体制导系统在性能上得以互补,弥补单模制导技术的缺陷,提高寻的系统总的性能指标。目前,正在应用和研制中的有紫外/红外、激光/红外、半主动雷达/主动雷达、被动雷达/主动雷达、雷达/红外等双模复合寻的制导和激光半主动/非制冷红外/毫米波雷达三模导引头。下面介绍可见光/红外、雷达/红外、激光/红外双模复合寻的导引头及多模选择复合制导系统。

7.4.1 雷达/红外双模复合导引头

紫外/红外复合导引头、半主动/主动雷达复合导引头、雷达/红外双模复合导引头 3 种模式的性能[21-23]比较见表 7-2。由表 7-2 可知,由于雷达制导与红外制导在工作体制上有着良好的互补性（通常雷达为主动/半主动体制，红外为被动体制），在工作波段上有着较广的分布性，雷达/红外双模导引头能够利用雷达系统作用距离远、能提供目标距离信息的优势，结合红外成像传感器测角精度高、目标识别能力强、能提供目标形状、隐蔽性能好、实现全被动探测等特点，因此雷达/红外双模导引头是国内外多模复合制导技术优先发展的主要方式。

表 7-2　3 种模式的性能比较

复合双模导引头	优点	缺点
紫外/红外	导引精度高，可识别目标要害点，被动探测，体积小、质量轻、能耗低，抗电磁干扰能力强，具备较好的抗红外干扰能力	难以测得距离、速度信息，作用距离较近，易受云雾等不良天气影响，不具备全天候作战能力
半主动/主动雷达	可测角、测速、测距，作用距离较远，全天候工作	角分辨率较差，存在角闪烁，目标识别困难，体积大，质量重，功耗多，易受电磁干扰，易暴露自身
雷达/红外	复杂环境中识别目标能力强，目标精确定位高，全天时、全天候工作，可抗多种电子干扰、光电干扰，反隐身性能好	系统集成难度大，体积较大，质量较重，功耗较多

国内外采用雷达/红外双模导引头的制导武器种类繁多。按照参与复合的导引头工作体制划分，主要有被动雷达/红外复合导引头、半主动雷达/红外复合导引头和主动雷达/红外复合导引头三种类型。其中，采用被动雷达/红外复合导引头的武器系统主要有美国的 RAM 导弹、RIM-Ⅱ6"拉姆"导弹，德国的 ARMIGER 导弹等；采用半主动雷达/红外复合导引头的武器系统主要有低空舰空海麻雀 RIM-7R 导弹、中程舰空标准 SM2-BLOCK3A 导弹；采用主动雷达/红外复合导引头的武器系统主要有美国的 AIM-152 空空导弹、以色列的"怪蛇"6 空空导弹。

根据雷达、红外制导技术的特点，雷达/红外双模复合制导工作原理是导弹发射后先由雷达导引头截获目标，形成制导指令引导导弹飞向目标，并驱使红外导引头光轴指向目标，当达到足够的红外信噪比时，红外导引头锁定目标,在弹道末段由精度较高的红外导引头接替制导,从而解决导弹制导精度和应对辐射源突然关机的问题。

1. 被动雷达/红外复合导引头

在被动雷达/红外复合导引头中参与复合的雷达是相位干涉仪。它在系统中主要完成两大功能:

(1) 在红外导引头无法作用的距离上,被动探测目标上的微波辐射信号,如导弹上的主动寻的信号、飞机上空载雷达的微波辐射信号等。从中提取导弹所需要的比例导航制导信号,供给自动驾驶仪控制导弹攻击目标。

(2) 测量目标的角位置,令红外导引头随动,使红外导引头的光轴对准带有微波辐射源的目标。在导弹接近目标的过程中,当红外导引头截获目标后,自动转换为比例导引制导,使导弹具有被动探测与跟踪能力,并能精确命中目标。

被动雷达/红外双模复合导引头的原理框图如图 7-12 所示。

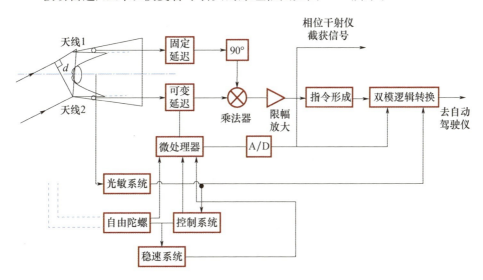

图 7-12 被动雷达/红外双模复合导引头的原理框图

相位干涉仪的两根介质天线固接在导弹头部的两侧,并对称配置、伸出至导弹头部的前方。红外导引头的探测光学系统安置在导弹头部的中央。相位干涉仪的电子部件做成完整的一个舱段放在导弹的一、二舱之间,介质天线上的信号用电缆送往电子线路,红外导引头的信号处理电路安装在另一舱段里。

雷达导引头解决导弹的制导距离,红外导引头提高导弹的制导精度,二者结合,优势互补,就构成了高性能制导系统。

相位干涉仪的测角精度与干涉仪两天线之间的距离成反比。对弹径 $\varphi=127\mathrm{mm}$ 的导弹,3mm 波段的相位干涉仪测角精度为 $0.2°$;对弹径 $\varphi=70\mathrm{mm}$ 的导弹,测角精度接近 $0.36°$。这样的精度小于红外导引头视场角的一半,能满足红外导引头随动的技术要求。导引头去耦问题是利用红外导引头自由动力陀螺的定轴性来解决的,在陀螺转子上的角度敏感装置,感受陀螺轴与弹体间的相对角位置,把它传输给相位干涉仪的相位跟踪内环路。从相位干涉仪测得的弹体在扰动情况下的目标视线角中减去弹体扰动角,就得到惯性空间中的目标视线角,经微分后得视线角速率,形成操舵指令。所以相位干涉仪和红外导引头制导导弹用的是同一制导回路,导弹的弹道能平稳过渡。

该制导系统的工作过程是:当敌方的反舰导弹或飞机装有主动寻的雷达或机载雷达,它们的微波辐射信号被我方舰艇上侦察接收机发现后,粗略测定来袭目标的方位和辐射源的频段,通过舰上作战指挥中心把装有雷达/红外双模复合导引头的导弹发射架,大致对准目标方向,等截获目标后,导弹发射。

当弹速达到能控水平时,雷达导引头输出与目标视线角速率成比例的制导信号给自动驾驶仪,操纵导弹按比例导引弹道接近目标。雷达导引头采用单通道相位干涉仪,导弹旋转能消除相位干涉仪测角模糊问题。不模糊的目标视线角位置信号传输给红外导引头,作为红外导引头自由动力陀螺进动信号,即随动红外导引头,使它的光学瞄准轴对准目标。随着距离的不断接近,目标自身的红外能量被红外导引头截获,当其信噪比达到某阈值时,双模逻辑转换电路自动转为红外跟踪目标状态,并切断雷达导引头给出的角度随动信号,给出自动驾驶仪红外制导指令,使导弹工作在红外制导状态。这种转换方式,两者既可独立工作,又可互相转换复合使用,其关键是设计好双模逻辑转换电路。

双模逻辑转换电路的功能有以下 3 个。

(1) 当红外导引头无足够信号强度和相位干涉仪有足够信噪比的信号输出时,用相位干涉仪制导导弹接近目标。

(2) 当红外导引头输出信号足够强时,自动转换到红外导引头的制导状态,确保导弹的制导精度。

(3) 控制雷达导引头对红外导引头的角度随动时间,只有当红外导引头输出信号的信噪比低于阈值时,红外导引头才受雷达导引头的随动控制。

图中限幅放大器输出的误差信号分 4 路：第一路经 A/D 转换后，加至微处理器完成限幅积分运算，保证当目标视线角在 50°范围内变化时是单值幅度输出；输出加至 12 位 A/D 转换器，与捷联去耦外环路提供的弹体扰动角进行相减后去控制数字可变延迟线，完成数字微波时延跟踪环路的闭合。环路稳定跟踪后，积分器输出交变信号幅度与目标视线角相对应，这就是角度跟踪作用，用它去随动红外导引头，在很窄的视场角条件下，保证在导弹接近目标过程中红外导引头始终对准目标。

误差信号的第二路输出至指令形成装置，产生与视线角速度成比例的信号给双模逻辑转换电路，并输出给自动驾驶仪形成操舵指令，控制导弹截击目标。

误差信号的第三路输出至双模逻辑转换电路，实现雷达与红外模式的转换。

误差信号的第四路输出至发控系统，提供导引头截获音响信号，以示可以发射。

由于相位干涉仪具有良好的低空性能，因此采用被动雷达/红外复合导引头的导弹具有很好的低空性能，可以对付超低空掠海飞行的主动寻的反舰导弹。

2. 关键技术

1）雷达/红外传感器复合结构设计[24]

目前已知的多模复合导引头的复合方式主要有分平台、共平台分口径和共平台共孔径 3 种复合结构。其中，共平台共孔径复合方式具有口径利用率高、位标器系统简单、探测精度高、体积小、质量轻和成本低等特点，更适用于弹上空间要求严格的小口径导弹和四代机内埋导弹等，是未来精确复合末制导技术的重要发展方向。

共孔径复合方式主要采用卡塞格林光学系统——抛物面天线复合和卡塞格林光学系统——中心掏孔平板裂缝阵天线复合两种形式，如图 7-3 所示。

对于卡塞格林光学系统——抛物面天线复合，雷达采用前馈的方式，这种结构的特点是：雷达馈源及和差网络安装在次镜前端，给支架增加负担，而且重心偏离稳定平台的回转中心远，转动惯量大，给位标器的结构设计及电气控制增加难度；主反射面在保证光学精度前提下的抛物面形式对于雷达传输来说其效率不是最高的；次反射镜需要透过雷达信号，导致雷达信号幅度和相位误差，降低了雷达天线的性能。在这种复合方式下，既可以通过小型化技术将雷达收发组件和馈源一体化设计放置于次反射镜前端,也可以只将馈源放置于次反射镜前端,而收发组件放置于主反射镜后方。馈源和收发组件通过波导或同轴电缆沿次镜支架和接收机连接。红外系统的次反射镜需具有良好的毫米波透过性能,同时在主镜中心开孔处加入锗透镜,以透过红外信号而阻止雷达信号通过。

对于卡塞格林光学系统和中心掏孔平板裂缝阵天线复合结构,雷达天线采用平板波导裂缝天线形式,位于红外光学系统的后端。该复合方式具有以下特点:雷达天线与光学主镜设计相对独立,光学系统可以完全按照光学成像要求设计主镜面型,红外成像系统能达到最佳设计;雷达平板波导裂缝天线具有效率高、剖面低、质量轻、结构紧凑及性能稳定可靠等优点,容易实现对阵面的加权处理,易获得高增益、低副瓣雷达波束等特性。

对于共口径毫米波/红外复合头罩材料,头罩主体即光学窗口的材料必须具有良好的红外和毫米波透射率。理想的头罩材料应在特定红外谱段范围内具有可忽略不计的吸收、散射和双折射特性,并且具有低的折射率和折射率变化率,在特定的毫米波频段范围内具有较小的传输损耗和方向图畸变。由于材料的毫米波传输特性与材料本身的介电性能密切相关,因此复合头罩材料必须具有低的介电常数和小的损耗角正切。一般毫米波窗口材料对红外信号是不透明的,而红外窗口材料却往往可能透过微波信号,因此毫米波/红外复合头罩材料的选择一般从红外窗口材料中考虑。目前常用于头罩的红外光学材料在$3\sim 5\mu m$波段的有氟化镁、人工蓝宝石、锗酸盐玻璃、氮氧化铝、氧化钇等;适用于$8\sim 12\mu m$长波红外的头罩材料有硫化锌、硒化锌、硫化镧钙、砷化镓、磷化镓等。

天线罩的形状很多,较多使用的是旋转对称曲面的天线罩。常用旋转对称曲面的天线罩形状有球形罩、圆形鼻椎、正切卵形、圆锥抛物面等。由于天线罩的形状对结构气动性能影响较大,所以天线罩形状需综合电性能与结构性能而定。

下面是两种雷达/红外复合系统的设计实例。

(1) 偏振成像激光雷达与短波红外复合光学接收系统设计[25]。偏振成像激光雷达与短波红外复合光学系统,其成像原理如图7-13所示。整套系统由望远镜组、短波红外成像镜组、偏振调制镜组、分光器件及短波红外探测器等组成,其中望远镜组实现光线接收,短波红外成像镜组为变焦镜头、实现目标探测识别,偏振调制镜组通过偏振调制实现目标测距,分光器件实现光束分光。短波红外成像镜组与偏振调制镜组通过共孔径结构方式复合,望远镜组为系统共孔径部分;望远镜与后端的短波红外成像镜组、偏振调制镜组分别构成完整折反光学系统,这样设计使系统具备宽谱段和大口径的特点[26-29]。而共孔径结构存在的视场遮拦问题通过离轴三反结构形式来克服[28]。

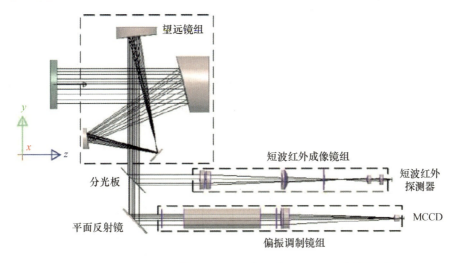

图7-13 偏振成像激光雷达与短波红外复合光学系统的成像原理图

偏振成像激光测距为本系统的核心功能,其调制过程中主要使用的器件为普克尔盒,而现有普克尔盒有效利用入射光线角度最大为1°,这使得偏振成像激光雷达视场角受限[30]。短波红外变焦成像系统通过移动变焦实现长短焦两种模式切换,其中短焦模式具备较大视场,应用于任务目标探测;变焦到长焦模式后具备较高分辨率,在短焦模式发现目标后应用于目标识别;偏振成像激光雷达视场范围与短波红外系统长焦模式保持一致,在目标识别的同时完成目标测量,这样系统就完成目标探测、识别和测量的过程。

(2) 合成孔径雷达成像/红外成像双模复合制导设计[31]。合成孔径雷达成像(SAR)/红外成像双模制导系统是一种新的成像复合制导,具有很大的发展潜力。这种成像复合制导具有全天候、全天时作战能力,以及制导精度高、抗电子干扰能力强、隐蔽性好、能自动识别目标等优点。该系统是一种主动微波成像、红外成像的双模制导系统。SAR能对目标景物如桥梁、机场、基地、建筑、工厂等形成清晰的二维高分辨力图像;红外成像能对坦克、装甲车、基地等成热图像。由于 SAR 和红外成像工作在不同的频率范围，红外成像系统可以作为微波系统的补充和增强。

如图 7-14 所示，SAR/红外成像双模复合制导系统采用分离式结构，即每个系统采用单独的光学/天线系统和探测器，主要包括 SAR 通道和红外通道。SAR 通道一般由天线、SAR、信号处理器等组成，红外通道一般由聚焦天线、馈源探测阵列、信号成像处理电路组成。景像匹配制导系统基本上是一个微计算机控制的软件系统，主要由图像处理装置、数字相关器和微型计算机组成。信号处理包括 SAR 和红外探测器的信息融合、数据优化和实时处理等。双模成像复合制导系统的 SAR 和红外传感器采用彼此独立并行的工作方式，这样不会因某一制导系统的失误或被干扰而影响整个系统的正常工作。

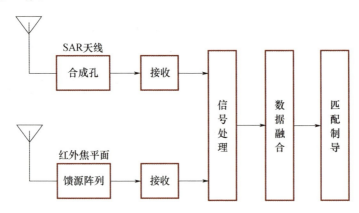

图 7-14 SAR/红外成像双模制导系统简图

2）雷达/红外双模信号融合转换及交班

当目标特性、作战环境和气象条件不同时，雷达与红外成像导引子系统获得的信息品质也大不相同。因此，雷达导引头的观测量和红外成像导引头的观测量进行融合滤波，可提高对目标的跟踪精度，同时能有效对抗只针对雷达或只针对红外的压制性干扰、静默干扰等，并能克服环境对单一导引头性能造成的恶劣影响，充分利用双模导引头的特点，提高双模导引头检测、识别目标和抗光电干扰的能力。

为达到预期目的，双模导引头的信号融合处理是关键。雷达/红外双模寻的制导回路的原理如图 7-15 所示。为实现双模导引头的信号处理，获得稳定的跟踪信号，平稳地在雷达寻的和红外寻的间转换，以提高对目标的识别和跟踪能力，就要针对不同类型的双模导引头应用工程化的信号融合技术，建立一个实用的双模信号融合处理模型，不仅要有理论，更重要的是必须通过试验反复修改完善。

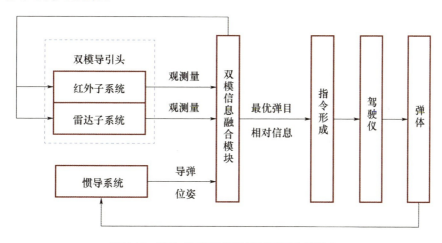

图 7-15　雷达/红外双模寻的制导回路的原理

3）雷达/红外双模复合系统跟踪与制导

在基于雷达/红外双模的目标跟踪领域中，研究的重点通常是复合系统对于目标的识别能力[32-35]，对红外、激光雷达数据进行有效的融合跟踪研究较少。如侯蒙提出将红外数据经过异步数据融合处理与经过卡尔曼滤波处理后的雷达数据同步，共同作为神经网络的输入，神经网络作为同步融合中心，输出为目标的最优融合估计，该方法可以在融合中心不知道协方差信息的情况下进行数据融合[36]；郝静雅将多尺度理论与转换测量卡尔曼滤波引入到异步多传感器数据融合算法中，提出了一种新的融合跟踪算法——基于多尺度理论的红外/激光雷达融合跟踪算法，该算法对于红外/激光雷达采样时间同步和不同步的情况都适用[37]；韩义波等将激光雷达测得的弹目距离信息引入到基于方向显著性的红外目标检测算法中，大大提高了目标检测算法的精度，该方法解决了单源红外目标检测算法对应用场景适应性不强和鲁棒性较差的诸多问题，大大提高了目标的检测率[38]；王兴等采用一致性点漂移（CPD）算法对目标在不同图像中的轮廓特性进行匹配，完成了激光与红外图像的配准，利用红外图像中目标的能量和形状信息、激光图像中的距离信息完成激光与红外图像的决策级融合，利用改进的核相关跟踪算法完成目标的跟踪与抗干扰[39]。

目前的导弹多采用比例制导的方式，这需要导引头输出与目标视线角速率成比例的制导指令，视线角速率是导弹导引规律形成的重要信息源，是决定导弹精确制导的关键因素。双模导引头视线角速率有红外导引头及雷达导引头两个信号源。如雷达导引头、红外导引头是以机电式位标器为稳定平台的传统型导引头，导引头背面正交安装两个完全相同的速率陀螺，就可直接测量天线（或红外探测器）在方位和俯仰方向上的空间角速度。当速率陀螺测得弹体扰动角速度后，陀螺输出电压至放大器和传动机构，驱动天线（或红外探测器）向扰动相反的方向旋转，力求使天线（或红外探测器）在空间的角速度达到最小，实现弹体扰动解耦，并可根据速率陀螺测量信息提取视线角速率。若雷达导引头、红外导引头为新型捷联型导引头，弹体与相控阵天线固联，取消传统导引头的位标器，由波控计算机控制波束指向，其波束扫描转换可认为在瞬间完成，无传统导引头的机械跟踪回路的时间常数限制，但是在进行目标跟踪时得到的角误差却无法直接反映目标的视线角速率。因此，为在弹上应用相控阵雷达导引头，必须解决视线跟踪角速率提取的问题。

7.4.2 可见光/红外双模寻的导引头

1. 概述

可见光与红外探测器是军事图像融合技术中常用的传感器。虽然它们工作于不同波段，但正是这种图像信息的互补性，使得它们融合后的结果可以有效地应用于目标伪装识别[40-41]。表 7-3 给出了 CCD 可见光传感器和红外传感器的优缺点。

表 7-3 CCD 可见光传感器和红外传感器的优缺点

传感器	优点	缺点
CCD 可见光传感器	便宜；分辨率高；视频输出可以是彩色，也可是黑白	夜视效果不好，有障碍物或烟雾时探测率低
红外传感器	与光线无关，可工作在白天或夜晚；适应长距离和短距离探测；能穿透烟雾	在大雨或大雾时，性能下降；价格昂贵；仅能识别出人造目标，不能认出目标的类别；视频输出是单色的，对彩色不敏感

采用可见光与红外成像复合寻的技术的主要优点有：①分辨率高，有利于识别目标和提高制导精度；②对目标实行被动探测跟踪，不易被敌方发现，在战争环境条件下，系统生存能力强；③双色复合能够更有效地对抗目标的隐身技术，因为在同一目标上同时实现对可见光和红外成像隐身几乎是不可能的；④两种光电传感器得到目标的可见光和红外图像各具特征，能够更有效地识别目标；⑤体积小、质量轻、成本低，可具有"发射后不管"的能力；⑥可全天时作战，全方位攻击目标。同时，该复合寻的技术还有如下缺点：①难以获得目标距离信息；②在恶劣的气象条件下作战距离受到局限，仅适用于近程导弹制导和中远程导弹的末端制导。

2. 关键技术

可见光与红外成像的多光谱成像器除了在精确制导武器上应用，在军事侦察、安全监控、遥感等领域还有广泛应用，其关键技术不仅包括 7.1.2 节所提到的技术，还包括光学系统设计和探测器选择。

1) 光学系统设计

光学系统的作用是收集场景能量并聚焦到探测器上。驱动光学设计的光学性能需求包括孔径尺寸、焦距长度、焦平面尺寸、波长范围、波段规划等。

合并光学通道主要需解决以下几个问题：①合理分配光谱区段，以避免光干扰和保证足够的探测灵敏度；②在共用光路中需使用宽光谱的光学材料；③分光（或分色）膜通常是立方棱镜或分光镜，因此提高膜层各谱段的传递效率是技术难点；④在设计中往往采用在原有光路中加入光学组件而形成共光路，其技术难点是光轴的一致性和转换的快速性。

2) 探测器技术

探测器的选择是和光学系统紧密联系在一起的。共有 3 种选择思路：①在具有宽响应波段的探测器前放置带有两种波段分离滤光片的转动圆盘，并进行相应的同步电子学处理（这种方法不能在任一波段上进行连续观察，同时光机结构和电子学设备较复杂）；②在具有不同响应波段的探测器之间采用光束分离片把入射光分开（这种方法虽然能同时连续对两个波段的辐射进行测量，但每个探测器接收到的能量有较大损失，因而降低了系统的灵敏度，同时各光学部件之间的配置精度要求也很高）；③将两个或多个响应于不同波段的探测器制备成叠层结构，例如同心叠层结构的双色探测器，上面的一个探测器吸收一个波段的红外辐射同时透过下面一个探测器所敏感的红外辐射（这种双色探测器能同时记录双波段光谱信息而不必使用光束分离或光束色散系统,因而光学系统得到简化)。

Ⅲ-Ⅴ族化合物锑化铟(InSb)晶体既是红外探测器材料,又是红外光学材料,在 $3\sim5\mu m$ 波段是性能优良的红外探测器,在 $8\sim14\mu m$ 波段有较好的透射特性,可用作窗口和透镜材料。碲镉汞材料(HgCdTe)具有电子有效质量小、本征载流子浓度低的特点,因此由它制成的光伏探测器具有反向饱和电流小、噪声低、探测率高、响应时间短、响应频带宽等优点,在 $8\sim14\mu m$ 波段具有优良的探测性能。为此可以将上述材料的探测器叠合在一起制成双色探测器,上层的锑化铟用来探测 $3\sim5\mu m$ 波段,下层的碲镉汞器件用来探测 $8\sim14\mu m$ 波段的频谱。

目前的 CCD 和 CMOS 图像传感器已从可见光和近红外波段器件发展到了短波、中波和长波红外焦平面阵列。兆像素级、多色制冷探测器、高性能非制冷探测器及低成本微型非制冷探测器是重要的发展方向。

3)可见光与红外成像融合技术

探测器技术的进步能够提升复合寻的制导性能,图像融合技术具有同等重要的地位。可见光与红外成像融合技术主要包括加权平均灰度融合技术和取大值灰度融合技术两类。如图 7-16 和图 7-17 所示为加权平均图像与取大值灰度图像融合过程。

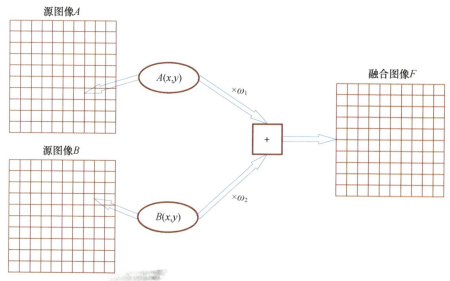

图 7-16 加权平均图像融合过程

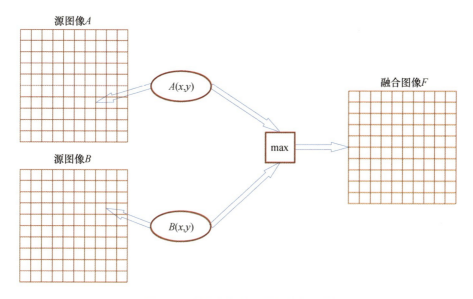

图 7-17 取最大值灰度图像融合过程

假定源图像 A 和源图像 B 分别为融合的红外图像和可见光图像，图像的尺寸为 $M \times N$，得到的融合图像为 F，则可将对红外图像和可见光图像的像素灰度值加权平均融合过程表示为

$$F(m, n) = \omega_1 A(x, y) + \omega_2 B(x, y) \tag{7-13}$$

式中：x 为红外图像和可见光图像中的像素行号，$x=1, 2, \cdots, M$；y 为红外图像和可见光图像中的像素行号，$y=1, 2, \cdots, N$；ω_1 和 ω_2 为加权系数，$\omega_1 + \omega_2 = 1$。加权系数的确定也可以通过源图像 A 和源图像 B 的相关系数来确定。

相关系数的定义为

$$\mathrm{cor} = \frac{\sum_{x=1}^{M}\sum_{y=1}^{N}[A(x,y)-\bar{A}][B(x,y)-\bar{B}]}{\sqrt{\sum_{x=1}^{M}\sum_{y=1}^{N}[A(x,y)-\bar{A}]^2 \sum_{x=1}^{M}\sum_{y=1}^{N}[B(x,y)-\bar{B}]^2}} \tag{7-14}$$

式中：cor 为红外图像和可见光图像的相关系数；$\bar{A}$ 为红外图像的平均灰度值；$\bar{B}$ 为可见光图像的平均灰度值。权值 ω_1 和 ω_2 可由下式决定：

$$\omega_1 = \frac{1}{2}(1-|\mathrm{cor}|), \quad \omega_2 = 1-\omega_1 \tag{7-15}$$

取大值法灰度图像融合也是目前常见的融合方法之一。该方法可以快速实现图像融合，具有实时性的特点。同理，假设用于融合的红外图像和可见

光图像分别为 A 和 B，图像的尺寸为 $M\times N$，融合后得到的图像为 F，则可将对红外图像和可见光图像的像素灰度取大值融合过程表示为

$$F(x, y) = \max \{A(x, y), B(x, y)\} \tag{7-16}$$

式中：$A(x, y)$ 为红外图像 A 中的像素点；$B(x, y)$ 为可见光图像 B 中对应的像素点；$F(x, y)$ 为融合后的像素点。在融合处理时，比较 $A(x, y)$ 和 $B(x, y)$ 的灰度值大小，并且以其中灰度值较大的像素作为融合后的 $F(x, y)$。这种方法只是简单地通过判断两个相应像素之间灰度值的大小来进行融合，所以其使用场合比较有限。

7.4.3 激光/红外双模寻的导引头

1. 概述

将红外被动探测和激光主动探测相结合，两种单模探测技术能够有效弥补对方在应用时固有的缺点，形成优势互补[42-45]。红外与激光复合结构能够大幅提高对目标的探测精度，弥补红外预警无法提供目标三维坐标的缺陷，综合距离、多普勒频移、光散射系数等信息，提升监视系统识别能力，降低探测虚警率。

在20世纪90年代，美国陆军联合公司共同研制的改进型"铜斑蛇"制导炮弹就是在激光制导武器平台基础上，为提升其远距离精确打击能力增设红外探测技术，从而实现了激光/红外复合制导技术第一次应用[46]。在2001年，美国 Lockheed Marrin 公司以 AGM-114 海尔法导弹为原型，研制了一款激光/红外双模成像复合制导导引头，使得导弹的打击精度有了大幅度提高。

围绕弹道导弹拦截技术需求，美国、欧洲还开展了一些应用于动能拦截器上的激光/红外复合导引头研制工作[47]。美国 Fibertek 公司牵头研发的 AARI Ladar，采用共口径光学系统，高分辨率激光小视场可受控游走于红外视场当中，红外分系统采用大面阵中波焦平面探测器，激光分系统 10×10 元阵列像增强器件。BAE System 公司的双模导引头中激光与红外共口径设计，双系统具有相同大小的探测视场，利用架束镜实现激光发射系统在指向角度范围内的往复运动。

2004年，德国 Diehl BGT 防御（DBD公司）研制了一种用于弹道导弹拦截的人眼安全成像激光/红外导引头，具有目标识别分类和自主制导的功能。该导引头由红外和激光雷达两种成像传感器组成，DBD 导引头光路和组成结构如图 7-18 所示。红外部分负责大视场范围的目标搜索，当发现目标后，指

引激光指向目标。激光雷达向目标物体发射高功率的脉冲激光，同时采集回波信号，所采用的探测器为阵列形式的微光探测器，可获取目标角度-角度-距离三维信息。

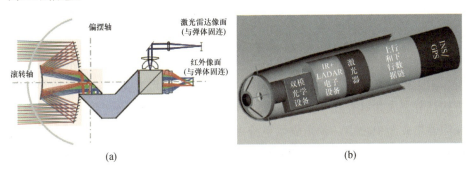

图 7-18　DBD 导引头光路和组成结构

(a) DBD 导引头光路；(b) 组成结构示意图。

美国 LOS-LS 项目中的精确攻击导弹（PAM）采用 INS/GPS+红外成像/半主动激光复合制导的制导方式，其他各国的研究机构也将红外与激光复合探测列为重点研究课题。在对空间和飞行目标的探测中，多模复合的执行机构在对目标的捕捉获取过程中起着至关重要的作用。而红外与激光复合系统中，关键是保证复合平台的指向精确，可以采取以下几种措施：

（1）提高红外成像单元对目标的空间识别精度，其主要方法有减少像元尺寸、提高光学分辨率、改善探测器非均匀性、增大探测器焦平面像元数等。另外可以提高红外动态识别精度的方法有减少探测器滞后、提高成像帧频、压缩积分时间、提高信号处理能力、提高目标识别速度等。

（2）提高复合平台指向精度和快速反应能力。快速偏转镜（fast steering mirrors，FSM）技术是利用两个独立的运动执行机构组合为二维定位平台，在平台面上安装可见光全反射镜，通过镜面的微动导引激光的精确指向。快速指向镜具有指向精度高、响应速度快、结构小巧等优点，在小范围高精度的定位场合具有广泛应用。现阶段常用的快速指向镜主要由压电陶瓷或音圈电机驱动。

（3）窄线宽、高功率激光源技术是远距离相干探测的技术前提。对于小目标探测而言，发射功率需求与探测距离的四次方成正比，功率随距离增长很快。为了同步获取多普勒信息，相干探测成为必要手段，因此需要光源具有很好的时间相干性。

(4) 距离-多普勒信息提取技术，这是激光探测系统最终的目的所在，没有这一条，系统就失去了预定的应用价值。距离-多普勒耦合问题是雷达研究永恒的主题，距离-多普勒模糊是衡量信号质量的主要标准。系统应用中需要兼顾距离-多普勒信息的分辨率要求，改善信噪比，对目标进行有效的速度和距离探测。

国内中科院长春光学精密机械与物理研究所、中科院上海技术物理研究所、国防科大光电科学学院、哈尔滨工业大学、西北工业大学等高校和研究机构都有完成共口径红外激光双模成像导引头样机的设计研制[48]。但受限于探测器集成面积较小，激光成像系统多设计为较小视场角，重点用于获取被探测物体的精确距离信息。国内尚无激光/红外复合制导技术在武器装备上的工程化应用报道。

共用探测器方面，国外的一些研究机构对能够响应激光/红外双色波段的碲镉汞 APD 探测器进行了性能研究，但无论是国内还是国外，对共用探测器探测成像系统均研究较少[48]。法国实验室 CEA-Leti 发明了可用于被动或主动二维、三维成像的双模式红外阵列探测器，通过碲镉汞 APD 在三维模式下实现了很高的成像灵敏度并具有良好的线性。在其构建的覆盖 45m 景深的真实场景测试过程中，完成了二维强度图和三维距离图信息的同时采集。英国 SELEX 实验室采用碲镉汞雪崩光电二极管阵列和定制的 CMOS 读出回路模块完成了激光/红外复合探测主被动探测器，并在实验室环境中实现电开关控制该探测器在红外探测模式和激光主动探测模式间的切换。美国 DRS 实验室应用中波碲镉汞 e-APD 实现激光红外主被动复合探测成像，同时通过设计专门的读出回路获得了图像距离信息[49]。

从基础技术来看，我国红外技术与国外先进水平主要落后在双色、大面阵探测器等方面。但在激光主动成像领域差距更大，美欧等已经拥有了高灵敏激光面阵探测系统以及激光红外共用探测器，而我国激光主动成像还处于技术探索阶段，尚没有实用化的大面阵 APD 探测器，所研制系统多处在样机研制阶段，性能上与国外还有一定差距[48]。

2. 快速偏转镜技术

对于确定类型的激光，激光的能量取决于激光光束的直径。激光光束越大，能量就越大，其探测的范围也就越广。激光光束最终需要反射镜进行调整。传统的光电跟踪稳定平台装置多采用多轴 U 形架结构，每个轴由轴承支撑，由于轴承间的间隙以及摩擦等非线性因素的影响，该类系统的光束操作精度只能达到亚毫弧度的分辨率和几十赫兹的带宽,已经很难满足当前对光束精密操作的要求。因此,德国、美国等一些西方国家摒弃了传统的基于齿轮传动的结构设计方式,将分布柔度全柔性机构设计概念与音圈电机(voice coil actuator,VCA)或压电陶瓷(piezoelectric ceramics,PZT)驱动技术相结合,成功研制出了快速指向镜系统。这种快速偏转镜具有零间隙、零摩擦的固有特征,能够达到微弧度量级的转角分辨率。

目前的快速偏转镜就结构而言主要分为两类:一类是有轴系结构,也称为 X-Y 轴框架形式;另一类是无轴系结构,也称为柔性轴形式。两种结构最大的差别在于有无轴系,无轴系结构相对于有轴系结构而言,使用了柔性结构代替了轴系,结构简单,消除了轴系摩擦力矩,简化了加工安装工艺。目前世界上多个研究单位和公司都对快速偏转镜的研制倾注了大量精力,其中最有代表性的是德国的 PI 公司,其研制的压电驱动快速偏转镜获得了广泛的应用。PI 公司的快速偏转镜如图 7-19 所示。

图 7-19　PI 公司的快速偏转镜

要满足红外与激光复合系统中双面、大转角范围的应用需求,现有的产品不一定完全适用。因此,需要从通光口径、转角范围、角分辨率和工作带宽等 4 个方面考虑设计合适的快速偏转镜。

7.5　多模寻的制导技术的发展

7.5.1　多模寻的制导技术发展现状

根据参与寻的制导的传感器的频段(波段)或体制的差异,目前使用较多的多模制导技术主要包括光学多模制导、射频多模制导及射频/光学多模制导 3

种类型[50-51]，如图 7-20 所示。由于探测、跟踪目标的传感器的组合方式有很多种，这 3 种类型的多模制导又可进一步划分成许多子类。经过多年的发展，这三种多模制导方式的多种子类技术已比较成熟，并获得成功应用，其中光学多模制导及射频/光学多模制导的典型应用情况分别如表 7-4 和表 7-5 所列。

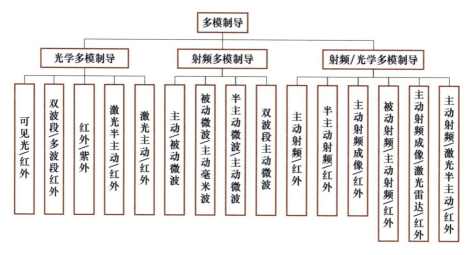

图 7-20 主要应用和发展的多模制导技术

表 7-4 光学多模制导的典型应用情况

导弹型号	作战使命	采用的光学多模制导技术
美国的 Stinger POST	便携式防空导弹	红外/紫外
美国标准—3 Block1B/Ⅱ	海基中段弹道导弹防御	双波段长波红外成像
挪威 NSM 导弹，美国、挪威联合 JSM 导弹	反舰导弹，空地/空舰导弹	中波/长波双波段红外成像
以色列 Python5 空空导弹	战斗机近距格斗	短波/中波双波段红外成像
南非/巴西空空导弹 A-DARTER	战斗机近距格斗	短波/中波双波段红外成像
法国 MICA 空空导弹	战斗机近距格斗/中距拦截	短波/中波双波段红外成像
美国地基拦截弹 GBI	地基中段弹道导弹防御 大气层外动能拦截	可见光/双波段长波红外成像
以色列箭-3	地基中段弹道导弹防御	可见光/长波红外成像
美国非视线导弹系统（NLOS）/精确攻击导弹（PAM）	车载/机载反装甲	激光半主动/非制冷红外成像

表 7-5　射频/光学多模制导的典型应用情况

导弹型号	作战使命	采用的光学多模制导技术
以色列箭-2 拦截弹	地基中/末段弹道导弹防御	主动微波/红外成像
美国远程反舰导弹 LRASM	机载、舰载反水面舰艇	被动微波雷达/主动雷达/红外成像
瑞典 RBS15 MK3 反舰导弹	机载、舰载反水面舰艇	主动微波雷达/红外成像
美国的 RAM Block Ⅰ/Ⅱ	舰载末端防御	被动微波雷达/红外成像
美国战斧巡航导弹 Block Ⅳ（战术战斧）	远程打击海面舰艇等运动目标	被动微波雷达/红外成像
德国 ARMIGER	空面反辐射导弹	被动微波雷达/红外成像
挪威、澳大利亚改进型联合攻击导弹	空舰精确打击	被动微波雷达/双波段红外成像
英国 Brimstone 空地导弹	打击地面目标，反装甲	主动毫米波/激光半主动
美国 JAGM/SDB Ⅱ	打击地面目标，反装甲	主动毫米波/激光半主动/红外成像

7.5.2　复合制导技术的发展趋势

由于高新技术的大量涌现及其在精确制导技术中的广泛应用，如成像制导技术、GPS 技术等的广泛采用，将不断提高精确制导武器的信息化含量和智能化水平，从而带动多模复合制导技术向以下几个方向发展[51-53]。

1. 拓展制导技术的新领域和新的多模复合制导方式

随着高新技术领域的拓展和进步，新的制导技术将不断涌现，如发达国家已经开始光学制导技术新频段、红外多光谱、超长波红外、亚毫米波等方面的研究，并取得了一定进展。这些技术将在多模复合制导技术中得到新的突破和应用。

2. 发展低成本的多模复合制导技术，适应低成本需求

随着精确制导技术的普遍应用，除了精确制导导引头的性能之外，其成本问题越来越受到关注。近年来，组合成熟的微波半主动或激光半主动制导和红外成像制导、主动雷达制导的低成本多模制导技术备受关注。同时，与适合弹载应用的小型化、高精度的自主导航技术相结合，增大多模复合寻的制导的作用距离。新型导航技术包括微小型及芯片级量子导航技术、视觉/惯性组合导航技术、弹载星光/惯性组合导航技术、地磁辅助惯性导航技术等。

3. 发展分布式复合制导技术，适应分布式、网络化作战方式

随着现代战争形态的根本性变化，武器系统向网络化、协同化、智能化的方向发展已成为必然，适应分布式、网络化作战方式的分布式复合制导技术正成为精确制导技术重要的发展方向。目前，精确制导系统正在从基于弹载设备的弹上集中式目标探测与信息获取模式向分布式信息获取、基于体系的探测模式、多频段多体制的系统构成方向发展。分布式复合制导技术涉及时空配准、异源异构信息融合等关键技术。

4. 发展多模成像制导技术，适应复杂战场环境

成像制导技术可以直接获取目标外形或基本结构等丰富的目标信息，能抑制背景干扰、可靠识别目标，并在不断接近目标过程中区分目标要害部位，具有较高的分辨率。其中，红外成像技术，尤其是凝视红外焦平面阵列技术，是成像制导技术的发展重点和方向。例如，采用单片多波段红外焦平面阵列同时在多个谱段探测目标，可以省去常规的多光谱成像所需要的复杂的分光组件，实现较小、较轻、较简单的多光谱成像系统。同时，避免了采用多个分立的焦平面探测器带来的空间配准和时间配准问题，符合弹载应用的需求。目前，正在单片双波段红外焦平面阵列的基础上发展采用叠层结构的三波段红外焦平面阵列。据报道，美国 DRS 公司已经实现了三波段的红外探测器结构。

激光主动成像制导技术具有主动测距和光学探测两者的优点，因而具有三维成像能力，获得的信息量大为提高，并可全天候、全航程制导。激光主动成像制导也将成为成像制导的发展方向，是发达国家重点技术的发展方向之一。虽然成像技术难度较大，但它的发展可使红外或激光技术越来越先进，应用于制导技术中将具有更高的分辨率和灵敏度，与其他模式复合制导将使武器具有更高的打击精度，是多模复合制导技术研究的重点之一。

参考文献

[1] 刘篪，张宁，吴馨远. 多模复合导引头发展现状及趋势 [J]. 飞航导弹，2019 (10)：90-96.

[2] 雷虎民，李炯，胡小江，等. 导弹制导与控制 [M]. 2 版. 北京：国防工业出版社，2018.

[3] 王晓波. 末敏弹复合探测技术的研究 [D]. 沈阳：沈阳理工大学，2012.

[4] 吴丰阳，沈志，胡奇. 复杂场景下多模复合制导关键技术研究 [J]. 航空兵器，2018

(1): 3-7.

[5] 芦丽明. 蝇复眼在导弹上的应用研究 [D]. 西安: 西北工业大学, 2002.

[6] 中国航天科工集团第三研究院三一〇所. 精确制导武器领域科技发展报告 [M]. 北京: 国防工业出版社, 2018.

[7] 刘隆和. 多模复合寻的制导技术 [M]. 北京: 国防工业出版社, 1998.

[8] 刘隆和, 郭志恒. 多模复合寻的制导的控制逻辑电路设计 [J]. 飞航导弹, 1997 (2): 41-44.

[9] 刘隆和, 鲍虎, 叶喜勇. 双模复合寻的制导技术中的数据融合研究 [J]. 飞航导弹, 2002 (2): 48-52.

[10] 何友. 多传感器信息融合及应用 [M]. 北京: 电子工业出版社, 2007.

[11] 邢孟秋. 多模复合制导信息融合抗干扰算法设计与实现 [D]. 西安: 西安电子科技大学, 2017.

[12] 刘伟. 多模复合制导特征级信息融合算法设计与实现 [D]. 西安: 西安电子科技大学, 2017.

[13] 陈玉坤. 多模复合制导信息融合理论与技术研究 [D]. 哈尔滨: 哈尔滨工程大学, 2007.

[14] 苏军平. 多传感器信息融合关键技术研究 [D]. 西安: 西安电子科技大学, 2018.

[15] 李婵. 多模复合导引头协同抗干扰技术 [D]. 西安: 西安电子科技大学, 2018.

[16] 李时光. 多模复合导引头信息融合测试系统设计与开发 [D]. 西安: 西安电子科技大学, 2018.

[17] 黄燕, 王青. 雷达/红外双模制导下的数据融合与可视化仿真 [J]. 战术导弹技术, 2003 (03): 57-61.

[18] 刘苏杰. 多模复合导引头信息融合关键技术初探 [J]. 制导与引信, 2004 (3): 8-13.

[19] 江源源. 多模复合制导信息融合技术研究 [D]. 哈尔滨: 哈尔滨工程大学, 2007.

[20] 李相平, 段鲁生, 吴魏, 等. 主被动双模复合导引头决策融合方法研究 [J]. 战术导弹技术, 2008 (1): 63-65, 82.

[21] 刘珂, 李丽娟, 郭玲红. 雷达/红外双模导引头技术在空空导弹上的应用展望 [J]. 航空兵器, 2018 (1): 15-19.

[22] 徐胜利, 杨革文, 吴大祥. 雷达/红外双模复合制导在防空反导中的应用研究 [J]. 上海航天, 2014, 31 (6): 46-51.

[23] 胡福昌. 初探雷达/红外双模复合导引头的设计思想 [J]. 制导与引信, 1989 (4): 56-66.

[24] 磨国瑞, 张江华, 李超, 等. 毫米波雷达/红外成像复合制导技术研究 [J]. 火控雷达技术, 2018, 47 (1): 1-5.

[25] 冯帅, 常军, 胡瑶瑶, 等. 偏振成像激光雷达与短波红外复合光学接收系统设计与分析 [J]. 物理学报, 2020, 69 (24): 143-152.

[26] 姜凯. 离轴折反射式中波红外连续变焦光学系统研究 [D]. 西安: 中国科学院研究生院 (西安光学精密机械研究所), 2013.

[27] 李荣刚, 张兴德, 孙昌锋, 等. 离轴反射式光学系统的研究进展与技术探讨 [J]. 激光与红外, 2013, 43 (2): 128-131.

[28] 贾冰, 曹国华, 吕琼莹, 等. 多谱段共孔径跟踪/引导系统光学设计 [J]. 红外与激光工程, 2017, 46 (2): 158-164.

[29] 丛海佳. 大视场高分辨率红外/激光复合光学系统设计 [D]. 哈尔滨: 哈尔滨工业大学, 2013.

[30] 陈臻. 基于偏振调制的激光三维成像方法研究 [D]. 成都: 中国科学院大学 (中国科学院光电技术研究所), 2017.

[31] 黄世奇, 郑健, 刘代志, 等. SAR/红外双模成像复合制导系统研究与设计 [J]. 飞航导弹, 2004 (6): 38-43.

[32] 杨杰, 汪朝群, 陆正刚. 用于目标识别跟踪的雷达/红外成像双模传感器数据融合技术 [J]. 航天控制, 1998 (4): 18-26.

[33] 陆正刚, 杨杰, 林旭峰. 结合雷达目标特征的红外成像目标识别 [J]. 红外与激光工程, 1999 (6): 17-20.

[34] 李琦, 董国峰, 王骐. 用于激光成像雷达和被动红外成像复合的目标分类仿真 [J]. 中国激光, 2007 (10): 1347-1352.

[35] 仝选悦, 吴冉, 杨新锋, 等. 红外与激光融合目标识别方法 [J]. 红外与激光工程, 2018, 47 (5): 167-174.

[36] 侯蒙. 雷达/红外双模制导神经网络数据融合 [J]. 弹箭与制导学报, 2006 (S4): 859-861.

[37] 郝静雅. 红外/激光雷达数据融合跟踪算法研究 [D]. 西安: 西安电子科技大学, 2015.

[38] 韩义波, 杨新锋, 滕书华, 等. 激光与红外融合目标检测 [J]. 红外与激光工程, 2018, 47 (08): 204-210.

[39] 王兴, 邵艳明, 杨波, 等. 基于激光雷达与红外数据融合的跟踪算法 [J]. 红外技术, 2019, 41 (10): 947-955.

[40] 刘松涛, 周晓东. 可见光电视/红外成像复合寻的制导技术 [J]. 应用光学, 2006 (6): 467-475.

[41] 唐善军. 多模复合制导用可见光成像与红外成像融合技术研究 [J]. 红外, 2012, 33 (2): 22-27, 32.

[42] 宋盛. 红外与激光双模复合探测关键技术研究 [D]. 上海: 中国科学院大学 (上海

技术物理研究所），2017.

[43] 颜洪雷. 红外与激光复合探测关键技术研究［D］. 上海：中国科学院研究生院（上海技术物理研究所），2014.

[44] 李时光，李婵，刘峥. 雷达/红外/激光复合制导信息融合技术［J］. 航空兵器，2018（1）：33-38.

[45] 陈国强. 红外/激光/毫米波共孔径光学系统设计［J］. 电光与控制，2020，27（4）：98-102.

[46] 吴涛，白云塔. 激光/红外复合制导技术研究综述［J］. 红外，2008（9）：6-8.

[47] 马亚非. 红外及激光主动复合图像处理技术研究［D］. 上海：上海交通大学，2012.

[48] 李宇鹏. 激光/红外复合制导技术发展综述［J］. 电子质量，2020（2）：39-41.

[49] 陈宁. 激光红外共用探测器复合成像系统性能的研究［D］. 哈尔滨：哈尔滨工业大学，2014.

[50] 徐春夷. 国外导引头技术现状及发展趋势［J］. 制导与引信，2012，33（2）：11-15.

[51] 左卫，周波华，李文柱. 多模及复合精确制导技术的研究进展与发展分析［J］. 空天防御，2019，2（3）：44-52.

[52] 高晓冬，王枫，范晋祥. 精确制导系统面临的挑战与对策［J］. 战术导弹技术，2017（6）：62-69，75.

[53] 周蓓蓓，刘珏. 智能化技术在精确打击体系中的应用［J］. 空天防御，2019，2（3）：77-83.

第8章 光电制导抗干扰技术

抗干扰能力是导弹武器系统的重要性能指标之一,是其作战能力和生存能力的基本保证。导弹抗干扰能力又称为"抗干扰性",是指抵抗敌方各种电磁频谱及其他干扰,保障导弹系统本身正常工作(包括发现、跟踪目标,制导导弹等)的能力[1]。在实战中,攻防双方为了最大限度地保证自身武器的作战效能并降低对方武器的效能,会采用各种对抗措施,让导弹武器的攻击链条失效,因此有必要研究光电制导抗干扰技术。本章在总结梳理光电干扰源与机理的基础上,重点分析激光制导导弹、红外制导导弹、电视制导导弹抗干扰相关技术。

8.1 光电干扰的分类及机理

在未来战争中,交战双方将加强对电子设备的侦察监视,并对指挥、通信、雷达等系统实施软硬打击,侦察与反侦察、干扰与反干扰、压制与反压制、摧毁与反摧毁的斗争将十分激烈[2],各种电子信息系统将工作在激烈对抗的电磁环境中,战场环境呈现出"复杂电磁环境"这一基本态势[3-4]。随着干扰技术的丰富和发展,导弹武器系统所面临的作战环境日趋复杂。根据干扰方式和干扰手段,光电干扰的常见分类[5]如表 8-1 所列。

表 8-1 光电干扰的常见分类

光电干扰	有源干扰	压制干扰	致盲式干扰（如干扰光电器件）	
			摧毁式干扰（如高能激光武器）	
		欺骗性干扰	回答式干扰	
			诱饵式干扰	激光诱饵
				红外诱饵弹
			红外诱饵	红外干扰机
			大气散射干扰	
	无源干扰	烟雾、云层		
		涂料		
		伪装		
		箔条		
		隐身设计		
		其他		

8.1.1 光电干扰源的类型

1. 遮蔽型干扰源

遮蔽型干扰是遮蔽或衰减目标（弹标光源）到地面或导引头光电探测器的辐射能量，减小有用信号的强度，降低信噪比，减少测角仪或导弹导引头光电探测系统的作用距离，严重时可截断瞄准、测角、指令传输及目标图像传输通道，导致导弹飞行失败。例如，降雨、降雪、有雾、烟幕、尘土等都是典型的遮蔽型干扰源。

2. 背景型干扰源

背景型干扰以强的背景噪声形式干扰光电探测和指令传输系统，增大噪声，降低信噪比。例如，太阳光、雪地、水（冰）面、沙漠、云团等都是典型的背景型干扰源。

3. 欺骗和压制型干扰源

欺骗型干扰以模拟目标（弹标）辐射或反射能量形式诱惑导弹偏离原来跟踪的目标，以假乱真，使跟踪系统转向跟踪假的目标；压制型干扰以强辐射能量损坏或短时间致盲光电探测器或观察人员的眼睛，使其失去目标探测和观察能力。

以激光欺骗干扰为例,若达成效果需要满足以下条件[6-8]:①具备工作波长处于被干扰对象工作波段内的激光器;②对激光辐射源能够做有效的时域调制(干扰波形)或等价的时域调制(如在空域将激光束以一定的规律偏转。对于空间特定的方向,等价于激光源进行了时域调制);③能探测和识别被干扰对象的类型,以确定干扰方式;④能侦察被干扰对象的方向,并将激光器的辐射能量投向目标。

8.1.2 干扰机理分析

1. 遮蔽型干扰机理

雨、雪、雾是常见的遮蔽干扰源,降雨、降雪、降雾在大气中形成的悬浮微粒液滴,对可见光、红外辐射具有吸收与散射作用,从而使目标和弹上光源辐射(或反射)的能量衰减,透过率降低[5]。烟幕是战场人为干扰中最常见的干扰形式,也是对导弹系统影响最大的干扰源,它是一种人工烟雾气溶胶,其悬浮微粒对电磁辐射的吸收和消光作用能使可见光和红外辐射在传输方向上发生衰减,透过率下降。例如,4发76mm赤磷烟幕弹在实战条件下产生的烟幕可以完全隔断$0.63\mu m$的氦氖激光束,也可使$1.06\mu m$激光透过率降到10%以下,即使$10.6\mu m$ CO_2激光也只能透过55%~60%。这样强的消光作用可以有效地遮蔽瞄准通道、测角通道、激光指令传输通道和目标探测通道。

2. 背景型干扰机理

太阳、水面和雪地等自然背景的辐射或反射的电磁波波段往往覆盖制导系统的工作波段,辐射能力强,作用时间长,是重要干扰源。太阳光在$0.8\mu m$单色辐射能量约为$739W/m^2$,是电视测角装置CCD探测器最低照度的数10万倍,比来自5km处弹上辐射器的辐照度大8个数量级。不论它是直接射入,还是通过水面、雪地反射进入光电探测器,都是不可忽视的干扰源。

3. 欺骗型干扰机理

战场炮口火焰、炮弹爆炸、探照灯、易燃物燃烧的火光等干扰源,以其光、烟、尘的单一形式或混合形式作用于观瞄、测角、指令传输和目标探测通道。其烟尘遮蔽衰减通道内传输的辐射能量,灯光、火光则构成电视测角仪和接收机的假辐射源。资料表明,美军M2式155mm加农炮发射时产生的炮口火焰,波长从可见光到中红外,在$0.8\sim1.1\mu m$波段内,辐射出射度可达

0.1W/cm² 以上，是 5km 处弹标光源对测角仪辐照度的数百万倍。例如，强光弹（一种高辐射强度燃烧弹）在有效燃烧时间（3~5s）内，其辐射强度可达百万瓦/弧度以上，辐射光谱能覆盖中长波段，是一种适应性很强的高性价比的非相干光干扰源[9]。某型导弹系统的战场环境干扰（炮口火焰、爆炸物、火堆、探照灯等）试验说明，它们对制导系统的角偏差信号和控制指令信号均产生了明显的干扰作用。

欺骗和压制型干扰的作用，可近似于持续或瞬间在背景上增加了一个强的不均匀辐射源，其作用可用信噪比说明，干扰也降低了作用距离。

8.2 激光制导抗干扰技术

激光制导抗干扰与激光干扰是相对应的。为了增强抗干扰能力，激光导引头可采用如下措施[10-11]。

（1）采用激光编码技术。设置编码，有效地防止敌方的激光干扰。

（2）采用频域滤波技术。在光学系统中设置窄带滤光片，以控制非工作波长的激光，使其不能进入激光制导导引头光学系统。

（3）采用电子波门对非编码激光信号进行时域滤波。激光制导导引头的电子波门对非编码信号的光电信号在信号处理电路中进行有效滤波，可加强激光制导导引头的抗干扰能力。只要干扰激光脉冲不是超前同步于制导脉冲，干扰的效果就可以忽略。

8.2.1 抗激光有源干扰

有源干扰是一种主动干扰的方式，其原理是利用己方的激光器欺骗或破坏敌方的激光制导系统，使导弹难以有效命中目标。目前激光制导武器的抗有源干扰技术措施主要有两种：一是将目标指示信号做成具有一定规律的编码信号，跟踪系统设置相应的解码电路解码；二是在跟踪系统上设置脉冲录取波门。通常这两种措施同时被采用[10-11]。目标指示信号采用编码方式，可以在激光跟踪系统瞬时视场内出现多批制导信号和干扰信号的情况下能准确分辨己方的制导信号；而在跟踪系统上设置脉冲录取波门，则是为了使跟踪系统只有在己方的制导信号到达的时刻才开放波门，而在波门关闭期间不接收任何信号。

在半主动激光制导武器中，采用的抗干扰措施还包括抗干扰电路、光谱滤波、缩短激光目标指示时间等技术[12]。具体分析如下。

(1) 激光编解码技术[13]。它是指采用编码技术将激光制导脉冲信号进行统一编码，本质上是激光脉冲的一种时间变化规律。在攻击不同目标时，半主动激光制导武器可以采用不同的激光编码，然后利用解码技术对探测到的激光脉冲信号解码，解码成功即可确定所预定的攻击目标。受激光器本身的限制，当前激光目标指示器的脉冲重复频率一般为 10~20Hz，再考虑到一次制导时间一般只有 20~30s，而制导信号的频率又较低（10~40 脉冲/s）。常用的脉冲编码方式有脉冲间隔编码、有限位随机周期脉冲序列编码（变间隔码）、脉冲调制码、等差序列码、伪随机码、脉冲宽度编码及根据伪随机码产生时线性反馈移位寄存器（linear feedback shift register，LFSR）的状态生成的码制，简称 LFSR 状态码。

图 8-1 所示为脉冲间隔编码框图。图中 BIT_1~BIT_n 非"0"即"1"，但不可能全为"0"，因为这样就没有信号存在。这种码的生成机理是先在固定位数的循环移位寄存器内设置好码型，然后在固定的时钟驱动下循环移位。这种码型简单、易实现、易识别，又称为固定重频、固定位数码型。

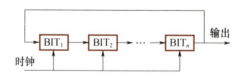

图 8-1　脉冲间隔编码框图

脉冲间隔编码的模型为

$$Y_{m+l} = \varepsilon_m (\sum_{i=1}^{m} t_i + v_m)(1 - \alpha_l) + \alpha_l t_l \tag{8-1}$$

其中：Y_{m+l} 为脉冲时刻序列；$\varepsilon_m = \begin{cases} 1 \\ 0 \end{cases}$ 为脉冲随机丢失系数；t_i 为脉冲时间间隔，满足 $t_i - t_{i-1} = \Delta t$，Δt 为常数；v_m 为激光脉冲不稳定性随机值，分布成正态分布。

精确频率码是在循环移位寄存器中编码只含有一个脉冲的特殊情况，即在整个照射周期内激光脉冲间隔固定不变。

图 8-2 所示为有限位随机周期脉冲序列示意图。图中 T_0~T_8 代表不同的制导信号脉冲，其中 T_0~T_4 是一个周期，T_4~T_8 是另一个周期。这种码脉冲

序列具有周期性，但一个周期 T 中的各脉冲之间的间隔长度是随机的。

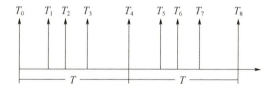

图 8-2　有限位随机周期脉冲序列示意图

图 8-3 所示为位数较低的伪随机码框图。伪随机码又称为伪随机序列，它是具有类似随机序列基本特性的确定序列。图中 $BIT_1 \sim BIT_n$ 的意义同图 8-1。图 8-3 比图 8-1 多了一个设定好的逻辑函数 F，反馈到寄存器的输入端。由于反馈函数的存在，使其重复周期大幅度扩展。理论上，在 20~30s 的攻击时间内，只需要 8 位移位寄存器[14]便可使得在一次攻击中没有重复的编码出现，所以这不仅给识别带来了困难，还给干扰提出了更多的要求。

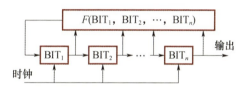

图 8-3　位数较低的伪随机码框图

LFSR 状态码是指在伪随机码生成原理的基础上[15-16]，根据反馈移位寄存器的状态 $a_{(i)} = (a_2 \cdots a_n)_{(i)}$（$a_1$ 代表符号位）形成不同的脉冲时间间隔 ΔT_i。具体实现方法为

$$\begin{cases} \Delta T_i = T_0 - \Delta t \times [a(i)]_{2 \to 10} & (a_1 = 0) \\ \Delta T_i = T_0 + \Delta t \times [a(i)]_{2 \to 10} & (a_1 = 1) \end{cases} \quad (8\text{-}2)$$

式中：T_0 为常值；Δt 为编码时间基元；$[\ ]_{2 \to 10}$ 为二进制与十进制的转换。

（2）时间波门技术。根据激光编码信息和时间同步点，激光导引头信息处理电路预测待检测的激光制导脉冲到达时刻。由于激光脉冲间隔不确定度的存在，待检测的激光脉冲到达时刻同样具有不确定度，因此，只要在不确定度之内的时间段里到达的激光脉冲都被认为是激光制导脉冲，除此之外均为干扰脉冲。这个特定时间段长度称为波门大小，通常采用纳秒为单位。

脉冲录取波门是导引头接收制导信号的一个硬件措施。导引头只在搜索到它认为的制导信号后启用波门，时间是搜索段之后的制导段。波门可设置成固定型和实时型两种，如图 8-4 所示。

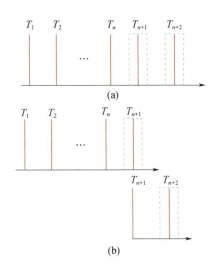

图 8-4 不同类型波门示意图

(a) 固定型波门；(b) 实时型波门。

(1) 固定型波门（图 8-4（a）），是指在确认一组相关制导信号后即图中的 $T_1 \sim T_n$，以最后一个脉冲即 T_n 为同步点，按照约定的方式，一次设定好以后所有时刻的波门开启时间，即由 T_n 时刻的脉冲确定 T_{n+1}、T_{n+2}…时刻波门开启时间。

(2) 实时型波门（图 8-4（b）），其同步点不是一个，波门也不是一次性设定的，它是以每次实际接收的信号脉冲作为下一个波门的同步点来设定下一次波门的开启时间的，如由 T_n 时刻的脉冲确定 T_{n+1} 时刻波门开启时间，由 T_{n+1} 时刻确定 T_{n+2} 时刻波门开启时间。

由于实时型波门的设置可以消除波门设置中的累计误差，且波门可以设置得相对很窄。因此，大多数激光制导武器都采用实时型波门技术来提高抗干扰能力。

文献［16］采用基于数字匹配滤波器的识别方法对制导信号进行搜索识别，提出了一种自适应扩展实时波门技术实现对目标的锁定跟踪，避免了干扰脉冲超前于制导脉冲信号进入波门造成漏检的情况，提高了解码器的抗干扰能力。同时，在一组编码周期内即可完成码型匹配，解码时间较短，并且采用抽样窗口对脉冲序列抽样后再计算互相关函数值，降低了运算复杂度。

(3) 抗干扰电路技术。它是指为提高系统的探测概率和降低系统的虚警概率等采用的相关电路技术，如探测器、低噪声放大器、信号处理等技术。抗干扰电路技术是提高半主动激光制导武器的精度及抗干扰性能的重要措施。

文献[17]针对时/空域相关、首/末脉冲锁定等抗干扰技术进行了研究。时/空域相关抗干扰技术是当多批码型相同的指示信号出现在波门内时，根据信号的时域与空域特征进行相关性匹配，超出己方动态范围的信号可认为是干扰信号。首/末脉冲锁定抗干扰技术是针对地物二次或更多的反射信号与超前/滞后干扰信号，利用首/末脉冲对信号进行筛选，屏蔽背景多次反射与激光有源干扰。

高重频干扰是一种非常有效的激光有源干扰方式。由于激光干扰信号的重频频率可达 10^5 脉冲/s 左右，比激光编码频率（10～20 脉冲/s）高很多，因此，未识别激光编码规律，强行挤入波门的概率很大。这使得前面所述的激光制导武器的常见抗干扰措施，如编解码技术和时间波门，均不能有效对抗高重频激光干扰。

文献[18]设计了一个抗高重频激光有源干扰源连续干扰的简单方式。其基本原理是：首先测出高重频周期，再计算出反向高重频信号的起始点，以此起始点为同步点发出与高重频信号完全反向的周期信号，并以此信号控制一个高重频电子开关。当高重频激光干扰信号和制导信号的混合信号经过该开关电路时就可以将高重频信号消除，只剩下己方的制导信号，从而实现有效对抗高重频激光干扰。抗高重频激光有源干扰的方案，如图 8-5 所示。经过高重频的周期测定、反向高重频信号的同步点确定及高重频信号的消除这 3 个过程，就可抑制高重频激光干扰信号。

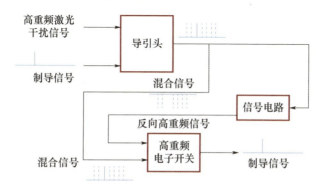

图 8-5　抗高重频激光有源干扰的方案

（4）光谱滤波技术。它是指采用光学滤波的原理，对光学系统接收到的光学信号进行窄带滤波。如果已知激光目标指示器发射的激光脉冲编码信号的波长 $\lambda=1064$ nm，就可以设计中心频率 $\lambda_0=1064$nm、带宽 $\Delta\lambda=15$nm 的窄带光学滤波片，使得光学系统只能通过激光制导编码脉冲信号，而大幅度衰减带宽之外的光信号，从而提高半主动激光制导武器的抗干扰性能。

（5）缩短激光目标指示时间，半主动激光制导武器一般采用发射后捕获目标技术，激光目标指示器与半主动激光制导武器协同工作，完成捕获目标的任务。因此，激光目标指示器的工作时间应尽量缩短，从而缩短对方侦察、告警和干扰装置的响应时间。

除此之外，还要防止激光致盲干扰。激光致盲干扰是指采用大功率激光致盲武器干扰或破坏人的视觉和制导系统的光电传感器，使其暂时或永久失效，失去攻击目标的能力[6]。此种干扰属于破坏性的干扰手段。对于此种干扰，可以从提高己方隐身性入手，通过变化我方激光信号的频带，使敌方不易觉察；还可以通过提高导弹的飞行速度，以降低被敌方捕获的概率。此外，还可以从根本上提高制导系统光传感器的抗破坏能力，如安装避光罩。

8.2.2 抗激光无源干扰

激光无源干扰主要是指烟幕和伪装等。在激光方向上发射烟幕弹，通过构成烟幕的气溶胶微粒对激光的吸收和散射作用，穿过烟幕的激光能量将大大衰减，使得敌方制导导弹无法侦察、探测和识别目标。针对常见的烟幕干扰，可采用激光/红外复合导引头的抗干扰策略[19]。

对目标进行伪装防止激光武器探测的核心在于减少目标的激光反射率，其实现途径主要有外形方法和材料方法。外形方法的基本思想是通过改变目标的几何外形以减小其激光散射截面。例如，采用外形技术以消除可产生角反射器效应的外形组合。材料方法则是通过使用对激光有强烈吸收作用的材料，以减少激光的反射信号或改变反射信号的频率来实现的。各国主要采用半导体材料、纳米材料、有机吸收材料、光子晶体材料等激光吸收材料实现激光隐身[20]。例如，纳米材料具有尺寸小于激光波长、比表面积大和高度光学非线性等特点，采用黏合剂和纳米微粉填料可以制备出宽频隐身涂层，同时对雷达和红外波段具有良好的吸收性能；使用光致变色材料使入射激光穿透或反射后变为另一波长的激光；改变发射激光回波的偏振度，从而减少目标的反射回波等隐身措施。

针对激光无源干扰，可采用的抗干扰措施是提高目标指示器发射激光的功率，同时提高弹上激光接收机的灵敏度。这样即使在受敌方干扰并且有能量损失的情况下，也同样能够完成制导。

目前激光半主动寻的制导的目标指示器和激光驾束制导的照射系统多使用 $1.06\mu m$ 的掺钕钇铝石榴石激光器和 $0.9\mu m$ 的半导体激光器，而 $1.06\mu m$ 和 $0.9\mu m$ 的激光对大气和战场烟雾的穿透能力较差，因而缺乏足够的军事对抗能力。因此，各国在努力改进 $1.06\mu m$ 和 $0.9\mu m$ 激光器的同时，均在努力发展中、长波段的激光指示器和照射系统，如二氧化碳、金绿宝石等激光器[21]。此外，激光制导武器制导激光波长短，容易受大气后向散射干扰，必须采取特殊的方法对后向散射干扰信号加以识别和抑制，才能确保激光主波束通路顺利落在激光探测器上，从而实现激光半主动导引头的抗后向散射干扰跟踪[22]。

针对激光干扰的效果评估问题，出现不少工作和成果。孙可等为客观描述光电成像系统激光干扰效果，提出了目标区域局部特征和图像质量相结合的干扰效果评估算法，利用该方法对典型激光干扰图像进行评估[23]。钱方等在分析激光干扰图像整体特征、目标局部特征和干扰光斑分布特性的基础上，提出了一种加权特征相似度（WFSIM）评估算法来评估激光干扰效果[24]。陈琳等为了对非合作条件下激光干扰效果进行实时评估，根据"猫眼"效应形成原理，提出了一种利用猫眼回波强度来评估激光干扰效果的新方法[25]。任立均对光电成像系统激光干扰效果分析与评估进行了研究，提出了一种基于卷积特征相似度的激光干扰图像质量评价算法[26]。通过分析激光干扰前后图像在卷积网络中的输出特征变化，利用特征的层次性和对遮挡的敏感性，对干扰图像中关键信息的被遮挡程度进行评价，避免了目标/光斑位置信息的输入需求。

8.3 红外制导抗干扰技术

近年来，红外干扰技术快速发展，已经从抑制目标能量发展到和目标具有相同能量，从单诱饵到多诱饵，从点型诱饵到面状诱饵，从能量干扰到遮蔽和阻挡干扰，从定向炫目到定向致盲。红外制导导弹受到了各种新颖的干扰手段，为了有效地识别目标和提高抗干扰能力，红外制导导弹的制导技术也在不断发展：一是由红外点源发展成凝视焦平面成像制导；二是由单波段红外制导发展成双波段/多光谱红外制导，或者将红外制导与其他电磁波段制导相结合，形成双模或多模制导，以及可变增益光学系统、激光防护材料、多源技术信息与智能抗干扰决策技术等[27]。

红外导引系统的抗干扰性能要求包括以下 3 个方面[28]。

(1) 抗太阳干扰能力。抗太阳干扰能力是指当由太阳引起的干扰信号造成导引系统截获或丧失截获目标功能时，光轴与太阳直射光的最大夹角。一般它是在以蓝天为背景，规定季节和时间情况下测得的性能参数。

(2) 抗背景干扰能力。抗背景干扰能力是指红外导引系统在实际背景下的虚警概率与作用距离的匹配能力。这是一个统计性参数，因为实际背景是不平稳和各态历经的随机过程，所以必须明确这一技术指标的统计测试条件。

(3) 抗人工干扰能力。抗人工干扰能力是指红外导引系统综合抗人工干扰的成功率。常用的人工干扰为红外诱饵弹，一般要规定目标和诱饵弹的特性及典型投放条件。

红外制导和红外对抗不断博弈抗衡[29]，在对抗中发展，在发展中对抗，红外制导和红外对抗的技术发展如图 8-6 所示。

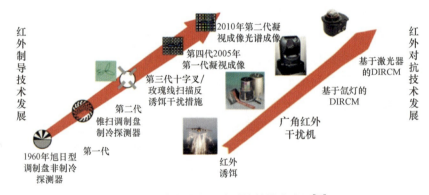

图 8-6　红外制导和红外对抗的技术发展[29]

红外导引系统的抗干扰能力是红外导引系统综合能力的体现。在当前所做的抗干扰研究中，抗干扰算法设计是其主要的研究对象，其算法主要依靠软件来实现。然而，总体方案与硬件设计是提高导引系统抗干扰的基础。为了保证导引系统的抗干扰能力，在设计硬件时应使它具有以下优良性能：

(1) 系统工作波段的选择应有利于抑制干扰；

(2) 光学系统应具有良好的成像质量及对杂散光的抑制能力；

(3) 必须具有较高的空间分辨力；

(4) 尽可能采用多波段探测；

(5) 信号之间应具有良好的隔离度；

(6) 具有尽可能高的辐射亮度分辨力；

(7) 具有足够大的动态范围；

(8) 具有合适的电子带宽，以确保信号具有最小的失真度、系统噪声等。

8.3.1 红外诱饵特征信息提取

红外抗诱饵干扰方法本质是从干扰场景的各种复杂信息中提取符合目标特征的信息量，关键在于寻找目标和干扰所呈现出的特征差异。目前，红外诱饵发展大致可分为 5 类：①常规型诱饵；②多光谱诱饵；③运动型诱饵；④面源型诱饵；⑤复合诱饵[30]。典型红外诱饵如图 8-7 所示。

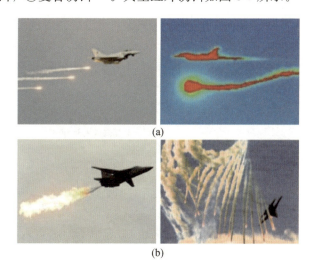

图 8-7　典型红外诱饵[30]

（a）点源型诱饵；（b）面源型诱饵。

当前红外导引头的干扰对抗策略主要从辐射强度、波段辐射差异、目标/诱饵运动特征差异、基于图像特征等几个方面开展[30-31]。

1. 辐射强度信息鉴别

辐射强度是识别诱饵投放和目标信息鉴别的重要特征之一。为有效压制目标信息，典型诱饵辐射特征是起燃速率快，燃烧过程中辐射强度相对目标较高，但是目标飞机的辐射强度相对稳定。在判断诱饵起燃时，需要关注诱饵能量上升速率，所设置的阈值应能有效将其同目标自身的能量波动、姿态变化及处于缓慢加力过程而形成的能量上升趋势区分开来。而在目标受到诱饵干扰期间，则应关注目标、诱饵的能量的相对大小及变化趋势，通过对视场中的客体建立灰度序列，并对灰度绝对值及变化趋势进行分析，设置能量匹配波门，实现目标、诱饵的有效鉴别。在目标被长时间遮挡过程中，由于无法获取目标能量信息，通常利用进入干扰态前所记录的目标能量信息对能量波门进行预测，自适应地设置区别两者的阈值。

也就是说，对于图像探测系统，可以通过能量变化率识别和幅度识别，合理设计多层次动态分割门限来识别目标与干扰。

2. 波谱信息鉴别

由于目标与背景的光谱分布有较大的区别[32]，如图 8-8 所示。其中飞机发动机排气尾焰的辐射特性为类似"驼峰"型选择性中红外辐射；红外诱饵干扰弹、发动机喷口则近似于灰体辐射；背景辐射最为复杂，含有自身辐射和漫反射等成分。采用滤光片后工作波段变窄，消除了大量的背景干扰能量，而基本上保持了目标的能量，能够提高导引头系统的信噪比和灵敏度及导引头探测跟踪空中目标的距离。

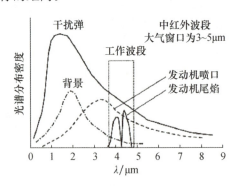

图 8-8　目标、背景和红外诱饵弹的光谱分布图

此外，红外诱饵弹体积较小，为了获得很高的辐射强度，一般采取提高燃烧温度的措施。诱饵弹燃烧时的温度一般为 2000～3300℃，这就决定了诱饵弹在近红外、可见光甚至紫外波段都具有比较强的能量。而飞机目标红外辐射特性由机身蒙皮、尾喷口及热部件、尾焰辐射所确定，它是这几类辐射特性综合而成的，一般在近红外，特别是在可见光和紫外波段的能量就比较弱（飞机本身基本上不辐射紫外能量，但是晴天时要反射太阳光中的紫外能量）。根据飞机目标与诱饵光谱分布的这个差异，在导引头内设置两个能敏感不同波段能量的探测器，如采用了红外/紫外双色探测器的美国的毒刺导弹。

3. 运动特征鉴别

对于无动力型红外诱饵，投射出去以后，由于缺乏动力，在空气阻力和重力的作用下，会逐渐与目标飞机拉开距离，其在前向的运动会呈现出负加速度特征，但是目标飞机一般不会。

文献 [29] 利用红外辐射强度变化率和视线角变化率信息，即辐射强度特征和运动特征，分别建立了红外成像抗干扰算法，同时把算法和导引头模型结合并在战术交战模拟软件（一款基于 MATLAB/Simulink 环境开发的适合评价分析红外和雷达制导导弹面临各种威胁的抗干扰算法有效性的软件）进行了评估，重点讨论了跟踪持续时间和变化率阈值等关键参数的变化对稳定跟踪的影响。

4. 基于特征量融合抗干扰方法

要正确识别目标与诱饵，首先应该明确目标与诱饵成像在红外探测器上区别。如前所述，诱饵与目标在辐射强度、光谱分布及运动特性等方面存在差异。此外，基于特征量融合的方法是一种用来判断诱饵较为先进的手段。

在红外干扰对抗中，难以根据单帧信息判定目标，必须进行帧间关联形成轨迹，通过信号特征的连续性区分干扰和目标。同时，在诱饵干扰对抗中，仅靠某一特定特征信息难以应对日益复杂的干扰场景。例如，通过波谱特征可以有效区分常规诱饵和目标信息，但难以有效识别新型多光谱诱饵；基于运动特征的干扰识别方法可有效应对无动力诱饵干扰，但对新型动力诱饵又有局限性。结合上述的目标/诱饵特征差异，必须将干扰场景中所关注信号的各项特征信息进行综合决策，以提高目标识别的准确度。通常采用的方法包括特征量条件判别和特征量的综合权值判别。前者依次设置特征量条件判据，只有满足所有条件的信息才会成为候选目标，该方法的关键点在于判据设置要求非常准确；后者则通过设置特征量加权系数，计算出信息量的综合权值，根据权值阈值进行目标状态切换与识别。以基于特征量综合权值判别方法为例，在信息融合过程中，隶属函数的确定非常重要，直接影响评判效果的优劣及准确性，在具体的应用中，又包含特征量隶属函数和综合隶属函数。例如，特征量隶属函数可以通过与目标特征的似然程度给出，将辐射强度权值、尺寸权值、运动特征权值分别记为 w_r、w_s、w_v，一种典型的综合隶属函数确定如下。

$$w_A = c_1 w_r + c_2 w_s + c_3 w_v$$

式中：w_A 为当前帧的综合权值；c_1、c_2、c_3 分别为相应特征权值的加权系数，三者之和为1,其具体值可以通过试验或典型的概率模型拟合得到。根据当前帧的综合特征权值计算累积权值 w_T,表征一段过程中满足目标特征信息的稳定程度,如下式:

$$w_T = f(w_A, w_T^{N-1})$$

式中: w_T^N、w_T^{N-1} 分别为当前帧、前一帧的累积权值。根据 w_A 和期望的目标鉴别快慢程度,确定函数的具体形式。

文献[33]针对不同类型红外诱饵,对比研究采取不同的特征量抗干扰效果,针对不同类型红外诱饵的特征量如表8-2所列。

表8-2 针对不同类型红外诱饵的特征量

诱饵类型	特征量
MTV型点源红外诱饵	辐射强度变化率、视线角变化率、双色辨别
气动型诱饵	视线角变化率、双色辨别
推进型诱饵	视线角变化率、双色辨别
光谱匹配型诱饵	辐射强度变化率、视线角变化率
空间分布型诱饵	视线角变化率

8.3.2 四元红外导引头抗干扰技术

第三代红外导弹的导引头与第一、第二代红外导引头的最大区别是没有调制盘,信息处理电路的体制也因此发生了改变。第三代红外导弹的典型代表是美国的"毒刺"Post(FIM-92B)和"毒刺"RAM(FIM-92C)、法国的"西北风"及俄罗斯的SA-18[34]。

红外人工干扰类型包括红外调制干扰和红外诱饵干扰。红外调制干扰通过产生能量按照一定规律变化的红外辐射来干扰导弹的正常制导。红外诱饵能够产生远强于目标的红外辐射,从而吸引导弹飞向自身;典型诱饵弹产生的红外辐射可为飞机目标尾后红外辐射的3~10倍[35]。

1. 惯性跟踪机制

当导引头处于稳定跟踪状态时,目标投放一个红外干扰弹后,起初两个像点未分开,如图8-7(a)所示。此时,Δt 包含了目标与诱饵的共同信息。图8-7(b)中实线是即将分开的临界情况。以脉冲信号中心线为依据进行判断,此时中心线恰好是目标的边缘,也没有丢失目标。图8-7(c)中实线为目标与干扰弹的脉冲已经分开时的情况。由于干扰弹的投掷速度垂直于目标和导弹的连线，因此在红外干扰弹投掷初期，干扰弹在导弹跟踪视场坐标系中的运动速度投影要比目标快，因此其信号脉冲比目标信号脉冲更偏离基准信号，处理器选择距基准近的目标脉冲，从而去掉干扰。利用导弹自身的制导惯性，在短时间内可以忽略干扰弹的存在继续跟踪目标。

如果目标同时向两侧投掷干扰弹，就不能采用此方法。因为另一侧的干扰弹脉冲信号比目标脉冲信号距离基准信号更近，如图 8-9（c）中虚线所示。假如处理器选择距基准近的脉冲，则会丢失目标。如果目标向自身同一侧投掷多个干扰弹，仍然可以采用此方法。

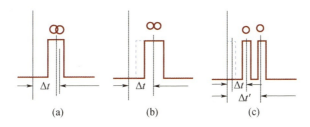

图 8-9　诱饵与目标分离的情况

若干扰弹自备动力具有超声速稳定飞行能力，并能与干扰弹载机保持最佳的距离和最合适的飞行轨道，使干扰弹在导弹跟踪视场坐标系中的运动速度的投影与目标近似相等，从而使导引头跟踪干扰弹，那么该方法即失去作用。

2. 实时记忆准则

实时记忆准则是将目标的运动方向、速度、位置等物理量进行实时记忆处理，然后根据一定的方法（如维纳滤波）预测目标在下一个时刻的位置，以此把目标和干扰弹分开[35-36]。

对于四元正交探测器，设目标像点在第 1 个扫描周期的位置是 (a_1, b_1)，在第 2 个扫描周期的位置是 (a_2, b_2)，假定目标像点在焦平面上为匀速运动，则可以推测出目标像点在第 3 个扫描周期的位置为 $(2a_2 - a_1, 2b_2 - b_1)$。由此可以得到目标在第 3 个扫描周期的信号脉冲位置，然后和四元正交探测器的实际输出脉冲位置比较，选择与推测位置距离最近的脉冲，这样可以将干扰弹信号脉冲去掉。此方法在目标投掷多个干扰弹时，目标信号脉冲淹没在干扰弹信号的情况下仍然可以采用。

3. 抗红外诱饵干扰原理

采用"调制盘＋单元探测器"体制的导引头，可通过调制盘对整个视场内的光信号进行调制，形成包含目标偏离光轴信息的电信号[36]。当视场中同时出现目标和红外诱饵时，导引头无法区分，只能得到两者能量中心偏离光轴的信息；在红外诱饵的辐射能量远大于目标辐射能量的情况下，导引头将跟踪红外诱饵。因此这种体制的导引头不具备抗红外诱饵干扰的能力。

采用"圆锥扫描＋多元探测器"体制的导引头，导引头用较小的视场（0.3°～0.5°）扫描导弹的瞬时视场（3°左右）；如果目标处于视场中的不同位置，它在扫描周期中出现的时刻就会不同。当视场中同时出现目标和红外诱饵时，如果两者的位置不同，它们就会在扫描周期的不同时刻出现，形成两个幅值和宽度有所差别的脉冲信号。通过目标识别算法可以确定哪一个脉冲是目标，哪一个脉冲是红外诱饵。根据目标脉冲偏离光轴的信息来控制导弹，就可以使导弹跟踪目标而不跟踪红外诱饵。

红外诱饵开始投放时与目标重合，然后逐渐与目标分离，如图 8-10 所示。在跟踪过程中，如果目标波形的幅值突然增大，导引头处于可能被干扰状态（目标加力也会引起幅值突然增大），此时导引头仍然跟踪幅值增大后的波形，同时记忆幅值增大前的波形。当目标和干扰分离时，导引头检测到两个波形，通过与幅值增大前的波形相比较，波形相近的为真实目标并进行跟踪，导引头恢复到正常跟踪状态并等待下一个干扰的出现。如果在一段足够长时间内（根据典型弹道条件确定），导引头从未探测到两个以上的波形，就说明不存在红外诱饵，此时也恢复到正常跟踪状态。

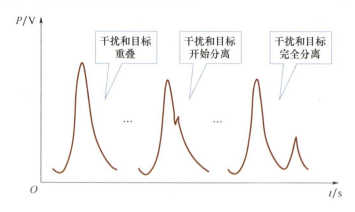

图 8-10　干扰情况下的探测器输出

当红外诱饵向上抛射时，它有可能在下落过程中穿越导弹视场。导引头采用了电子波门技术将跟踪视场缩小为 1°左右，红外诱饵只有处于缩小后的跟踪视场中才能对导弹起干扰作用，此时它从一侧进入导弹视场，与目标重合后的分离过程与图 8-10 相同。

以探测器中心为坐标系原点建立直角坐标系 XOY，假设探测器长为 p，宽为 d，距坐标系原点的距离为 s；像点半径为 r，像点轨迹圆圆心为 O'，扫描半径为 R，像点扫描角速度为 ω；输出的目标信号所在坐标系横轴为扫描时间。由以上的条件可计算扫描周期 T。假设探测器每次都从基准坐标系 $X'O'Y'$ 的 X' 轴开始扫描，如图 8-11 所示。

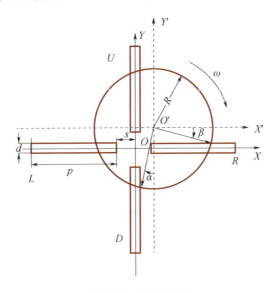

图 8-11　计算假设

已知像点轨迹圆圆心的坐标 $O'(X, Y)$，计算输出的目标信号的中心位置时刻，其中，$\alpha = \arcsin(|X|/R)$；$\beta = \arcsin(|Y|/R)$。

由多元导引头信号处理特点可知，若要算出跟踪误差角，则目标像点至少要扫过 4 个探测臂中的 2 个。当目标在导引头视场中释放诱饵弹时，导引头探测器输出的脉冲信号将随着目标、诱饵弹与导引头光学系统轴线关系的不同而变化，可能会有多种情况。图像轨迹与探测器关系如图 8-12 所示，这时目标和诱饵弹的像点各扫过 4 个探测臂。

在图 8-12 中，当目标像点轨迹圆中心在第一象限，诱饵弹像点轨迹中心在第二象限时，脉冲输出信号如图 8-13 所示。

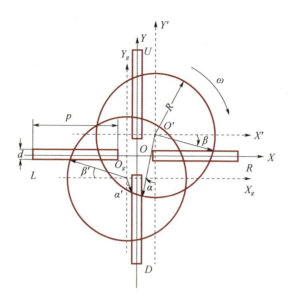

图 8-12 图像轨迹与探测器关系

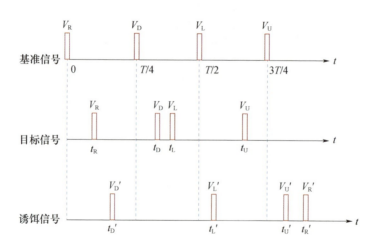

图 8-13 脉冲输出信号

各目标信号和诱饵信号的中心时刻分别为

$$t_R = \frac{\beta}{\omega}, \quad t_D = \frac{T}{4} + \frac{\alpha}{\omega}, \quad t_L = \frac{T}{2} - \frac{\beta}{\omega}, \quad t_U = \frac{3T}{4} - \frac{\alpha}{\omega}$$

$$t'_D = \frac{T}{4} - \frac{\alpha'}{\omega}, \quad t'_L = \frac{T}{2} + \frac{\beta'}{\omega}, \quad t'_U = \frac{3T}{4} + \frac{\alpha'}{\omega}, \quad t'_R = T - \frac{\beta'}{\omega}$$

上述两个公式表明,根据目标脉冲位置的连续性即可确定目标与诱饵弹。当然,在实际情况中,目标和诱饵的脉冲位置存在多重变化情况,干扰的投放也会多种多样。逐一分析后可以发现，四元导引头对不同干扰情况可以优选不同的抗干扰方法。当目标和干扰脉冲重合时，进入记忆跟踪状态；当脉冲分离时，再进行判断，具体情况如表 8-3 所示。

表 8-3　干扰方式与四元导引头抗干扰方法选择

干扰方式	抗干扰方法		
	脉冲位置判别法（含惯性跟踪）	脉冲幅值判别法	时域分析法（幅值的时间变化率）
单个诱饵弹，简单运动，辐射特性与目标不同	较好	好	好
单个诱饵弹，简单运动，辐射特性与目标相近	较好	不好	好
单个诱饵弹，运动特征与目标相近，辐射特性与目标不同	不好	好	好
单个诱饵弹，运动特征和辐射特性皆与目标相近	不好	不好	好
多个诱饵弹，长发射间隔，辐射特性与目标不同	不好	好	好
多个诱饵弹，长发射间隔，运动特征和辐射特性与目标相近	不好	不好	好
多个诱饵弹，短发射间隔，辐射特性与目标不同	不好	好	好
多个诱饵弹，短发射间隔，运动特征和辐射特性与目标相近	不好	不好	不好

上述方法通过结合目标脉冲位置连续性和抗干扰方法选择来达到抗红外诱饵干扰的目的，文献［37］提出了另一种四元红外导引头检测诱饵弹的方法。通过诱饵弹红外辐射的运动模型和温度变化模型的搭建，建立了几种针对四元红外导引头的检测算法，并利用 MATLAB 仿真工具对比了效果。

4. 抗红外调制干扰的原理

对采用"调制盘＋单元红外探测器"的导弹，红外调制干扰通过辐射能量有规律的变化,可以有效地干扰导弹的调制信息,使导弹无法正确地得出目标偏离光轴的信息[35]。

对于采用"圆锥扫描光学系统+正交四元探测器"的导弹,它能够直接得到目标的空间位置。当存在红外调制干扰时,导弹能够跟踪干扰源而飞向目标;而当干扰消失后,导弹又能够重新跟踪目标。因此,红外调制干扰对采用多元扫描体制的导弹干扰效果不明显。

8.3.3 红外成像导引头抗干扰技术

在目标/干扰亚成像和成像阶段,可获得除辐射强度、波谱信息之外的更多目标特征,包括尺寸、视线角运动、形状、拓扑结构、姿态等,具备多维特征融合条件。同时,结合红外成像导引头先验信息(如目标模板)等资源的种类和数量,增加信号处理的空间维数,从而在更高维的信号空间中扩大和鉴别目标和诱饵干扰的差异,实现目标信息的充分挖掘和利用,形成多维信号空间处理抗干扰技术体系,实现红外成像导引头系统性能提升[38]。

1. 抗背景和噪声干扰

1) 偏离发射

在各种干扰源中,首先要考虑的是太阳干扰。太阳是空中一个极强大的辐射源,其峰值辐射波长约为 $0.45\mu m$。它比一般飞行目标的峰值波长要短,而且辐射出的能量约90%在波长为 $0.15\sim 4\mu m$ 的波段范围内,同时约有50%的辐射能以可见光的形式出现。太阳对工作在近红外波段的红外导弹制导系统影响较大,对工作在中远红外波段的红外导弹也有一定影响。因此,红外导弹发射时要偏离太阳一定的角度。

2) 光谱滤波

光谱滤波是指利用目标与背景在光谱上的差异来抑制背景,以突出目标,从而达到抗背景干扰和提高系统灵敏度的目的。光谱滤波是利用滤光片来完成的。现在常用的光谱滤光片是在合适的基片上真空沉淀多层非金属材料制成的。光谱滤光片在所需要的波段范围内透过率比较高,平均透过率可以做到 0.9 左右,其他波段则不透光。波段范围的选择根据典型目标的辐射特性和导引头所用探测器的工作波段范围而定。

3) 空间滤波

采用空间滤波方法可去除背景,保留目标及噪声点。图像背景一般为大面积缓变背景,像素之间具有相关性,占据图像频谱的低频成分。因此可以将红外序列图像的每一帧先进行低通滤波，获得一个含有目标和噪声的背景图，然后求出原图像与该图的灰度差（高通滤波）以达到消除背景的目的。通常可采用中值滤波、高通滤波和梯度倒数加权滤波等算法。

4）波门选通

当有目标信号出现时，处理电路输出相应的触发信号到波门形成电路而产生波门，波门的尺寸略大于目标图像，并使波门紧紧套住目标图像。在波门以内的信号被当作感兴趣的信号予以检出，而波门以外的其他信号则被去除。当波门位置与目标位置之间有偏移时，伺服机构控制波门形成电路，使波门中心向目标中心移动，直至两个中心重合。通常采用波门大小随目标图像大小而自动变化的自适应波门技术。

2. 抗诱饵弹和烟幕干扰

1）记忆外推法

当跟踪系统在跟踪目标过程中出现多目标或目标被遮挡和复出交替发生的情况（如被烟幕干扰）时，启动记忆外推跟踪算法，其基本思想是：存储记忆前帧和本帧的目标信息，利用预测算法外推目标遮挡后的运动轨迹，然后集中在之后连续图像帧中预测轨迹的附近搜索目标。当出现多个目标时，以距离前一帧记录的目标坐标位置最近者为目标；而其他距离远者则为干扰，并滤除干扰，如图 8-14 所示。记忆外推算法的研究成果较多，实际中可采用微分线性拟合外推法。该方法属于一种比较实用的抗干扰技术，在国外很多型号的武器上都有应用。

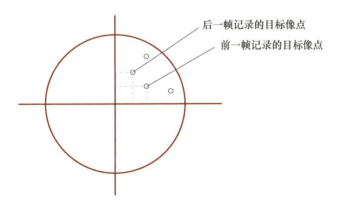

图 8-14 记忆外推法示意图

2）多光谱鉴别技术

该技术利用多个红外波段同时成像，能够有效地反伪装，并识别真假目标。双色红外成像导引头提取目标与干扰的光谱特征差异、运动特征差异和图像特征差异进行目标与干扰的分类识别。当目标与导弹的距离不同、导弹攻击目标的方位不同时，目标与诱饵弹的特征差异侧重于不同的方面。例如，在远距离小目标阶段，目标与干扰的光谱差异明显；在中距离侧向攻击时，目标与干扰的运动差异明显；在目标成像阶段，目标与干扰的图像特征差异明显。因此，双色红外成像导引头可根据不同的情况采用不同的特征进行抗干扰。

3）幅值鉴别法

红外诱饵弹被点燃后可形成大面积的红外干扰云，虽然其红外光谱特征与被保护目标相似，即形成与被保护目标相似的空间热红外图像；但是由于红外诱饵形成的热图像比被保护目标红外辐射强度大若干倍，因此可以利用幅值鉴别法使导引头选择视场中辐射强度较低的热图像为目标，而其他辐射强度高的热图像则作为诱饵予以排除，从而达到保护目标的目的。

通常情况下，在目标投放 1 个红外干扰弹后，起燃 0.5s 后干扰弹达到稳定燃烧状态，目标与诱饵的脉冲已经分开，如图 8-15 所示。由于干扰弹在稳定燃烧时与目标的辐射强度比远远大于 1，因此干扰弹脉冲信号幅值明显大于目标脉冲信号幅值，处理器选择幅值较小的目标脉冲就可以排除干扰。此方法对存在多个干扰弹的情况照样有效。

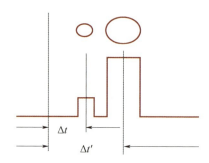

图 8-15　诱饵与目标分离后的情况

4）灰度时间序列法[39]

新研制的"灵巧干扰弹"，如拖拽干扰弹和自备动力伴飞干扰弹等，它们和目标具有相似的运动特征和红外辐射特征，抗能量型红外干扰弹的算法就会失效，必须采用脉冲幅值序列抗红外干扰弹算法才能够将新型干扰弹的干扰信号去掉。

在红外成像制导中根据目标和干扰弹红外波段成像特征的差异采用灰度时间序列分析来区分它们。这时基于诱饵与真目标的物理特性具有以下差异：诱饵的质量较轻，因而其运动加速度受到的影响比目标大；目标有一个较大的比热容，在同样的外部环境下，真目标的温度变化比诱饵慢，表现在成像灰度上，诱饵随时间的灰度变化起伏要大一些；诱饵在运动中大约有1rad/s的旋转和翻滚，而目标的运动则相对平稳。因此可以通过一定的算法得到目标与诱饵的成像灰度随时间形成的灰度时间序列，分辨出灰度时间序列变化的快慢，变化快者为诱饵弹，予以排除。

在识别目标和干扰弹时，四元正交探测器获得的数据包含多个目标，真目标与干扰弹混杂在一起。必须首先检测出同一个像点的脉冲幅值序列，然后通过分析脉冲幅值序列的细微差别来区分目标和干扰弹。具体分析算法包括时域差分法、FFT变换、小波变换等方法。

采用多目标检测与跟踪的方法获得混杂在一起的真目标和诱饵，去除强噪声并进行数据关联，则可以得到目标与诱饵的成像灰度随时间形成的灰度时间序列。采用以下方法分辨灰度变化的快慢。

（1）对灰度时间序列做FFT，真目标的高频能量低于诱饵的高频能量。

（2）对灰度序列做小波变换，比较其高频能量的高低，低的为真目标。

（3）对灰度序列做时频分析，在不同的时段比较其高频能量的高低。采用基于锥形核函数的广义时频分析的方法，在时频面上提取不同时段的高频能量特征，作为比较的特征量。

（4）对灰度序列做差分运算，得到灰度变化序列，在时域直接比较其变化的快慢。

① 时域差分法

若 $x_1[0\cdots n]$ 和 $x_2[0\cdots n]$ 是两个序列，令 x_1 序列的差分序列为

$$\hat{x}_1(i) = x_1(i) - x_1(i-1) \quad (i=1, 2, \cdots, n)$$

其标准能量和为

$$H_1 = \sqrt{\sum_{i=1}^{n} \hat{x}_1(i)^2}$$

对 x_2 序列进行同样处理，得到 H_2，然后比较 H_1 和 H_2，较大的表示序列有大的起伏。

② FFT变换和特征提取

把上述重采样得到的序列进行FFT变换，提取其高频分量和低频分量。

令 $x_1[0\cdots n]$ 和 $x_2[0\cdots n]$ 是两个序列，$y_1[0\cdots n]$ 和 $y_2[0\cdots n]$ 是其 FFT 变换的结果，令 H_1 表示 y_1 的低频能量和 y_1 的总能量之比，H_2 表示 y_2 的低频能量和 y_2 的总能量之比。比较 H_1 和 H_2 的大小，若 H_1 大，则说明 x_1 序列的低频能量较大，即它变化较 x_2 平稳，反之亦然。

③ 小波变换与特征提取

小波变换中的多尺度分析又称为多分辨分析，它将能量有限信号空间 $L^2(R)$ 分解为一串闭合子空间 $\{V_j | j \in Z\}$，其中每个子空间 V_j 都与一定的分辨精度相关联。设 f 是给定观测结果，φ 和 ψ 分别为相应的尺度函数和小波函数，则可将 f 做如下分解：

$$f(x) = \sum_{k \in Z} C_{JK} \varphi_{JK}(x)$$

根据 Mallat 塔式算法有

$$f(x) = \sum_{k \in Z} C_{J-1,K} \varphi_{J-1,K}(x) + \sum_{k \in Z} d_{J-1,K} \varphi_{J-1,K}$$

式中：

$$C_{J-1,K} = \sum_{k \in Z} h(k-2m) C_{JK}$$

$$d_{J-1,K} = \sum_{k \in Z} g(k-2m) d_{JK}$$

式中：$h(k)$ 为给定的低通滤波器；$g(k)$ 为给定的高通滤波器。

选用双正交滤波器参数如下所示：

$c = \{1.5, 1.12, 1.03, 1.01, 1.0, 1, 1, 1\}$；

$h = \{0.125, 0.375, 0.375, 0.125\}$；

$g = \{-2.0, 2.0\}$；

$k = \{0.0078125, 0.054685, 0.171875, -0.171875, -0.0054685, -0.0078125\}$。

上式将某一分辨空间上的信号分解成低层分辨空间上的趋势信号和起伏信号，其中趋势是低频信号，起伏是高频细节。趋势信号又可以分解成下一层分辨空间上的趋势和起伏，从而形成一个塔形的层次结构。把序列信号进行上述多尺度分析，在每个尺度上比较其能量的大小可以看到，在较低层次的分辨空间上，差别较小的两个信号的能量是一样的，在较高的分辨空间上，其细微差别被检测出来，而在更高的分辨空间上，两者的能量都为 0。

④ 核函数的广义时频分析

基于锥形核函数广义时频分析（GTFR）的表达式为

$$C(t, f:\varphi) = \iint_{-\infty}^{+\infty} \varphi(t-t',\tau) x(t'+\tau/2) \cdot x^*(t'-\tau/2) e^{-j2\pi f\tau} dt d\tau$$

式中：x 为信号；φ 为核函数。

对于核函数的要求是 GTFR 可以在时域及频域上产生调换分辨率，因此核函数的选择成为 GTFR 的重要内容。当 φ 取

$$\varphi(t,\tau)=\delta(t)h^2(\tau/2)$$

式中：h 为实对称函数时，GTFR 变为伪维格纳变换（PWT）。

当 φ 取 $\varphi(t,\tau)=h(t+\tau/2)h(t-\tau/2)$ 时，GTFR 为 Spectrogram。PWT 有好的时间分辨率，但不能较好地压缩交叉项，且在频率上产生模糊；Spectrogram 能较好地压缩交叉项，但在时域和频域上的分辨率都不够高。

为此引入了锥形核函数的 GTFR[12]，其中 φ 取

$$\begin{cases}\varphi(t,\tau)=g(t) & (|\tau|\geqslant a|t|)\\ \varphi(t,\tau)=0 & （其他）\end{cases}$$

式中：a 为常数。

将该核函数做二维傅里叶变换，可以发现其频谱为侧抑制形式，这可以保证时频分析的频域分辨率，其窄带低通的形式可以有效地压缩交叉项，而实验证明其时域分辨率也较好。

基于锥形核函数的 GTFR 的计算公式为

$$C_x(n,\theta:\varphi)=4Re\left[\sum\hat{g}(k)y(n,k)e^{-jk\theta}\right]$$

计算步骤如下。

步骤 1：令 $\hat{g}(k)=\begin{cases}0.5g(k) & (k=0)\\ g(k) & (k\neq 0)\end{cases}$

步骤 2：求 $y(n,k)=\sum_{p=-|k|}^{|k|}x(n-p+k)\cdot x^*(n-p-k)$，其中 $k=0,1,\cdots,L$。

步骤 3：对 $\hat{g}(k)y(n,k)$ 做 FFT，取出其实部即为所求。

求出信号的时频分布后，在时频面上对应每一个时间点，统计其低频分量同整个频谱的能量比，该比值与第二个信号的时频分布的相应时间的比值作比较，分析它们在瞬态时间的频谱差别。

5）跟踪中心法

如果诱饵弹同时投放数量较多、方向各异，导引头可能暂时无法鉴别诱饵弹，此情况在迎头和尾追攻击情况下更容易出现。成像导引头可以暂时对多个候选目标的中心位置进行跟踪，然后在跟踪的同时进行鉴别。在跟踪的过程中对候选目标的特征进行分类，所有的诱饵弹应该具有类似的特征，而与大多数候选目标的特征不同的应该是真正的目标或刚投放的诱

饵弹，导引头只需跟踪这些少数候选目标即可，直到能够完全辨识出唯一的真正的目标。

6）多特征跟踪法

利用提取目标图像多种特征的方法实现跟踪，可以避免跟踪方式的切换，提高跟踪系统的可靠性。这种方法利用对比度跟踪、边缘跟踪和相关跟踪3种方式同时并行工作，提取不同的目标特征，组成并行处理系统。这种系统能在复杂背景下，特别是在低对比度时，甚至在目标部分被遮挡时也可以正常跟踪目标；而在目标消失的情况下，则能重新探测目标。其系统功能框图如图8-16所示。文献[40]通过提取目标形状和运动特征开发了区分目标和诱饵的算法，并通过脱靶量评估了算法的有效性。

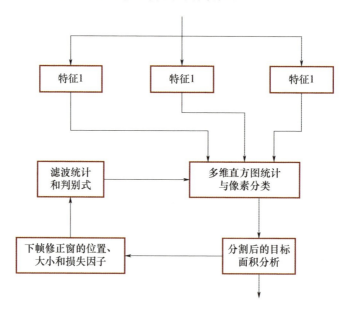

图8-16 多特征跟踪法系统功能框图

3. 抗激光致盲

对激光致盲这类干扰所采取的对抗措施是：首先是增加防护镜，在透明介质上沉积对入射激光反射的干涉膜层，或者利用吸收介质材料吸收入射激光，而允许其他波长的光透过；其次是增加一个光能量限制器，当入射的激光辐射脉冲的能量达到激活阈值时，将对后继脉冲起限制作用，使得随后的激光辐射能量大幅度衰减，以此达到保护光电探测器的目的。文献[41]中指出一般的激光致盲技术措施对采取了保护措施的红外成像导引头的干扰效果较差，要想干扰红外导引头工作，必须增加激光的能量水平，也就是发展定向能武器，这势必对红外成像导引头抗激光致盲提出了更高的要求。

8.3.4 双色红外成像导引头抗干扰技术

双色红外成像制导技术具有优良的抗干扰能力，在红外制导领域将占有重要的地位。例如，以色列的"怪蛇"5空空导弹就采用了双色焦平面成像导引头，因此相对"怪蛇"4而言，它具有更好的抗红外诱饵干扰能力、目标图像识别能力和瞄准点选择能力[42-44]。

1. 双色红外成像抗干扰原理

双色红外成像导引头可得到目标在两个波段的红外辐射信息，由于目标与诱饵弹具有不同的双色比，因此利用双色比的不同就可以区分目标与诱饵弹。双色红外成像导引头还可得到目标在两个波段的图像信息，因而可利用目标与诱饵弹的形状和运动等特征的不同识别目标。可见，采用双色红外成像制导技术是对抗红外诱饵弹的有效途径。

2. 双色波段的选择

双色波段的选择是双色抗干扰的关键。一般应考虑两个波段的大气透过率高、探测灵敏度高的双色探测器。$1\sim 3\mu m$ 和 $3\sim 5\mu m$，以及 $3\sim 5\mu m$ 和 $8\sim 10\mu m$ 是两个可选的波段组合，它们都处于大气窗口，并且目标与诱饵弹在相应波段上的光谱分布存在差异。

1）双色比

根据估算，在 $1\sim 3\mu m$ 和 $3\sim 5\mu m$ 波段，诱饵弹的双色比大于1，而目标的双色比小于1；在 $3\sim 5\mu m$ 和 $8\sim 10\mu m$ 波段，诱饵弹的双色比大于10，而目标的双色比随探测方位在一定的范围内变化。从双色比特征的稳定性考虑，$1\sim 3\mu m$ 和 $3\sim 5\mu m$ 组合比 $3\sim 5\mu m$ 和 $8\sim 10\mu m$ 波段的组合更好。

2）单波段目标与诱饵弹的辐射差异

分别计算在 $1\sim 3\mu m$、$3\sim 5\mu m$ 和 $8\sim 10\mu m$ 波段的诱饵弹的辐射强度与目标（900K灰体）的辐射强度之比，得到：$J_{诱饵弹1\sim 3}/J_{目标1\sim 3}=74.02$，$J_{诱饵弹3\sim 5}/J_{目标3\sim 5}=11.15$，$J_{诱饵弹8\sim 10}/J_{目标8\sim 10}=4.24$。可见，诱饵弹与目标的辐射强度的差异在 $1\sim 3\mu m$ 和 $3\sim 5\mu m$ 波段大于 $8\sim 10\mu m$ 波段，因此从利用单波段信息抗干扰的角度考虑，$1\sim 3\mu m$ 和 $3\sim 5\mu m$ 组合比 $3\sim 5\mu m$ 和 $8\sim 10\mu m$ 波段要好。

3）迎头作用距离

目标在正迎头（±15°以内）时的辐射主要是飞机蒙皮的辐射。设飞机高度为6km,马赫数为0.8,估算的蒙皮辐射强度在 $8\sim10\mu m$ 波段是 $3\sim5\mu m$ 波段的17.7倍,是 $1\sim3\mu m$ 波段的6000多倍。因此,从提高导弹迎头作用距离出发,选择 $3\sim5\mu m$ 波段和 $8\sim10\mu m$ 波段更好。

4)背景辐射的影响

天空背景辐射是由太阳辐射的散射和大气成分的反射引起的。由于大气的温度很低,大气的热辐射可以忽略。而大气对太阳光的散射主要在小于 $2\sim3\mu m$ 波段的近红外区。散射随观察方位而变化。若以太阳方位为基准,在 $90°\sim180°$ 方位内辐射亮度很小,而且几乎均匀恒定。但随着方位角减小(向太阳靠近),散射的天空亮度逐渐增加。云团散射太阳的辐射能量集中在 $4\mu m$ 波段以下,云团自身的辐射能量集中在 $4\mu m$ 波段以上。天空背景中对导引头影响较大的是受太阳光照射的亮云。亮云在系统中表现为面积较大、形状不规则的面状图案,在大小、形状上明显区别于飞机目标,因此可通过图像的空间滤波和时间滤波去除。可见近红外区受背景辐射的影响较大,从抑制背景辐射角度考虑,选择 $3\sim5\mu m$ 波段和 $8\sim10\mu m$ 波段更好。

由上面的分析可知,中短波与中长波双色系统都可以利用双色比抗干扰,两种组合各有优缺点,而中短波组合在抗干扰性能上具有优势。

另外,双色光学系统也需要进行综合优化设计,以利用优异的成像质量支撑抗干扰算法的实现。例如,适合中波和长波波段的双色光学系统经过优化后的成像质量如表8-4所示[45]。可见,通过优化设计后光学系统在两个波段的弥散斑质量好且比较一致,有利于导引头设计;同时光学系统的有效孔径保证了导引头的作用距离,如表8-5所示[46]。

表8-4 不同离轴角时的综合平均弥散直径 (单位:mm)

离轴角/(°)	波长/μm					
	3	4	5	8	10	12
0	0.054	0.050	0.048	0.041	0.037	0.035
5	0.067	0.064	0.063	0.059	0.056	0.055
10	0.095	0.094	0.093	0.092	0.091	0.091
15	0.120	0.119	0.119	0.118	0.117	0.117
20	0.136	0.135	0.135	0.135	0.135	0.135

表 8-5 光学系统的有效孔径与导引头作用距离的计算

参数名称	参数值	参数名称	参数值
光学系统透过率	0.5	目标辐射强度/（W/sr）	150
探测率/（cm·Hz$^{1/2}$/W）	$5×10^{10}$	地面温度/℃	20
高度/m	9000	湿度	0.5
信噪比	4	视距/km	20
带宽/Hz	2000	孔径/mm	35.7
作用距离/km	30		

3. 双色红外成像导引头对抗点源红外诱饵弹的途径

双色红外成像导引头可提取目标与干扰的光谱特征差异、运动特征差异和图像特征差异进行目标与干扰的分类识别，具有较强的抗干扰能力。当目标与导弹的距离不同，导弹攻击目标的方位不同时，目标与诱饵弹的特征差异侧重于不同的方面。例如，在远距离小目标阶段，目标与干扰的光谱差异明显；在中距离侧向攻击时，目标与干扰的运动差异明显；在目标成像阶段，目标与干扰的图像特征差异明显。因此，双色红外成像导引头可根据不同的情况采用不同的特征进行抗干扰。

双色红外成像导引头抗干扰的性能与弹载信息处理算法具有密切的关系。双色图像信息融合技术是算法研究的重要方面。通过选择信息融合的层次、信息融合的算法，可以充分利用两个波段的冗余或互补的信息，提高目标识别与抗干扰的概率。此外，多目标的跟踪技术对于提高抗干扰能力也具有重要的作用。对潜在多目标的特征集进行历史纪录的保存与追踪，通过分析各潜在目标特征的变化，可以排除干扰，保持对目标的正确跟踪。

在上述工作的基础上，学者们对红外抗干扰性能评估也非常关注。胡朝晖等为解决红外空空导弹抗干扰性能难于定量评估的问题，设计了一种综合评估导弹抗干扰性能的方法[47]。吴志红等提出采用层次分析法，充分利用导引头研制过程中各阶段的实验数据来综合评估红外导引头抗干扰性能[48]。张喜涛等针对评估红外空空导弹抗干扰能力强弱的指标较为单一的问题，建立了包含导弹总体、制导系统、导引头3个层次的抗干扰性能评估指标体系[49]。王泉等在梳理新型红外空空导弹对抗环境要素的基础上，分析研究了红外对抗环境、抗干扰能力评估试验现状、试验条件设计与结果评估等内容[50]。张文杰基于贝叶斯神经网络对红外空空导弹抗干扰性能评估进行了研究，将混合验前分布方法、幂验前分布方法、贝叶斯正则化神经网络等方法引入空空导弹抗干扰评估中[51]。

红外对抗仿真与效能评估是相关系统研制过程重要内容。美国 DHS 制定了 DIRCM 系统的性能测试评估标准，根据红外制导武器制导和抗干扰原理，建立导弹制导、自动驾驶仪控制、弹体气动力学过程的数学模型，依据导弹干扰效果的判定信号及判据，研究不同体制的红外干扰措施的信号结构、辐射特性并建立红外干扰对成像导引头的影响、红外定向对抗设备对多种不同材料红外传感器的影响[29]，手段是数字仿真、半实物仿真和外场试验验证，如图 8-17 所示。

 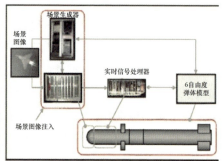

硬件在回路

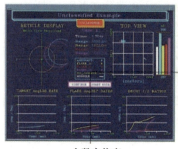 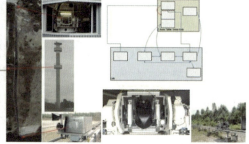

全数字仿真　　　　　　　　　　外场打靶试验验证

图 8-17　国外红外对抗数字仿真及半实物、外场试验验证示意图[29]

8.4　电视制导抗干扰技术

对于电视制导武器的干扰，具体可分为自然干扰、战场干扰和主动干扰。而实际情况往往又是几种干扰的综合。

自然干扰是自然界造成的干扰，主要有：降雨、下雪和云雾天气；太阳进入电视图像跟踪器视场内；战场干扰是作战环境造成的干扰，主要有：炮弹、地雷等爆炸的生成物，照明弹照射在目标区产生的烟雾、火光。上述不良天候和云层、烟幕、火光等对导引头上的电视摄像机会带来干扰，主要影响导弹发现目标的临界距离[52]。

针对电视侦察图像的降质问题，我们曾经开展过相关的去雾[53-54]、去雨[55-56]、去云[57-58]清晰化工作[59]，并且取得了一些初步效果，其技术途径可在一定程度上改善图像质量。

主动干扰是敌方施放的干扰，主要有假光源干扰、激光干扰[60-61]和通信干扰技术[62]。文献［60］讨论了电视制导武器用于攻击地面静止目标时，不同激光功率模式下电视导引头优先跟踪方式的选择问题。当在小功率（未能对CCD探测器造成饱和效应）激光干扰威胁下，应优先选用相关跟踪模式，若由于其他原因采取质心跟踪模式时，则应在保证目标图像未充满CCD靶面的前提下，尽可能使用长焦距跟踪目标，使激光成像位于波门之外甚至视场之外，从而保证导引头对目标的稳定跟踪；在较大功率（能够对CCD探测器造成饱和效应）激光干扰威胁下，同样应优先选用相关跟踪模式，一定程度上延长导引头对激光干扰信号的响应时间，并利用制导武器的飞行惯性，相对减小弹着点与打击目标之间的距离。

瞄准式通信干扰是通过干扰制导图像传输信道，来达到降低导弹攻击效率的目的。抗瞄准式通信干扰技术可以采用图像复原技术，文献［62］提出了在制导图像中加入邮戳，利用已知邮戳图案进行噪声估计，进而按局部统计法滤波去除噪声，实现了在复杂电磁环境下空地图像制导导弹受干扰后图像噪声的去除。

针对电视寻的和电视测角仪制导方式，主要从以下几方面提高其抗干扰能力。

8.4.1 电视寻的制导抗干扰技术

1. 缩小跟踪目标的最小距离

对于采用形心跟踪体制的电视导引头，最小作用距离等于目标图像充满靶面时的距离，即盲区。换种概念而言，由于导弹侧向过载有限，光轴与弹轴的偏差角大，回路已不能修正。因此产生了一定的脱靶量，电视导引头进入了盲区，限制了电视导引头的最小作用距离，对导引形成干扰[28]。

缩小跟踪最小距离的方法有：采用程序控制的变焦镜头，控制目标图像尺寸；采用自适应波门，使波门随目标尺寸增大而张大；延迟目标充满靶面的时间，提高武器系统的机动性能。值得注意的是，在上述各种方法中，作用距离的缩小是有限的；但若采用相关跟踪体制，其盲区就可以很小。

2. 提高分辨力

实践证明，战场上的目标大多采用编队执行任务，所以视场内往往是多目标并存，对电视导引头分辨目标形成干扰。因此，应该调高电视成像系统的分辨力，把相邻像素、不同灰度值的目标和背景都区分出来，以达到更好的目标定位效果。

3. 提高抗自然环境干扰的能力

云、雨、雾、潮湿均可直接影响电视导引头的工作，因为可见光电视导引头穿透云、雨、雾发现目标的能力较差。例如，光照太强，对于某些光电转换器件会引起靶面一片白色，淹没目标和背景，以致无法区分；光照太强还会引起靶面烧毁，导致武器系统失效。对于海面亮带的边缘，由于亮与暗的反差大，可使视频信号发生跳变，易产生虚警。因此必须提高电视导引头在上述自然环境下的工作能力。

4. 人在回路中

对于电视制导系统传回的图像，如果只通过计算机进行处理和分析往往不能达到理想的效果。因此，可以选择"人在回路中"工作体制，将人作为制导系统的一部分，以达到提高抗干扰的效果。

5. 研制滤光器

电视制导的一大缺陷是易受强光和烟雾弹的干扰。例如，强光可烧毁摄像管靶面，导致成像为一片白色，使电视导引头失去效能。所以，可以考虑研制智能可控的滤光器，在收到强光干扰时使用，以达到抗干扰目的。

6. 采用图像处理技术

对于复杂战场环境下的各种干扰，可以通过采用图像处理技术，对被干扰的图像加以分析修正后再次回发给导弹飞行控制系统，以增强其抗干扰性能。例如，罗寰等采用一种基于遗传算法的改进的类间方差法作为电视制导导弹的图像分割方法[63]，它不仅具有较好的分割效果，而且满足弹载计算机的速度要求。蔺佳哲等为提升电视制导的精度，利用机器视觉技术，结合灰度直方图分析、单分量图像提取、灰度形态学变换、最大熵阈值分割及LUT查询表变换的图像处理技术，将电视导引头拍摄的图像信息进行相关处理，最终得到较清晰的目标图像[64]。何景峰等针对电视制导导弹对目标的攻击过程中，对目标图像的分割处理直接影响到攻击效果的问题,选择了一种将遗传算法的快速寻优原理和类间方差法的优点结合起来对类间方差法进行改进的方法[65]。

8.4.2 电视测角仪抗干扰技术

1. 采用双CCD光谱识别技术

在电视测角仪工作时,由于战场和自然环境千变万化,主动、被动干扰、烟尘和雨雾的遮挡、复杂背景的出现,既会使弹标辐射能量严重衰减、甚至短时间被完全遮挡,也会使火光、灯光等进入视场与弹标相混淆。它们造成的干扰,有可能使电视测角仪不能可靠地测出弹标相对瞄准线的角偏差。因此,电视测角仪必须具备有效的抗干扰技术措施[1]。

电视测角仪采用的抗干扰技术措施之一是双CCD光谱识别技术。

光谱识别原理如图8-18所示,将电视测角仪变焦物镜的光分为两路,其中透过的一路为主路,反射的一路为次路,两路光能量分配大致为1∶1。主路和次路各用一台CCD摄像机接收,其型号、规格相同,且光学轴线经过严格校准,扫描保持严格同步。在主路和次路CCD前面分别加有一个滤光片,但光谱特性不同。主路滤光片对弹标光源峰值波长附近的辐射能量呈现较高透过率,而其他波长的辐射则透过率很低,使主路CCD摄像机输出的视频信号中弹标信号增强,其他信号减弱。但这样并不等于弹标信号肯定大于干扰信号,信号处理系统也不一定能鉴别出弹标信号,为此,要利用次路信号。由于次路滤光片与主路滤光片光谱特性相反,在弹标光源峰值波长附近呈较低透过率,其他部分透过率较高。因此,次路CCD摄像机输出的视频信号中弹标信号减弱,干扰和背景等信号增强,当主路信号与次路信号相减后,弹标信号基本不变,干扰和背景信号大大减弱,从而使相减后视频信号中的信号与噪声之比大大增加了。识别信号关系图如图8-19所示。

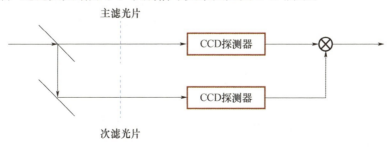

图 8-18 光谱识别原理

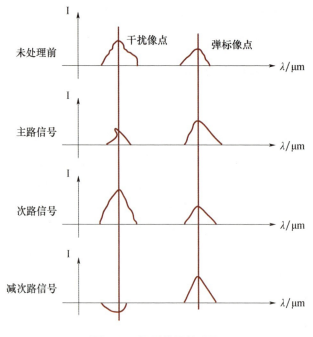

图 8-19　识别信号关系图

2. 设置中性滤光片

电视测角系统没有设置自动调光装置,由于战场上情况复杂,按背景自动调光既达不到理想效果,又增加了仪器的质量,因此,在变焦距镜头前设有一片中性滤光片,它的透过率为 40%。在一般情况下,这片滤光片打开,使系统有更多的进光量。这片中性滤光片事实上是一个手动调光装置,仪器的进光量分为两挡,两挡的进光量之比为 1:2.5。

在电视测角仪中,攻击距离和抗干扰能力是一对矛盾:加大进光量能提高攻击距离,但却降低了抗干扰能力。在设计中加上滤光片用于能见度高的天气,而打开滤光片用于能见度低的天气,当然在能见度高的天气条件下,只要背景中没有明显的反光物(如汽车玻璃窗、水面、建筑物的反光屋顶、蓝天中雪白的云彩等),打开滤光片更有利。而在雨天、阴天、黄昏,即一切没有明亮背景的天气中,都应将滤光片打开使用。

3. 采用变窗口跟踪技术

为解决可靠捕获和精确跟踪的矛盾及提高抗干扰能力,除了在光学系统设计上采用了变焦物镜,使光学视场从大到小变化,在电信号处理上,还设计了变窗口跟踪技术,即当对 CCD 摄像机输出的视频信号处理时,在不同时间对 CCD 探测器面阵上的不同区域采取不同处理方式,即封闭弹标像点不可能出现的区域,只对弹标点可能出现区域的视频信号进行处理,检测出弹标信号。具体实现办法是:在导弹发射后 0.6s 前对全视场视频信号封闭,不予处理,因为此时导弹尚未进入测角仪光学系统初始视场;在 0.6s 时发出捕获命令,设置捕获窗口,在捕获到弹标后,转为跟踪窗口,此时只对弹标像点附近几十个像元的区域进行处理,提取弹标信号。这样,使背景和干扰信号尽可能少地进入指令形成电路。另外,在弹标被遮挡后,还设置了小窗口位置保持功能,小窗口区域比跟踪窗大一倍,从而保证了弹标再次出现时能可靠地捕获它。

4. 数字控制箱采用软件抗干扰技术

1) 数字滤波

为提高武器系统的抗干扰措施,数字控制箱对于测角仪送出的数据(在自动状态)采用一阶滞后数字滤波并用软件加以实现,大大提高了武器系统对于低频率干扰信号的抗干扰性能。其算式为

$$Y_n = (1-\beta) X_n + \beta X_{n-1}$$
$$\beta = T/(T+T_n)$$

式中:X_n 为本次值;X_{n-1} 为上次值;Y_n 为本次滤波输出值;β 为滤波系数,$0 < \beta \leqslant 1$;T 为滤波时间常数;T_n 为采样时间(周期)。

T 和 T_n 的值是根据采样和干扰情况通过实际运行情况来选择的,以使干扰作用减至最弱或全部消除,这种数字滤波方法对于克服周期性干扰有很强的作用。它实际上是低通滤波器(如 $1/(TS+1)$)的数字模拟。它比 RC 滤波器具有更多的优点,而且能在干扰频率很低(0.01Hz)时选用很大的时间常数 T。由于干扰信号的固有频率很低,只有 1~3Hz。因此,该滤波器具有很好的抗超低频率干扰的作用。

2) 程序判断滤波

对于测角仪输出的数据,为防止跳码和随机干扰,除进行一阶滞后数字滤波措施之外,还进行了程序判断滤波。程序判断是指比较相邻的两个采样值,若其差值超出了参数的变化范围,则认为后一次值是虚假的,将上次值与本次值进行比较。

当 $|Y_n - Y_{n-1}| \leqslant C$ 时,取 Y_n 为本次采样值;当 $|Y_n - Y_{n-1}| > C$ 时,取 Y_{n-1} 为本次采样值;

常数 C 根据导弹的变化范围确定,考虑到弹道在 0~30s 范围内是变化

的，所以 C 值也是变化的。从而增加了判断比较、剔除等智能功能。

也有学者对电视制导抗干扰评估问题进行了研究，文献［64］提出了一种空地电视制导导弹图像传输系统抗干扰评估的总体框架，建立了电磁干扰条件下系统的抗干扰评估的空间模型。而后基于有限状态机理论，建立了电视制导导弹图像识别模态转换模型，详细讨论了典型干扰对电视图像数据链的影响。

导弹抗干扰技术不仅与导引头有关，而且与制导系统和发射平台有关。当导弹进入发射平台时，在抗干扰状态下，制导系统可以根据导引头的信息和初始发射条件规划新的弹道，由发射平台加载，提供一个新的视角，有利于诱饵和目标在空间上的分离[68]。平台系统可以将导引头的识别信息与火控雷达信息进行融合，实现对目标的识别，为导引头的抗干扰决策提供支持。目前抗干扰技术正朝着分布式、网络化、智能化的方向发展。

参考文献

［1］刘隆和，王灿林，李相平．无线电制导［M］．北京：国防工业出版社，1995．

［2］耿一方，王鑫，陈飞．精确制导武器抗干扰性能评估赋权方法研究［J］．航天电子对抗，2017，33（05）：23-26．

［3］汪连栋，申绪涧，韩慧，等．复杂电磁环境概论［M］．北京：国防工业出版社，2015．

［4］戎建刚，唐莽，王鑫．战场电磁环境的逼真构建方法［J］．航天电子对抗，2014，30（1）：24-28．

［5］尉广军，马立元，王竹林，等．反坦克导弹抗干扰技术［J］．火力与指挥控制，2011，36（10）：169-179．

［6］张英远．激光对抗中的告警和欺骗干扰技术［D］．西安：西安电子科技大学，2012．

［7］侯振宁．激光欺骗干扰技术研究［J］．应用光学，2002（01）：34-39．

［8］张小保，全力鹏．对激光制导武器欺骗干扰技术研究［J］．航天电子对抗，2013，29（02）：7-8，19．

［9］洪鸣，刘上乾，王大鹏，等．强光弹对抗红外成像制导导弹的干扰机理［J］．西安电子科技大学学报，2007（06）：986-988．

［10］方艳艳，柴金华．激光末制导炮弹抗有源欺骗式干扰现状分析［J］．红外与激光工程，2005，35（05）：319-322．

［11］方艳艳，柴金华．激光末制导炮弹武器系统新型激光编码方案［J］．激光与红外，2005，34（05）：535-539．

[12] 刘松涛，刘振兴. 激光有源干扰的防御措施 [J]. 航天电子对抗，2014，30（01）：40-43.

[13] 高卫，孙奕帆，危艳玲. 精确制导武器系统电子干扰效果试验与评估 [M]. 北京：国防工业出版社，2018.

[14] 邵晓东，姚龙海，张少坤，等. 激光制导混合信号分选及编码识别技术研究 [J]. 激光技术，2011，35（05）：648-651，655.

[15] 张艺凡，张春熹，王鹏，等. 激光脉冲编码抗有源干扰效果研究 [J]. 激光与红，2019，49（01）：99-104.

[16] 夏兴宇，阎冲冲，何吉祥. 激光半主动制导武器抗干扰技术研究 [J]. 现代防御技术，2015，43（04）：138-143.

[17] 孙彦飞，叶结松，郝延军. 对抗激光制导武器方法研究 [J]. 红外与激光工程，2007，36（2）：464-467.

[18] 申会庭，柴金华. 抗高重频激光有源干扰的方案研究 [J]. 量子电子学报，2007（02）：202-205.

[19] 许敬，刘滨，杨俊彦，等. 烟幕干扰与复合导引头对抗策略研究 [J]. 激光与光电子学进展，2016，53（06）：62-68.

[20] 郑佳艺，马壮，高丽红. 智能化高能激光防护材料新进展 [J]. 现代技术陶瓷，2020，41（03）：121-133.

[21] 夏新仁，冯金平. 激光制导武器的现在与将来 [J]. 中国航天，2009（12）：22-26.

[22] 刘辉，谷琼琼，李英博，等. 半主动激光导引头抗后向散射干扰 [J]. 制导与引信，2018，39（03）：1-5.

[23] 孙可，叶庆，孙晓泉. 目标区域局部特征和局部图像质量相结合的激光干扰效果评估. 国防科技大学学报，2020，42（1）：24-30.

[24] 钱方，孙涛，石宁宁，等. 结合光斑与目标特征的激光干扰效果评估. 光学精密工程，2014，22（7）：1896-1903.

[25] 陈琳，何衡湘，万勇，等. "猫眼"效应在激光干扰效果实时评估中的应用. 激光技术，2020，44（5）：633-638.

[26] 任立均. 光电成像系统激光干扰效果分析与评估技术研究 [D]. 武汉：华中科技大学，2019.

[27] FAN J X, WANG F. Analysis of the development of missile-borne IR imaging detecting technologies [C]. Proc. SPIE 10433, Electro-Optical and Infrared Systems: Technology and Applications XIV, 2017.

[28] 方斌，张艺瀚，陈少华，等. 机载导弹抗干扰技术 [M]. 北京：电子工业出版社，2016.

[29] 刘立武，张义军，吴卓昆，等. 机载红外定向对抗装备技术发展研究 [J]. 光电技

术应用，2020，35（03）：17-22.

[30] 杨栋，高德亮，曹耀心，等．红外导引头抗诱饵干扰研究［J］．飞控与探测，2020，3（03）：79-85.

[31] 邵晓光．红外抗诱饵干扰技术研究［J］．制导与引信，2019，40（02）：12-16，35.

[32] 蒙源愿，宋锦武．便携式红外寻的防空导弹抗干扰技术［J］．弹道学报，2007（01）：86-91.

[33] VIAU C R. Expendable countermeasure effectiveness against imaging infrared guided threats［R］. EWCI, Second International Conference on Electronic Warfare, Bangalore, India, 2012.

[34] 曹如增．典型抗干扰红外导引头工作机理及抗干扰性分析［J］．航天电子对抗，2005（01）：35-37.

[35] 谢邦荣，尹健．四元红外导引头抗干扰原理分析与仿真［J］．系统仿真学报，2004，16（01）：61-65.

[36] 郭新军，金伟其，王霁．四元正交探测器抗红外干扰弹干扰方法综述［J］．应用光学，2004，25（04）：33-36.

[37] ALCHEKH YASIN S Y, ERFANIAN A R, MOHAMMADI A, et al. The flare detection in the two color crossed array detectors infrared seeker［J］. International Journal of Computer Applications, 2013, 81（04）: 34-42.

[38] 赵永亮，张天孝．红外成像导引头抗干扰技术研究［J］．航天电子对抗，2009，25（01）：14-16.

[39] 赵锋伟，沈振康，李吉成．红外诱饵辨识的仿真研究（一）灰度时间序列分析［J］．红外与激光工程，2002，31（04）：286-289.

[40] POLASEK M, NEMECEK J, PHAM I Q. Counter countermeasure method for missile's imaging infrared seeker［C］. Digital Avionics Systems Conference. IEEE, 2016.

[41] CAPLAN W D. Requirements for laser countermeasures against imaging seekers［C］. International Society for Optics and Photonics, 2014：925103.

[42] 豆正伟，李晓霞，樊祥．抗红外/毫米波复合制导的无源干扰技术发展现状［J］．红外技术，2009，31（03）：125-128.

[43] 卢晓东，周军，等．导弹制导系统原理［M］．北京：国防工业出版社，2015.

[44] 李丽娟，黄士科，陈宝国．双色红外成像抗干扰技术［J］．激光与红外，2006，36（02）：141-143.

[45] 方斌．红外导引头光学系统设计［J］．光电工程，2003，30（06）：8-10.

[46] 方斌．红外导弹位标器光学系统设计软件的开发与应用研究［J］．电光与控制，2001（02）：26-29.

[47] 胡朝晖，闫杰．红外空空导弹抗干扰性能的综合评估方法研究［J］．弹箭与制导学报，2009，29（1）：61-64．

[48] 吴志红，董敏周，王建华，等．红外导引头抗人工干扰性能评估方法［J］．系统仿真学报，2005，17（3）：770-772．

[49] 张喜涛，白晓东，闫琳，等．红外空空导弹抗干扰性能评估指标体系研究［J］．红外技术，2020，42（11）：1089-1094．

[50] 王泉，董维浩，刘新爱，等．新型红外空空导弹抗干扰能力评估分析［J］．航天电子对抗，2019，35（3）：16-19．

[51] 张文杰．基于贝叶斯神经网络的红外空空导弹抗干扰性能评估［D］．长沙：国防科学技术大学，2015．

[52] 张安，李辉，何胜强，等．中程空地电视遥控指令制导导弹光电干扰研究［J］．兵工学报，2005（06）：131-135．

[53] 周浦城，薛模根，张洪坤，等．利用偏振滤波的自动图像去雾［J］．中国图象图形学报，2011，16（07）：1178-1183．

[54] 李从利，张思雨．基于暗通道先验的无人机影像快速去雾算法［J］．陆军军官学院学报，2018，170（01）：102-105．

[55] 周浦城，周远，韩裕生．视频图像去雨技术研究进展［J］．图学学报，2017，38（05）：629-646．

[56] 周远，韩裕生，周浦城．一种单幅图像雨滴去除的方法［J］．图学学报，2015，36（03）：438-443．

[57] 李从利，张思雨，韦哲，等．基于深度卷积生成对抗网络的航拍图像去厚云方法［J］．兵工学报，2019，40（07）：1434-1442．

[58] 李从利，沈延安，韦哲，等．无人机图像去云技术［M］．北京：国防工业出版社，2020．

[59] 李从利，韩裕生，袁广林，等．侦察图像清晰化及质量评价方法［M］．合肥：合肥工业大学出版社，2020．

[60] 张亚男，牛春晖，赵爽，等．近红外激光对图像传感探测器的干扰研究［J］．激光技术，2020，44（04）：418-423．

[61] 朱战飞，韩新文，杨树涛，等．激光威胁下电视导引头优先跟踪方式研究［J］．火力与指挥控制，2018，43（12）：150-153．

[62] 佟惠军，秦树海，高崇，等．基于邮戳的空地导弹制导图像抗干扰方法研究［J］．弹箭与制导学报，2012，32（03）：44-46．

[63] 罗寰，冯国强．遗传算法在电视制导导弹目标图像处理研究中的应用［J］．弹箭与制导学报，2006，（S1）：294-295．

[64] 蔺佳哲，王茜，杨硕．基于机器视觉的电视末制导图像处理技术研究［J］．电视技

术，2017，41（4）：262-267.
[65] 何景峰，冀敏，李盛，等. 电视制导导弹目标图像处理改进研究［J］. 现代电子技术，2017，40（11）：40-42.
[66] 潘勃，冯金富，陶茜，等. 电视制导系统抗干扰性能评估［J］. 火力与指挥控制，2012，37（06）：68-71，76.
[67] 陈心华，高晓光，李波. 电视指令制导导弹多机协同抗有源干扰［J］. 火力与指挥控制，2013，38（12）：18-22.
[68] 蔡天一，李丹，赵源. 从美国电子战反导技术新动向看导引头抗干扰技术发展趋势［J］. 飞航导弹，2018（10）：79-84.